Der Stern-Gerlach-Versuch

Wolfgang Trageser

Der Stern-Gerlach-Versuch

Genese, Entwicklung und Rekonstruktion eines grundlegenden Experimentes der Quantentheorie 1916 bis 1926

Wolfgang Trageser
Institut für Kernphysik
Universität Frankfurt
Frankfurt am Main, Hessen, Deutschland

ISBN 978-3-662-64198-9   ISBN 978-3-662-64199-6 (eBook)
https://doi.org/10.1007/978-3-662-64199-6

Die Deutsche Nationalbibliothek verzeichnet diese Publikation in der Deutschen Nationalbibliografie; detaillierte bibliografische Daten sind im Internet über http://dnb.d-nb.de abrufbar.

© Der/die Herausgeber bzw. der/die Autor(en), exklusiv lizenziert durch Springer-Verlag GmbH, DE, ein Teil von Springer Nature 2022
Das Werk einschließlich aller seiner Teile ist urheberrechtlich geschützt. Jede Verwertung, die nicht ausdrücklich vom Urheberrechtsgesetz zugelassen ist, bedarf der vorherigen Zustimmung des Verlags. Das gilt insbesondere für Vervielfältigungen, Bearbeitungen, Übersetzungen, Mikroverfilmungen und die Einspeicherung und Verarbeitung in elektronischen Systemen.
Die Wiedergabe von allgemein beschreibenden Bezeichnungen, Marken, Unternehmensnamen etc. in diesem Werk bedeutet nicht, dass diese frei durch jedermann benutzt werden dürfen. Die Berechtigung zur Benutzung unterliegt, auch ohne gesonderten Hinweis hierzu, den Regeln des Markenrechts. Die Rechte des jeweiligen Zeicheninhabers sind zu beachten.
Der Verlag, die Autoren und die Herausgeber gehen davon aus, dass die Angaben und Informationen in diesem Werk zum Zeitpunkt der Veröffentlichung vollständig und korrekt sind. Weder der Verlag noch die Autoren oder die Herausgeber übernehmen, ausdrücklich oder implizit, Gewähr für den Inhalt des Werkes, etwaige Fehler oder Äußerungen. Der Verlag bleibt im Hinblick auf geografische Zuordnungen und Gebietsbezeichnungen in veröffentlichten Karten und Institutionsadressen neutral.

Planung/Lektorat: Margit Maly
Springer Spektrum ist ein Imprint der eingetragenen Gesellschaft Springer-Verlag GmbH, DE und ist ein Teil von Springer Nature.
Die Anschrift der Gesellschaft ist: Heidelberger Platz 3, 14197 Berlin, Germany

Der Drall*

Mit Drall hat Gott die Welt erschaffen
Vom Sternenmeer zum Elektron
Und ärgert auch der Tanz den Pfaffen,
Ei, Gott dem Herrn gefällt er schon.

Drum dreh dich, dreh, mein wildes Mädel,
Geschwind, bis uns der Atem fehlt.
So schnell wie wir dreht sich kein Rädel,
Wenn Tanzmusik uns ganz beseelt.

So schnell wie wir dreht sich kein Wirbel,
Von Wind und Welle angefacht,
Wenn von der Zehe bis zur Zirbel
Ein jeder Muskel tanzend lacht.

So schnell wie wir walzt keine Spindel
Und wickelt ihren Faden ab.
Die Mutter dreht uns in der Windel,
Die Erde dreht uns noch im Grab.

Alfred Kastler, Paris

Dieses Gedicht schrieb der Physik-Nobelpreisträger des Jahres 1966 Alfred Kastler (1902–1984) anlässlich des 80. Geburtstages von Prof. Adalbert Rubinowicz am 22. Februar 1969. Es wurde in den *Physikalischen Blättern*, 25. Jahrgang 1969, Heft 5, Seite 221, veröffentlicht.

*Der Drall ist eine veraltete Bezeichnung für den Drehimpuls.

Dem Andenken meiner Eltern gewidmet

Geleitwort des Präsidenten der Physikalisch-Technischen Bundesanstalt

Die Gemeinschaft der Physiker gedenkt im Februar 2022 des 100. Geburtstages des für die Entwicklung der Quantentheorie so wichtigen Stern-Gerlach-Experimentes, das von Otto Stern erdacht und von Walther Gerlach in Frankfurt am Main in der Nacht vom Dienstag, dem 7. Februar, auf Mittwoch, den 8. Februar 1922, mit einem feinen Silberstrahl durchgeführt wurde und zum Nachweis der Richtungsquantelung von Silberatomen im inhomogenen Magnetfeld führte und damit eine weitere Bestätigung der Quantentheorie war.

Mit dem vorliegenden Buch liegt erstmals eine Darstellung vor, welche die experimentellen und theoriegeschichtlichen Phasen der Entwicklung des Stern-Gerlach-Versuches aufzeigt. Darüber hinaus wird der Versuch der Rekonstruktion der Apparatur dieses wegweisenden Experimentes dargestellt.

Die Physikalisch-Technische Bundesanstalt wünscht den Frankfurter Physikerinnen und Physikern zum 100-jährigen Jubiläum dieses Experimentes eine gelungene Feier und weiterhin viele Erfolge bei ihren Bemühungen, die Natur zu erforschen und damit besser zu verstehen.

Prof. Dr. Dr. h.c. Joachim H. Ullrich   Präsident der Physikalisch-Technischen Bundesanstalt

Einführung

Mit dem vorliegenden Buch wird erstmals eine Gesamtdarstellung der experimentellen und theoriegeschichtlichen Phasen der Entwicklung des Stern-Gerlach-Versuches vorgelegt und eine Rekonstruktion des ursprünglichen Aufbaues dieses Versuches unternommen.

Das für die Quantentheorie so bedeutende Experiment wurde in der Nacht vom Dienstag, dem 7. Februar, auf Mittwoch, den 8. Februar 1922, mit einem fein gebündelten Strahl aus Silberatomen durchgeführt und führte zu dem gegen die Annahmen der Klassischen Physik sprechenden Ergebnis, dass in einem inhomogenen Magnetfeld eine Ablenkung und Aufspaltung eines Atomstrahles (bzw. Molekularstrahles) erfolgen, wenn dessen Atome (bzw. Moleküle) ein magnetisches Moment besitzen. *Die Tatsache dieser Aufspaltung des Strahles bezeichnet man als Stern-Gerlach-Effekt.* Den Anlass zu dieser Veröffentlichung bildet die 100-jährige Wiederkehr der Ausführung dieses Experimentes („100 Jahre Stern-Gerlach-Versuch").

Wer heute den Versuch unternimmt, nicht nur die Entwicklung der Frankfurter Physik in den ersten Jahren ihrer Gründung aufzuzeigen, sondern auch die Beiträge der Frankfurter Physiker zur modernen Physik zu beleuchten, sieht sich sehr schnell mit der Tatsache konfrontiert, dass an der Frankfurter Universität seit ihrer Eröffnung am 18. Oktober 1914 Pioniere der modernen Physik zu finden sind. Das gilt nicht nur für den ersten Lehrstuhlinhaber für Theoretische Physik, den Relativitätstheoretiker Max von Laue (Nobelpreis 1914) und den Relativitäts- und Quantentheoretiker Max Born (Nobelpreis 1954), sondern auch und ganz besonders für Otto Stern (Nobelpreis 1943) und Walther Gerlach. Das Gleiche trifft zu auf Alfred Landé und Walter Elsasser. Wäre es gelungen, diese Physiker an der Frankfurter Universität zu halten, so hätte sich die Frankfurter Physik bereits in ihrer Anfangsphase zu einem Brennpunkt der modernen Physik entwickelt, die Quantenmechanik wäre wahrscheinlich in Frankfurt am Main entstanden, und Frankfurt hätte sich zu einem Zentrum der modernen Physik entwickelt, nur vergleichbar mit Göttingen und Kopenhagen.

Walther Gerlach hat in seinem Vortrag im Physikalischen Verein zu Frankfurt am Main am 2. März 1960 betont:

„Ich darf diese Bemerkungen schließen mit einer Erinnerung an eine Periode der Atomistik, die vor genau 40 Jahren in diesem Institut sich abspielte. Wenn man sehr pedantisch sein will, so kann man sagen, daß die indirekte Bestätigung der materiellen Atomistik eben kein direkter Beweis ist. Es fehlte in der Tat eine direkte Bestimmung der grundlegenden Größen in der Atomistik: die Messung der Temperaturgeschwindigkeitsverteilung, der freien Weglänge und der Stoßzahl der Moleküle in einem Gase. [...] Hier im Institut haben Max Born, Elisabeth Bormann und vor allen Dingen Otto Stern 1920 diese Idee aufgegriffen und die Methode der Atomstrahlen experimentell entwickelt. Das war damals ein Wagnis, denn die Mittel zur Herstellung eines sehr hohen Vakuums waren noch äußerst beschränkt. Immerhin gelang es, alle diese Größen unmittelbar zu messen. Stern gelang die Messung der mittleren Geschwindigkeit der Atome, Born und Bormann maßen die freie Weglänge, und in späteren Jahren gelang es Stern auch, die Geschwindigkeitsverteilung in einem Atomstrahl zu messen. [...] Schließlich gelang Stern auch der Nachweis, daß ein freifliegendes Atom eine Fallparabel beschreibt, wie jede horizontal abgeschossene Kugel. Es gelang weiter in diesem Institut mit Hilfe der Atomstrahlen die sogenannte Richtungsquantelung nachzuweisen, der erste Versuch, in dem ein durch die Quantentheorie gegebener Zustand des Atoms unmittelbar der Messung zugänglich wurde.

Eigentlich darf man erst von dieser Zeit sagen, daß sie die endgültige Bestätigung der klassischen Atomistik gebracht hat. Denn schließlich ist die Physik eine Experimentalwissenschaft, die, soweit als möglich, jeden von ihr gebrauchten Begriff auch mit dem Experiment untersuchen muß."[1]

Diese von Walther Gerlach aufgezeigte Entwicklung mündete in der Entdeckung des Stern-Gerlach-Effektes, der wiederum den Auftakt zur Entwicklung der Molekularstrahlmethode durch Otto Stern und seine Mitarbeiter bildet.

Der Stern-Gerlach-Effekt – der in der Literatur auch als Stern-Gerlach-Experiment oder Stern-Gerlach-Versuch bezeichnet wird – erbrachte den direkten Nachweis dafür, dass die Quanten auch die Lage der Bahnebenen in der Elektronenhülle des Atoms bestimmen (Richtungsquantelung oder räumliche Quantelung), d. h., dass sie, im Widerspruch zu den Annahmen der Klassischen Physik, aus einer kontinuierlichen Mannigfaltigkeit von möglichen Lagen der Bahnebenen im Atom eine diskrete Anzahl quantenhaft ausgezeichneter Bahnen herausheben. Angeregt durch Arbeiten von Peter Debye (1884–1966) und Arnold Sommerfeld (1868–1951) zur Quantentheorie des

---

[1] Walther Gerlach
Über die Entwicklung der atomistischen Vorstellungen
Frankfurt am Main 1960, Seite 8.

Zeeman-Effektes aus dem Jahr 1916, veröffentlichte Otto Stern im August 1921 eine programmatische Arbeit, die den Weg zum experimentellen Nachweis des magnetischen Momentes und der Richtungsquantelung des Silberatoms eröffnete.

Die herausragende Bedeutung des Stern-Gerlach-Effektes für die Konsolidierung der Quantentheorie wurde von den bedeutendsten zeitgenössischen Physikern früh erkannt. So stellte Max Planck (1858–1947) sofort bei Erscheinen der 5. Auflage seines berühmten Buches *Vorlesungen über die Theorie der Wärmestrahlung* (1923) den Stern-Gerlach-Effekt in den Mittelpunkt seines Vorwortes. Er schreibt:

„Für die Herstellung der neuen Auflage habe ich mich auf einige wenige Änderungen, die, wie ich hoffe, Verbesserungen bedeuten, beschränkt. Die wesentlichste derselben besteht darin, daß ich der sog. zweiten Fassung der Quantentheorie, welche die quantenmäßig ausgezeichneten Zustände, wie die „stationären Zustände" von Bohr, nur als ideale Grenzfälle betrachtet, nur eine flüchtige Betrachtung gewidmet habe. Das geschah besonders mit Rücksicht auf die Ergebnisse der wichtigen Arbeiten von W. Gerlach und O. Stern, welche vor einem Jahr den direkten Beweis dafür erbrachten, daß, wenigstens in einem speziellen Falle, gerade diese Zustände in der Natur vorwiegend verwirklicht sind. [...] Da die Messungen von W. Gerlach und O. Stern [ZsfPhys 9, 349 (1922)] wenigstens für einen speziellen Fall (räumliche Orientierung freier drehbarer Silberatome in einem Magnetfeld) gezeigt haben, daß in der Natur tatsächlich *keine anderen Zustände vorkommen als die quantenmäßig ausgezeichneten*, so erscheint der Versuch gerechtfertigt, mit dieser für die erste Fassung der Quantentheorie charakteristischen Annahme auch allgemein auszukommen. Wir wollen sie daher den folgenden Untersuchungen zugrunde legen."[2]

Auch Niels Bohr (1885–1962) ging in seinem Nobelpreisvortrag, den er am 11. Dezember 1922 hielt, auf den Stern-Gerlach-Effekt ein. Bohr schreibt:

„Eine Erklärung für wesentliche Züge des Zeemaneffektes der Wasserstofflinien wurde darauf gleichzeitig von Sommerfeld und Debye ausgearbeitet (1917). In diesem Falle führte die Anwendung der Postulate zur Konsequenz, daß nur gewisse Orientierungen eines Atoms relativ zum Magnetfeld zugelassen wird, und diese eigentümliche Folgerung der Quantentheorie hat kürzlich (1922) eine sehr direkte Bestätigung erhalten durch den schönen Versuch vonStern und Gerlach über die Ablenkung von schnell bewegten Silberatomen in einem inhomogenen Feld."[3]

---

[2] Max Planck
Vorlesungen über die Theorie der Wärmestrahlung
5. Auflage, Leipzig 1923, Seite IX.

[3] Niels Bohr
Über den Bau der Atome, in: Die Naturwissenschaften, 11. Jg., Heft 27, 1923, Seite 616.

Albert Einstein (1879–1955) schrieb in einem Brief an Max Born, verfasst zwischen dem 30. April 1922 und dem 6. August 1922, dass das Interessanteste gegenwärtig das Experiment von Stern und Gerlach sei:

„Die Einstellung der Atome ohne Zusammenstöße ist nach den jetzigen Überlegungs-Methoden durch Strahlung nicht zu verstehen; eine Einstellung sollte von Rechts wegen mehr als 100 Jahre dauern. Ich habe mit Ehrenfest eine kleine Rechnung darüber angestellt. Rubens hält das experimentelle Ergebnis für absolut sicher."[4]

Abgesehen von seiner grundsätzlichen physikalischen Bedeutung für die Entwicklung der Quantentheorie, wären ohne die aus dem Stern-Gerlach-Effekt gewonnenen Erkenntnisse und der aus ihm hervorgegangenen Molekularstrahlmethode viele Technologien des 20. und 21. Jahrhunderts, z. B. die Kernspinresonanzspektroskopie (NMR), die Magnetfeldresonanztomografie, Maser- und Lasertechnologien und die Atomuhr, nicht möglich gewesen. Die physikalischen Arbeiten an der jungen Frankfurter Universität haben bei der Entwicklung unserer Kenntnisse über die Welt der Quanten eine entscheidende Rolle gespielt, die im Folgenden genauer betrachtet werden soll.

In Kap. 1 wird die Entwicklung der Frankfurter Physik von 1914 bis 1924 skizziert und damit das wissenschaftliche Umfeld dargestellt, in dem sich der Versuch entwickelte.

Kap. 2 enthält die Kurzbiografien von Otto Stern und Walther Gerlach.

In Kap. 3 wird der theoriengeschichtlichen Entwicklung nachgegangen, die zur Hypothese der Richtungsquantelung und zum Stern-Gerlach-Effekt führte.

Kap. 4 stellt die experimentelle Genese und Entwicklung des Versuches von 1920 bis 1927 („Vom Stern-Gerlach-Effekt zur Molekularstrahlmethode") dar.

In Kap. 5 werden die bisherigen Bemühungen für eine Rekonstruktion des historischen Stern-Gerlach-Versuches dargelegt.

Kap. 6 ist der notwendigen Modifizierung des Stern-Gerlach-Versuches nach 1925 gewidmet (Orientierungsquantenzahl, Quantelung des Gesamtdrehimpulses, Pauli-Prinzip, Spin und Dirac-Gleichung).

Die Untersuchungen dieser Arbeit lassen sich im Wesentlichen von drei Aspekten leiten:

1. die Genese und Entwicklung des Stern-Gerlach-Versuches, als Grundlagenversuch der Quantentheorie, vor seinem physikhistorischen Kontext darzustellen, wobei es besonders darauf ankommt, bisher unbeachtete Aspekte in dem programmatischen Artikel von Otto Stern über die experimentelle Prüfung der Richtungsquantelung im Magnet-

---

[4] Albert Einstein/Hedwig und Max Born
Briefwechsel 1916–1955
München 1969, Seite 103.

feld vom August 1921 herauszuarbeiten (erster, zweiter und dritter Stern-Effekt);
2. den historischen Versuchsaufbau des Stern-Gerlach-Versuches zu dokumentieren, seine Probleme zu diskutieren und den historischen Versuch zu rekonstruieren;
3. den Übergang vom Grundlagenversuch der Quantentheorie zur Molekularstrahlmethode aufzuzeigen und darzulegen, welche große Bedeutung die von Stern in Frankfurt am Main begonnenen und durchgeführten Arbeiten auf die Gesamtentwicklung der Quantenphysik gehabt haben.

Inhaltsverzeichnis

1	Physik in Frankfurt am Main – Skizze einer Entwicklung	1
2	Otto Stern und Walther Gerlach	25
3	Molekulare Orientierungstheorie, Magnetismus und ältere Quantentheorie	51
	3.1 Theoriengeschichtliche Entwicklungen vor der Hypothese der Richtungsquantelung von Sommerfeld und Debye	51
	3.2 Theorien zur Erklärung elektro- und magnetooptischer Effekte	55
	3.2.1 Lorentzsche Theorie des Zeeman-Effektes (1897)	55
	3.2.2 Molekulare Orientierungstheorie und Theorie des Paramagnetismus von Paul Langevin (1910)	60
	3.2.3 Die Voigtsche Koppelungstheorie als Theorie der magnetooptischen Erscheinungen (1913)	62
	3.2.4 Die klassische molekulare Orientierungstheorie von Max Born (1916/1918)	64
	3.3 Die Hypothese der Richtungsquantelung von Debye und Sommerfeld	65
	3.4 Quantentheorie und Magneton (1920)	72
	3.5 Der Landésche g-Faktor (1921)	75
4	Genese und Entwicklung des Stern-Gerlach-Versuches (1920–1927)	81
	4.1 Die Vorphase des Stern-Gerlach-Versuches (1920)	81
	4.1.1 Die direkte Messung der thermischen Moleculargeschwindigkeit durch Otto Stern	82

	4.1.2	Die direkte Messung der freien Weglänge neutraler Atome durch Max Born und Elisabeth Bormann	90
4.2		Phase 1: Otto Sterns programmatischer Artikel von 1921	96
	4.2.1	Hartmut Kallmann und Fritz Reiche (Berlin): Über den Durchgang bewegter Moleküle durch inhomogene Kraftfelder (28. Juli 1921)	97
	4.2.2	Otto Stern (Frankfurt am Main): Ein Weg zur experimentellen Prüfung der Richtungsquantelung im Magnetfeld (26. August 1921)	98
		4.2.2.1 *Sterns erster Effekt: Der magnetooptische Einstell-Effekt*	99
		4.2.2.2 *Sterns zweiter Effekt: Der Stern-Gerlach-Effekt*	108
4.3		Phase 2: Die Durchführung des Experimentes (1921/22)	110
	4.3.1	Der experimentelle Nachweis des magnetischen Momentes des Silberatoms (5./6. November 1921)	110
	4.3.2	Der experimentelle Nachweis der Richtungsquantelung des Silberatoms im inhomogenen Magnetfeld (7./8. Februar 1922)	112
	4.3.3	Magnetisches Moment und quantentheoretische Bemerkungen zum Stern-Gerlach-Effekt	115
	4.3.4	Sterns dritter Effekt: Über den experimentellen Nachweis der räumlichen Quantelung im elektrischen Feld (Rostock 1922)	122
4.4		Phase 3: Verbesserungen der Versuchsapparatur und erste Reproduktion der Ergebnisse des Stern-Gerlach-Effektes mit Wasserstoffatomstrahlen (1923–1927)	126
	4.4.1	Die Entwicklung der Molekularstrahlmethode (Hamburg 1926–1933)	126
	4.4.2	Erwin Wrede: Über die magnetische Ablenkung von Wasserstofftomstrahlen (Hamburg 1927)	129
		4.4.2.1 *Beschreibung der Versuchsapparatur*	130
		4.4.2.2 *Das Hauptteil des Molekularstrahlexperimentes mit Wasserstoffgas im inhomogenen Magnetfeld*	131
		4.4.2.3 *Experiment und Versuchsergebnis*	132

5 Zur Rekonstruktion der historischen Versuchsanordnung des Stern-Gerlach-Versuches vom Februar 1922 — 135
5.1 Das Reproduzierbarkeitsideal der Physiker — 135
5.2 Die Analyse der historischen Arbeiten — 137
    5.2.1 Erste Versuchsanordnung — 137

	5.2.2	Zweite Versuchsanordnung (historischer Aufbau von 1922)	138
		5.2.2.1 Das Eisenöfchen	140
		5.2.2.2 Das Schamotteöfchen	140
		5.2.2.3 Der Kühler	141
		5.2.2.4 Der Halbringelektromagnet nach du Bois	141
	5.2.3	Dritte Versuchsanordnung (1923 bis September 1924)	141

6 Pauli-Prinzip, Spin und Dirac-Gleichung   171
  6.1   Das Pauli-Prinzip   172
  6.2   Die Entdeckung des Spin   182
  6.3   Die Dirac-Gleichung   191

Chronologie der Ereignisse   193

Literaturverzeichnis   201

ABBILDUNGSVERZEICHNIS

Abb. 2.1	Der Geburtsort von Otto Stern – Sohrau in Oberschlesien	28
Abb. 2.2	Das Geburtshaus von Otto Stern in Sohrau (heute Zory, Polen)	29
Abb. 2.3	Gedenktafel für Otto Stern am Rathaus in Zory „Gedenktafel für Otto Stern am Rathaus in Zory	30
Abb. 2.4	Widmung für Henry Goldman	40
Abb. 3.1	Die Doktoranden Walther Gerlachs als Professoren in Jena und Stellenbosch (Südafrika)	52
Abb. 3.2	Richtungsquantelung im Magnetfeld. Die Zeichnung oben links zeigt die Präzessionsbewegung des Kreisels. Die rechte Darstellung stellt ein analoges Modell zum mechanischen Kreisel dar, das Elektron im Magnetfeld. Das Bild unten zeigt die sieben räum-lichen Lagen der Bahnebene 4f (l=3). Die Pfeile geben die möglichen Richtungen an.	73
Abb. 4.1	Molekularstrahlapparat in Rotation. V = Gefäß (evakuiert), L = Loch, P = Auffangplatte, B = Blende, G = Glasgefäß	83
Abb. 4.2	Molekularstrahlapparat. L = Strahlenquelle, R = Rahmen, P = Auffangplatte, B = Blende, A = Achse, Sr = Schleifringe, d = Draht, St = Stopfbüchse, G = Glasglocke, M_1, M_2 = Messingrohr, S_1, S_2 = Spalten, F = Feder (Blattfeder), K = Pumpe, E = Eisenplatte, D = Dreifuß, s = Messingschraube, a = Ansatzrohr	86
Abb. 4.3	Molekularstrahlapparatur in Rotation (Draufsicht). L = Strahlenquelle, S_1, S_2 = Spalten, P = Auffangplatte	87
Abb. 4.4	Schema einer Diffusionspumpe (Gaede-Hg-Pumpe, 1913) nach Wolfgang Gaede (1879–1945)	88
Abb. 4.5	Das Knudsen-Manometer und das Quarzrohr mit dem Messingrohr und den Plättchen	91
Abb. 4.6	Messingplatte P mit Glasquadrant G	92
Abb. 4.7	Glasquadranten mit unterschiedlicher Schwärzung	93

Abb. 4.8 Postkarte von Wolfgang Pauli an Walther Gerlach vom 17. Februar 1922 — 99

Abb. 4.9 Die wichtigsten elektrooptischen und magnetooptischen Effekte. In den gelben Kästen sind die analogen elektrooptischen und magnetooptischen Effekte und im weißen Kasten der magnetooptische Einstell-Effekt (Sterns erster Effekt) zu sehen — 101

Abb. 4.10 Stern-Gerlach-Effekt. Aufnahme mit 4,5-stündiger Bestrahlungszeit ohne Magnetfeld (20-fache Vergrößerung) — 113

Abb. 4.11 Stern-Gerlach-Effekt. Aufnahme mit achtstündiger Bestrahlungszeit mit Magnetfeld (20-fache Vergrößerung) — 113

Abb. 4.12 Schematische Wiedergabe der Ergebnisse der Versuche. Oben links: Der Silberstrahl verläuft in etwas größerer Entfernung von der Schneide. Oben Mitte: Auf derselben Platte war ein Niederschlag eines Versuches mit und ohne Feld. Der Strahl ging sehr nahe an der Schneide vorbei, war aber in Richtung senkrecht zum Feld um etwa 0,8 mm verschoben (oben rechts). Die Aufnahmen zeigen, dass der Silberatomstrahl im inhomogenen Magnetfeld in der Richtung der Inhomogenität in zwei Strahlen aufgespalten wird. Der eine Silberstrahl wird zum Schneidenpol hingezogen, der andere vom Schneidenpol abgestoßen (unten) — 114

Abb. 4.13 Apparatur zur Messung der magnetischen Ablenkung von Wasserstoffatomstrahlen. Kipp = Kippscher Gasentwickler, K_1, K_2 = Kapillarrohr, V = Vorratsgefäß, W = Waschflasche, M = Quecksilbermanometer, E = Entladungsrohr, Pm = Polschuh, R = Rohr, Sr = Rohr (Strahlrohr), St = Strahlraum, Sp_1, Sp_2 = Glasspalt, P_1, P_2 = Pumpe, Pl = Auffangplättchen, D = Drehschliff, A = Auffangraum — 130

Abb. 4.14 Hauptteil des Molekularstrahlexperimentes mit Wasserstoffgas. Sr = Strahlrohr, Sp_1, Sp_2 = Glasspalt, P_1, P_2 = Rohr zur Gaedeschen Hochvakuumpumpe, St = Strahlraum, R = Rohr, Pm = Pohlschuh des Magneten, A = Auffangraum, Pl = Auffangplättchen, D = Drehschliff, Tr, Kr, Mr = Metallteile — 131

Abb. 4.15 Schema des Stern-Gerlach-Versuches — 132

Abb. 4.16 Fotografie des Auffangplättchens. Man sieht einen einzelnen ohne das Magnetfeld erzeugten Strich und links davon zwei parallele durch das inhomogene Magnetfeld erzeugte Linien (Doppelstrich). Fotografie des Auffangplättchens mit der Vergrößerung von 2,9:1 — 133

Abb. 5.1 Schema des Stern-Gerlach-Versuches. O = Öfchen, Ö = Öffnung, S1, S2 = Blenden, P = Magnetpol des inhomogenen Magnetfeldes, A = Auffänger, Glasplättchen — 142

Abb. 5.2 Erste Versuchsanordnung des Stern-Gerlach-Versuches — 142

Abb. 5.3 Die wichtigsten Maße bei der zweiten Versuchsanordnung des Stern-Gerlach-Versuches im Vergleich — 143

Abb. 5.4 Die wichtigsten Maße bei der zweiten Versuchsanordnung des Stern-Gerlach-Versuches im Vergleich — 143

Abb. 5.5	Eisenöfchen	144
Abb. 5.6	Eisenöfchen	144
Abb. 5.7	Nachbau des Eisenöfchens	145
Abb. 5.8	Nachbau des Eisenöfchens	145
Abb. 5.9	Nachbau des Eisenöfchens	145
Abb. 5.10	Nachbau des Eisenöfchens	146
Abb. 5.11	Nachbau des Eisenöfchens	146
Abb. 5.12	Schamotteöfchen mit rund geblasenem Quarzröhrchen	146
Abb. 5.13	Schamotteöfchen ohne Quarzröhrchen	147
Abb. 5.14	Nachbau des Schamotteöfchens	147
Abb. 5.15	Schamotteöfchen mit Kühler	148
Abb. 5.16	Glasgefäß mit Öfchen und Kühler	148
Abb. 5.17	Schamotteöfchen im Kühler eingebettet. R1 = Öffnung mit Glasplättchen verschlossen, R2 = Öffnung durch welche die eine Stromzuführung zur Heizentwicklung des Öfchens geführt wird, R3 = Öffnung zur Vakuumpumpe, R4 = Öffnung zu dem die Blende und die Magnetpole tragenden Teil, E = Eisenzylinder, K = Kühler, G = Glas, S = Weißer Siegellack	149
Abb. 5.18	Nachbau des Glasgefäßes mit Öfchen und Kühler	149
Abb. 5.19	Glasgefäß mit Öfchen und Kühler, ausgestellt in einer Vitrine	150
Abb. 5.20	Halbringelektromagnet nach H. du Bois	151
Abb. 5.21	Halbringelektromagnet nach du Bois	152
Abb. 5.22	Halbringelektromagnet nach du Bois	153
Abb. 5.23	Stern-Gerlach-Versuch vom Februar 1922 mit Blenden, Polschuhen und Auffänger. R1 = Öffnung mit dem Glasplättchen verschlossen, R2 = Öffnung durch welche die eine Stromzuführung zur Heizentwicklung des Öfchens geführt wird, R3 = Öffnung zu den Blende und Magnetpole tragenden Teil, E = Eisenzylinder, K = Kühler, G = Glas, S = Weißer Siegellack, O = Schamotte-Öfchen, W = Platindrahtwicklung, Z = Stromzuführung, Sp = Blenden (Platinblech), M = Polschuh, P = Glasplättchen (Auffänger, Auffangplatte)	153
Abb. 5.24	Plättchenhalter mit Kühlgefäß. Möglicherweise waren der Plättchenhalter und das Kühlgefäß im Anfangsstadium des Stern-Gerlach-Versuches völlig aus Glas gefertigt	154
Abb. 5.25	Schamotteöfchen mit dem Kühler, der Zuleitung zu den Vakuumpumpen und dem Plättchenhalter mit Kühlgefäß. (Zeichnung der Stern-Gerlach-Apparatur aus der Dissertation von Andries Cilliers von 1924). E = Schamotte-Öfchen mit Messingkühler, D = Plättchenhalter (Auffänger, Auffangplättchen), F = Bei F ist ein Schliff angebracht, um die Plättchen bequem wechseln zu können, K = Kühlgefäß mit flüssiger Luft	155
Abb. 5.26	Zeichnung der Stern-Gerlach-Apparatur aus der Dissertation von Andries Cilliers von 1924. A, B = Elektromagnet, C = Schamotte-Öfchen mit Messingkühler in der Glasglocke, E = Kühlgefäß mit flüssiger Luft	155

Abb. 5.27	Schema der Apparatur des Stern-Gerlach-Versuches vom Februar 1922 (siehe hierzu auch Abb. 5.34)	156
Abb. 5.28	Mikrofotografiegerät mit Stativ und Mikroskopaufsatz. Die beim Stern-Gerlach-Versuch verwendeten Auffängerplättchen aus Glas hatten eine Fläche von 10 mm2. Sie wurden nach dem Versuch einem chemischen Entwicklungsprozess unterzogen und dann konnte man das Ergebnis des Versuches unter dem Mikroskop ansehen. Zur Herstellung einer Fotografie wurde ein Gerät zur Mikrofotografie, wie es oben zu sehen ist, verwendet.	157
Abb. 5.29	Ergebnis des Stern-Gerlach-Versuches. Links: Aufnahme mit 4,5-stündiger Bestrahlungszeit ohne Magnetfeld (20-fache Vergrößerung). Rechts: Aufnahme mit achtstündiger Bestrahlungszeit mit Magnetfeld (20-fache Vergrößerung)	158
Abb. 5.30	Postkarte von Walther Gerlach an Niels Bohr vom 8. Februar 1922	158
Abb. 5.31	Postkarte von Walther Gerlach an Niels Bohr vom 8. Februar 1922	159
Abb. 5.32	Teilnachbau des Stern-Gerlach-Versuches (1921/22)	159
Abb. 5.33	Teilnachbau des Stern-Gerlach-Versuches (1921/22)	160
Abb. 5.34	Weiterentwicklung des Stern-Gerlach-Versuches 1925. Glasglocke, das Hauptteil mit dem Magneten und der Plättchenhalter mit dem Kühlgefäß. Im Hintergrund: Halbringelektromagnet nach H. du Bois.	160
Abb. 5.35	Glasglocke. 1 = Ansätze für Pumpe, 2 = Kühlgefäß, 3 = Zuleitung zur Ofenheizung, 4 = Thermoelemente, 5 = Planplatte zur optischen Temperaturmessung der Öfchentemperatur und zum Einlassen von trockenem Luftstickstoff, P = Messingplatte	161
Abb. 5.36	Verbindung Glasglocke Mittelstück (Hauptteil). K = Kühler, M = Messingschwalbenschwanzführung, S = Schneide, S1 = Spalt, Z = Zuleitung, D = Kühlerdeckel, E = Schraube, G = Gewinde, Ö = Öfchen, P = Messingplatte, C = Mutter, A = Schliff, B = Metallkonus, V = Vorderseite der Glasglocke	161
Abb. 5.37	Plättchenhalter (aus Metall) mit Kühlgefäß	162
Abb. 5.38	Hauptteil des Stern-Gerlach-Versuches 1922	163
Abb. 5.39	Apparatur des Stern-Gerlach-Versuches 1923 (Neukonstruktion von Walther Gerlach). a = mittleres Messingstück, das die beiden Polschuhe enthält, mit den Schliffen und (oben) auf der aufgeschraubten Mutter zum Gegenhalten der großen Metallplatte, b = Eisenschlitten, in den der Spaltpolschuh b' durch einen Schliff geschoben wird, c = lange Schneide, die im zweiten Eisenschlitten c' gehalten ist, der aus dem Mittelstück a ausgelöst ist, d_1, d_2 = die beiden Spalte; bei d_1, sieht man die runde Messingscheibe, mit der die Schneide an die Stirnfläche des Messingmittelstücks angeschraubt wird	163

Abb. 5.40	Im Rahmen der Weiterentwicklung des Stern-Gerlach-Versuches wurden auch die Öfchen verändert. Skizze eines Öfchens aus der Dissertation von Andries Cilliers aus dem Jahr 1924	164
Abb. 5.41	Verdampfungsöfchen	164
Abb. 5.42	Verdampfungsöfchen mit Messinghalter	165
Abb. 5.43	Hauptteil des Stern-Gerlach-Versuches 1923 (Neukonstruktion von Walther Gerlach)	166
Abb. 5.44	Makrofotografien, die den Nachweis der Richtungsquantelung im Magnetfeld erbringen	167
Abb. 5.45	Makrofotografien verschiedener Elemente, an denen magnetische Atombestimmungen vorgenommen wurden	168
Abb. 5.46	Makrofotografien verschiedener Elemente, an denen magnetische Atombestimmungen vorgenommen wurden	169

KAPITEL 1

Physik in Frankfurt am Main – Skizze einer Entwicklung

Die meisten deutschen Universitäten können auf eine weit über 100-jährige Geschichte zurückblicken. Nicht so die Frankfurter Universität. Frankfurt am Main ist erst spät in den Kreis der deutschen Universitätsstädte eingetreten. Die Universität verdankt ihre Entstehung im Wesentlichen zwei Männern: dem Frankfurter Oberbürgermeister Franz Adickes (1846–1915) und dem Gründer der Metallgesellschaft Wilhelm Merton (1849–1916), die mit Gleichgesinnten und großzügigen Stiftern ihre Gründung zielstrebig vorantrieben.[1]

Freilich ist die Universitätsgründung auch ein Kind der Wissenschaftseuphorie des Deutschen Kaiserreiches, versehen mit der Besonderheit, als einzige deutsche Universität Stiftungsuniversität zu sein. Die Aufbauphase der Universität fällt mit dem Ausbruch des Ersten Weltkrieges zusammen. Die für den 18. Oktober 1914 geplante Eröffnung in Anwesenheit Kaiser Wilhelms II. fand nicht statt. Alles stand unter dem Schatten des Krieges. Besondere Umstände können dazu führen, dass selbst Physiker von der Muse geküsst werden, und so dichtete der Physiker Richard Wachsmuth, der erste Rektor der Frankfurter Universität, ganz der Tradition entsprechend, zur Universitätseröffnung die folgende Ode:[2]

---

[1] Notker Hammerstein
   Geschichte der Johann Wolfgang Goethe-Universität
   Neuwied/Frankfurt am Main 1989
   Ralf Roth
   Wilhelm Merton: Ein Weltbürger gründet eine Universität
   Frankfurt am Main 2010.

[2] Universitätsarchiv UAF, Akte Richard Wachsmuth, Abt. 4, Nr. 1797, Blatt 8.

Ohne Prunkmal, ohne Orden
Ohne Rede, ohne Fest,
Bist Du nun eröffnet worden
Alma Mater in Südwest!
Rechte Tat am rechten Orte,
Doch kein Trinkspruch, lang und fad,
Heute gelten keine Worte,
Heute gilt allein die Tat!

Wachsmuth konnte Kaiser Wilhelm II. nur melden, dass die Königlich Preußische Universität zu Frankfurt am Main in aller Stille ihre Arbeit aufgenommen habe. Trotz aller Schwere der Zeit fiel die Universitätsgründung in eine Phase bedeutender wissenschaftlicher Entwicklung. Die moderne Physik war geboren worden und entwickelte sich rasant. Einen Teil dieser großartigen Entwicklung erlebte und gestaltete auch die junge Frankfurter Universität mit. In diesem Kapitel sei die Entwicklung der Frankfurter Physik kurz skizziert. Vieles hiervon wurde bereits in Artikeln, wissenschaftlichen Arbeiten und dem Buch *Stern-Stunden – Höhepunkte Frankfurter Physik* veröffentlicht; trotzdem bietet dieses Kapitel noch viele neue Aspekte.[3]

Der Beginn der universitären Frankfurter Physik ist durch Namen wie Richard Wachsmuth (1868–1941), Carl Déguisne (1870–1946), Franz Linke (1878–1944), Richard Lorenz (1863–1929) und Max von Laue (1879–1960) geprägt. Die Frankfurter Physik kann allerdings auf eine ältere Tradition zurückblicken, die durch den 1824 gegründeten Physikalischen Verein begründet wurde. Die Mitglieder dieses Vereines hatten es sich zur Aufgabe gemacht, naturwissenschaftliche Erkenntnisse zu vermitteln. Hierzu wurden vom Physikalischen Verein Dozenten angestellt. Unter diesen Dozenten findet man Namen, die in die Physik- und Technikgeschichte Eingang gefunden haben, z. B. Ernst Florens Friedrich Chladni (1756–1827), Johann Philipp Wagner (1799–1879), Philipp Reis (1834–1874), Ernst Abbé (1840–1905), Friedrich Kohlrausch (1840–1910) und James Franck (1892–1964).[4]

Auch gelang es dem Verein, immer wieder bedeutende Vortragsredner zu gewinnen, z. B. den Nachfolger Plancks auf dem Berliner Lehrstuhl für Theoretische Physik und Begründer der Wellenmechanik, Erwin Schrödinger (1887–1961), der auf Einladung des Physikalischen Vereines 1928/29 über das Thema „Der erkenntnistheoretische Wert physikalischer Modellvorstellungen" sprach. Die im Gründungsjahr der Universität beim

---

[3] Wolfgang Trageser
 Stern-Stunden: Höhepunkte Frankfurter Physik
 Frankfurt am Main 2005.

[4] Heinz Fricke
 150 Jahre Physikalischer Verein
 Frankfurt am Main o. J.

Physikalischen Verein angestellten Dozenten wurden zu Professoren der neuen Naturwissenschaftlichen Fakultät der Universität Frankfurt ernannt. Es sei hier im Rahmen von Kurzbiografien auf diese Gründungsväter der Frankfurter Physik eingegangen.

Friedrich Bruno *Richard Wachsmuth* (geb. 21.3.1868 in Marburg, gest. 1.1.1941 in Icking bei München) wurde als Sohn des Geheimen Hofrates und Professors für Klassische Philologie und Alte Geschichte Curt Wachsmuth und seiner Ehefrau Marie, geborene Ritschl, – beide Eltern stammten aus Gelehrtenfamilien – am 21. März 1868 in Marburg geboren. Hier verlebte er seine Kindheit und besuchte dann ab 1877 das Gymnasium in Heidelberg. Ostern 1886 ging der Vater nach Leipzig, was zur Folge hatte, dass Wachsmuth 1887 an der Thomas-Schule in Leipzig sein Abitur machte. Nach dem Erwerb der Hochschulreife studierte er an den Universitäten Heidelberg (1887–1888) und Berlin (1888–1889) Astronomie und Mathematik und an der Universität Leipzig (1889–1892) Physik.

Am 25. November 1892 beendete er sein Physikstudium mit der Promotion zum Dr. phil. Seine Dissertation trägt den Titel „Untersuchungen auf dem Gebiet der inneren Wärmeleitung". Ab 1. Januar 1893 war er „wissenschaftlicher Hilfsarbeiter" (Volontär) an der Physikalisch-Technischen Reichsanstalt in Berlin-Charlottenburg. Am 18. März 1895 wurde er zum Assistenten ernannt und fand hier Anschluss an den Kreis um Hermann von Helmholtz (1821–1894), der die wissenschaftliche Einstellung Wachsmuths nachhaltig beeinflusste und ihn mit der Herausgabe von zwei Werken betraute: erstens seiner *Lehre der Tonempfindungen als physiologische Grundlage für die Theorie der Musik* (5. Auflage) und zweitens des von Anna von Helmholtz und Estelle Du Bois-Reymond übersetzten Werkes von Sir Oliver Lodge *Neueste Anschauungen über Elektrizität* (*Modern views of electricity*), die beide 1896 erschienen. Für Wachsmuth war die Wissenschaft nie Selbstzweck; er strebte immer nach einer Synthese von Theorie und Praxis. Von Berlin ging er nach Göttingen. Hier wirkte er vom 1. April 1896 bis zum 23. Mai 1898 als Assistent am Physikalischen Institut der Universität und habilitierte sich am 27. April 1896. Am 24. Mai 1898 erfolgte die Berufung zum außerordentlichen Professor für Physik an die Universität Rostock, wo er bis zum 30. September 1905 blieb. Diese Rostocker Zeit hat Wachsmuth als besonders glückliche Zeit seines Lebens gewürdigt.

Ab dem 1. Oktober hatte er eine Anstellung an der Kgl. Kriegsakademie in Berlin, wo er bis zum 31. März 1907 als Zivillehrer (außerordentlicher Lehrer) für Physik gemäß einer Verfügung des Chefs des Generalstabes tätig war. Außerdem wurde er am 9. September 1906 zusätzlich zum außerordentlichen Lehrer für Physik an der Bergakademie durch den Minister für Handel und Gewerbe ernannt. Am 1. April 1907 erfolgte die Ernennung zum Dozenten und Direktor des Physikalischen Vereines in Frankfurt am Main, außerdem war Wachsmuth ab dem 1. Oktober 1908 Dozent an der Akademie für Sozial- und Handelswissenschaften. Eine Stelle, die er bis zum

30. September 1914 innehatte, um dann am 1. Oktober 1914 der erste Ordinarius für Experimentalphysik an der neu gegründeten Frankfurter Universität zu werden. Die Ernennung zum Professor für Experimentalphysik an der Akademie erfolgte 1908. In diesem Jahr übersetzte er auch das Standardwerk der Spektroskopie im englischen Sprachraum, Edward Charles Cyril Balys Werk *Spectroscopy*, in die deutsche Sprache. Es erschien 1908 in Berlin. Als letzter Rektor der Akademie für Sozial- und Handelswissenschaften und Vertrauter des Oberbürgermeisters Dr. Adickes spielte Wachsmuth bei der Gründung der Universität, insbesondere aber bei der Zusammensetzung der Naturwissenschaftlichen Fakultät eine bedeutende Rolle. Ihm ist es zu verdanken, dass sehr viele Vertreter der Göttinger Schule in den mathematischen, physikalischen und chemischen Fächern nach Frankfurt am Main berufen wurden.[5]

Das physikalische Arbeitsgebiet Wachsmuths bildete vor allem die Akustik, umfasste aber auch die elektrischen Wellen und die Elektrizitätsleitung in Gasen. Auch zur Musik scheint er, wohl anknüpfend an Helmholtz' Untersuchungen, eine enge Beziehung gehabt zu haben. Hierüber ist in einem Artikel der *Frankfurter Nachrichten*, Nr. 81, vom 21. März 1928 Folgendes zu lesen:

„Noch vor wenigen Tagen hat Prof. Wachsmuth in einem Vortrag im Physikalischen Verein sich mit den Erfindungen Theremins und Jörg Magers beschäftigt und nach eingehender wissenschaftlicher Darlegung zugleich Ausblicke über die praktische Verwendbarkeit dieser elektrischen Musikinstrumente gegeben."[6]

Bei den hier erwähnten Erfindungen handelt es sich um elektrische Musikinstrumente, das Theremin und das Elektrophon.

Das Theremin (ursprünglich Ätherophon) wurde von dem russischen Physiker und Erfinder Leon Theremin (eigentlich Lew Sergejewitsch Termen), der am 15. August 1896 in Sankt Petersburg geboren wurde, erfunden. Er entwickelte außerdem elektronische Streich-, Zupf- und Tasteninstrumente, die er in den Jahren 1930 bis 1932 in New York vorstellte. Mit H. Cowell entwickelte er 1930 das Rhythmicon. Er starb am 3. November 1993 in Moskau.

Jörg Georg Adam *Mager* wurde 1880 in Eichstätt geboren und war auch ein Pionier der elektronischen Musik. Er erhielt eine Ausbildung am Klavier und an der Orgel am Konservatorium in Mannheim und wurde dann Volksschullehrer und Küster. In dieser Funktion war er auch als Kantor und

---

[5] Walther G. Saltzer
 Richard Wachsmuth
 in: Klaus Bethge / Horst Klein
 Physiker und Astronomen in Frankfurt am Main
 Neuwied/Frankfurt am Main 1989, Seite 3.

[6] UAF, Akte Richard Wachsmuth, Abt. 4, Nr. 1797, Blatt 8.

Organist an der Katholischen Kirche in Aschaffenburg tätig. Mager ging in späteren Jahren nach Berlin und konnte hier 1921 ein Alltoninstrument vorstellen, das später Elektrophon oder Elektromophon genannt wurde. 1926 stellte er sein Sphärophon vor, von dem u. a. Paul Hindemith sehr begeistert war. Jörg Mager ist am 7. April 1939 in Aschaffenburg gestorben.

Diese Verbindung zwischen Musik und Physik fand einen gewissen Höhepunkt durch die Arbeiten von Peter Lertes (1891*), einem Assistenten Wachsmuths und Borns, und ebenfalls einem Pionier auf dem Gebiet der elektronischen Musik. Die fruchtbare Verbindung zwischen Wachsmuth und Lertes ging aber durch einen Streit auseinander. Nach seinem Fortgang von der Frankfurter Universität widmete sich Lertes ganz der elektronischen Musik und der Rundfunktechnik. 1929 stellten Bruno Helberger und er das Hellertion, ein neues elektronisches Musikinstrument, vor. Eine zusammenfassende Darstellung der Entwicklung gelang Lertes mit seinem Buch *Elektrische Musik – Eine gemeinverständliche Darstellung ihrer Grundlagen, des heutigen Standes der Technik und ihre Zukunftsmöglichkeiten*, das 1933 erschien.

Richard Wachsmuth war als Vorstandsmitglied des Frankfurter Vereines für Luftfahrt und Leiter des wissenschaftlichen Ausschusses der ersten Internationalen Luftfahrtausstellung (ILM) 1909 maßgeblich am Zustandekommen dieser Ausstellung beteiligt. Die Denkschrift zu dieser Ausstellung nennt ihn als Herausgeber. Wie bereits erwähnt, wurde Wachsmuth am 14. August 1914 zum ordentlichen Professor für Experimentalphysik an der Universität Frankfurt ernannt. Zwei Tage später erfolgten die Bestellung zum Direktor des Physikalischen Institutes sowie die Ernennung zum ersten Rektor der Frankfurter Universität.

Obwohl Walther Gerlach (1889–1979), der Assistent an Wachsmuths Institut war, und Otto Stern (1888–1969) an dem später berühmten Versuch, der den spektroskopisch erschlossenen Effekt der Richtungsquantelung von Silberatomen im inhomogenen Magnetfeld mithilfe von Silberatomstrahlen direkt nachweisen sollte, arbeiteten, scheint Wachsmuth an diesen Experimenten keinen Anteil genommen zu haben. Dies ist erstaunlich, da er ja das Standardwerk *Spectroscopy* von Baly ins Deutsche übersetzt hatte. Da Wachsmuth in seinen letzten Lebensjahren kränkelte, ließ er sich zum 31. März 1932 aus gesundheitlichen Gründen emeritieren. Er ist am 1. Januar 1941 in Icking bei München gestorben.

Carl Déguisne (geb. 16.9.1870 in Barr im Elsass, gest. 30.12.1946 in Frankfurt am Main) besuchte in Barr die Realschule und ging 1895 an das Kaiserliche Lyceum in Straßburg im Elsass, wo er 1891 das Zeugnis der Reife erhielt. Hier studierte er Naturwissenschaften und wurde dann auf Vorschlag von Friedrich Kohlrausch (1871–1910), der von 1866 bis 1870 Professor in Göttingen, Zürich, Darmstadt sowie Würzburg und Straßburg (1888 bis 1895) war, zum Hilfsassistenten am Physikalischen Institut der Universität Straßburg ernannt. Ab 1895 war Déguisne dann Assistent am elektrotechnischen Institut in Dresden. Als Kohlrausch 1900 nach Berlin zur Physikalisch-Technischen Reichsanstalt wechselte, wo er von 1895 bis 1905 als Präsident wirkte, ging Déguisne mit ihm nach Berlin. 1870 erschien sein berühmtes Buch *Leitfaden der praktischen Physik*, das zuerst als Praktikumsanleitung gedacht war. Aus ihm entwickelte sich „der Kohlrausch", die *Praktische Physik*. Kohlrausch prägte damit einen Begriff – nämlich „praktische Physik" – der gleichsam vom Zeitgeist gefordert wurde. Er stellte mit diesem Begriff das Gleichgewicht zwischen dem Techniker und dem akademischen Physiker bzw. zwischen Technischen Hochschulen und Universität wieder her.

In späteren Jahren war Carl Déguisne dann Assistent bei Wilhelm Hallwachs (1859–1922), der den Hallwachs-Effekt 1888 entdeckt hatte und dessen Hauptwerk *Die Lichtelektrizität* 1914 erschien. Beide Lehrer Déguisnes waren also in ihrer Zeit durchaus produktive Physiker, die beide ihre Arbeitskraft der Technischen, der Angewandten Physik widmeten und beide dem Geist der Klassischen Physik verhaftet waren. Déguisne promovierte an der Universität Straßburg i.E. 1885. Seine Dissertation trägt den Titel „Temperatur-Coëfficienten des Leitvermögens sehr verdünnter wässriger Lösungen" und hat einen Umfang von 30 Seiten.

In Straßburg waren seine akademischen Lehrer Christoffel, Cohn, Fittig, Hallwachs, Heydweiller, Krazer, Reye, Ziegler und Kohlrausch. Publiziert hat er sehr wenig; sein Wirkungsfeld waren die akademische Lehre und die Gutachtertätigkeit.

Als der Physikalische Verein beantragte, Déguisne den Professorentitel zu verleihen, wurde Max Planck zum Gutachter bestellt. Er schrieb in seinem Gutachten für den Minister der geistlichen, Unterrichts- und Medicinal-Angelegenheiten vom 27. Mai 1904:[7]

Euer Exzellenz
verfehle ich nicht, auf den Erlaß vom 7.d.M. (U.I.K.No. 26826), der mich zu einer gutachtlichen Äußerung über den Dozenten des Physikalischen Vereines in Frankfurt a/M Dr. Déguisne auffordert, ganz gehorsamst das Folgende zu berichten.

Was zunächst die wissenschaftlichen Leistungen des Dr. Déguisne betrifft, so vermag ich dieselben nicht eben als erheblich zu bezeichnen. Denn abgesehen von der Inaugural-Dissertation und einigen Referaten liegt nur ein einziger kleiner Aufsatz vor aus dem Jahre 1894, welcher auf Veranlassung seines Lehrers F. Kohlrausch verfaßt wurde und 3 Seiten Umfang hat. Wenn also die Verleihung des Professorentitels an den Dr. Déguisne allein durch dessen wissenschaftliche Leistungen gerechtfertigt werden sollte, so würde dem nach meiner Meinung Schwierigkeiten entgegenstehen, namentlich auch im Hinblick auf den Umstand, daß andere Persönlichkeiten, die in der Physik

---

[7] Heinz Fricke, a.a.O., Seite 128.

einen ungleich klangvolleren Namen besitzen, diese Auszeichnung bisher entbehren.

Anders stellt sich aber die Frage vielleicht, wenn man die unmittelbare persönliche Wirksamkeit und die Lehrtätigkeit heranzieht, welche nach den vorliegenden Berichten eine günstige und erfreuliche zu sein scheint. Doch fehlt mir hierüber die Erfahrung, um in diesem Punkte ein selbständiges Urteil abzugeben, zumal der Dr. Déguisne mir persönlich unbekannt ist.

Euer Exzellenz ganz gehorsamster
Dr. M. Planck

Aufgrund eines günstigeren Gutachtens der Technischen Hochschule in Darmstadt erhielt er dann doch im Zusammenhang mit der Einweihung des neuen Vereinsgebäudes des Physikalischen Vereines am 11. Januar 1908 den Titel. Bei der Gründung der Universität wird er der erste Ordinarius auf dem Lehrstuhl für Angewandte Physik und Leiter des Elektrotechnischen Institutes. 1933 wurde Carl Déguisne emeritiert. Er ist am 30. Dezember 1946 in Frankfurt am Main gestorben.

Karl Wilhelm *Franz Linke* (geb. 4.1.1878 in Helmstedt, gest. 23.3.1944 Frankfurt am Main) wurde als Sohn des Kaufmanns August Linke am 4. Januar 1878 in Helmstedt geboren. Hier besuchte er auch die Bürgerschule und danach das Herzogliche Gymnasium, das er 1897 mit dem Zeugnis der Reife verließ, um Mathematik und Naturwissenschaften zu studieren. Er studierte an den Universitäten Leipzig, München und Berlin. Seine wissenschaftliche Laufbahn begann am 1. April 1900 als Assistent am Physikalischen Institut (bzw. Kabinett) der Landwirtschaftlichen Hochschule in Berlin bei Professor Börnstein. Hier blieb er bis zum 30. Juni 1901. Vom 1. Juli 1901 bis 30. September 1901 war er Assistent am Meteorologisch-Magnetischen Observatorium in Potsdam. Nach Abschluss dieser Tätigkeit promovierte er auf Anregung von Prof. Börnstein am 7. Dezember 1901 in Berlin. Seine Dissertation trägt den Titel „Über Messungen elektrischer Potentialdifferenzen vermittels Collektoren im Ballon und auf der Erde". Nach seiner Promotion war Linke vom 1. Oktober 1902 bis zum 30. September 1903 erster Assistent am Geophysikalischen Institut der Universität Göttingen. Vom 1. Oktober 1903 bis 30. September 1904 leistete er seinen Militärdienst, um dann vom 1. Oktober 1904 bis zum 31. Dezember 1906 als Leiter des Observatoriums der Gesellschaft der Wissenschaften in Göttingen in Apia auf Samoa zu wirken (Samoa-Observatorium). Die Ausarbeitung der dort gewonnenen Ergebnisse dauerten bis zum 30. Juni 1908; so lange gehörte Linke der Gesellschaft der Wissenschaften an.

Franz Linke erwarb sich weiteren wissenschaftlichen Ruhm und allgemeine Bekanntheit, als im August 1908 das zweite Luftschiff des Grafen Zeppelin bei Echterdingen verbrannte und das Reichsinnenministerium zur Feststellung der Ursachen der Katastrophe ihn als Gutachter hinzuzog.

Sein Gutachten klärte schon damals die Frage, inwieweit luftelektrische Entladungen zu einer Explosion führen können. Ab 1. Juli 1908 wurde er Leiter des öffentlichen Wetterdienstes in Frankfurt am Main und ab 1. August desselben Jahres Dozent am Physikalischen Verein und Direktor des Meteorologisch-Geophysikalischen Institutes. Gleichzeitig war er vom 1. April 1909 bis zum 30. September 1914 nebenamtlicher Dozent an der Akademie für Handels- und Sozialwissenschaften in Frankfurt am Main. Am 1. Oktober 1914 erfolgte die Ernennung zum planmäßigen außerordentlichen Professor in der Naturwissenschaftlichen Fakultät (Geophysik und Meteorologie) der neu gegründeten Frankfurter Universität und zum Direktor des Geophysikalisch-Meteorologischen Universitätsinstitutes. Während des Ersten Weltkrieges war Linke als Meteorologe der Frankfurter Luftschifferabteilung und als Leiter der Wetterzentrale der Ostfront tätig. Nach dem Krieg, vom 1. April 1919 bis zum 31. März 1920, wurde er durch einen Vertrag mit dem Landwirtschaftsministerium zusätzlich zum Leiter der Wetterdienststelle in Frankfurt am Main und der Nebenstelle in Saarbrücken ernannt.

Am 19. August erfolgte schließlich die Ernennung zum ordentlichen Professor. Es gehört zu seinen bleibenden wissenschaftlichen Verdiensten, dass er zum Aufbau des Wetterdienstes in Deutschland einen großen Beitrag geleistet hat. Franz Linke starb am 23. März 1944 an einem Herzinfarkt, den er als Folge eines Bombenangriffes auf Frankfurt erlitten hatte.

Richard Lorenz (geb. 14.3.1863 in Wien, gest. 26.6.1929 in Frankfurt am Main) wurde als Sohn des Historikers und Geschichtsphilosophen Ottokar Lorenz geboren. Nach dem Erwerb der Hochschulreife betrieb er allgemeine naturwissenschaftliche Studien an der Universität Wien und ging dann von 1886 bis 1888 an die Universität Jena, wo er 1888 zum Dr. phil. für seine Arbeit „Beiträge zur Kenntnis der Valenz des Bor's" promoviert wurde. Vom 1. Oktober 1889 bis 30. September 1896 war er planmäßiger Assistent von Prof. Wallach am Chemischen Laboratorium der Universität Göttingen und bei Walther Nernst am Institut für Physikalische Chemie und Elektrochemie. Nachdem er sich am 5. März 1892 bei Prof. Nasse habilitiert hatte, wirkte er an der Universität Göttingen als Privatdozent. Am 1. Oktober 1896 erfolgte die Berufung zum Professor für Physikalische Chemie und Elektrochemie an das Eidgenössische Polytechnikum (der späteren Eidgenössischen Technischen Hochschule) in Zürich.

Bedeutend für die weitere Laufbahn von Lorenz und seine Beziehung zu Frankfurt am Main war, dass am 30. Juni 1909 durch die Arthur von Weinberg-Stiftung ein gemeinschaftlicher Lehrstuhl für Physikalische Chemie und Metallurgie am Physikalischen Verein ermöglicht wurde. Lorenz blieb in Zürich bis zum 30. September 1910. Ab 1. Oktober 1910 bis 30. September 1914 war er Professor an der Akademie für Sozial- und Handelswissenschaften in Frankfurt am Main. Am 2. September wurde er ordentlicher Professor für Physikalische Chemie. Lorenz war der Gründer des Institutes für Physikalische Chemie und Metallurgie der Frankfurter Universität. In Frankfurt am Main ist er am 26. Juni 1929 gestorben.

Max Theodor Felix *von Laue* (geb. 9.10.1879 in Pfaffendorf bei Koblenz, gest. 24.4.1960 in Berlin) wurde am 9. Oktober 1879 in Pfaffendorf bei Koblenz geboren. Laues Vater war ein hoher Zivilbeamter der kaiserlichen Militärverwaltung, der 1913 vom Kaiser in den erblichen Adelsstand erhoben wurde. Seit dieser Zeit trug auch der Sohn das Adelsprädikat. Max von Laue besuchte die Gymnasien in Posen, Berlin und Straßburg und begann dann sein Studium an der Universität Straßburg. Nach zwei Semestern wechselte er an die Universität Göttingen, wo er unter dem Einfluss von Woldemar Voigt (1850–1919), dem Begründer der Kristallphysik, für die Theoretische Physik gewonnen wurde. Nach zwei Semestern in Göttingen und einem Zwischensemester in München siedelte von Laue im Sommer 1902 nach Berlin über, wo er Vorlesungen bei Max Planck (1858–1947) und Otto Lummer (1860–1925) besuchte. Bereits am Ende des ersten Berliner Semesters bewarb er sich bei Planck um ein Dissertationsthema, und im Sommer 1903 promovierte er mit einer Arbeit mit dem Titel „Untersuchung über die Theorie der Interferenzerscheinungen an planparallelen Platten". Nach seiner Promotion ging er noch einmal für vier Semester nach Göttingen und machte sein Staatsexamen.

Zum Herbst 1905 bot Planck von Laue eine Assistentenstelle an, woraus drei Jahre wurden, die für von Laues geistige Entwicklung von großer Bedeutung waren. Bei Planck in Berlin wurde er auch im Physikalischen Kolloquium zum ersten Mal mit dem Speziellen Relativitätsprinzip und mit der 1905 publizierten Speziellen Relativitätstheorie von Albert Einstein konfrontiert. Von Laue, der der Relativitätstheorie anfänglich skeptisch gegenüberstand, besuchte 1906 Einstein, der damals noch Angestellter am Patentamt in Bern war, und diskutierte mit ihm Fragen der Relativitätstheorie.

1907 konnte er zeigen, dass der Fresnelsche Mitführungskoeffizient, der als Stütze des Lichtäthers galt, sich als natürliche Folge des Einsteinschen Additionstheorems der Geschwindigkeiten herausstellt. Es machte ihm große Freude, die zahlreichen Experimente zur Elektrodynamik bewegter Körper, die die älteren physikalischen Theorien nicht oder nur mit großem Aufwand beschreiben konnten, als logisch zwingendes Ergebnis des Speziellen Relativitätsprinzips zu erklären.

1909 erfolgte die Umhabilitierung von Laues nach München – er hatte sich bereits 1906 in Berlin habilitiert –, da hier Arnold Sommerfeld (1868–1951) seine berühmte Schule der Theoretischen Physik aufbaute und München somit ein Zentrum der Theoretischen Physik war. Max von Laue wirkte an der Münchner Universität als Privatdozent. Hier schrieb er auch sein Buch *Das Relativitätsprinzip,* das erste Lehrbuch der Relativitätstheorie, das 1911 bei Vieweg in Braunschweig erschien. In München entstand auch die Idee der *Röntgenstrahlinterferenzen,* die anfangs von Sommerfeld abgelehnt wurde und erst durch die Experimente von Max von Laue, Walther Friedrich (1883–1968) und Paul Knipping (1883–1935) bestätigt wurde. Auch Sommerfeld war jetzt überzeugt und teilte die Versuchsergebnisse der Bayerischen Akademie der Wissenschaften in der Sitzung vom 8. Juni 1912 mit. Max von Laue referierte am 14. Juni vor der Physikalischen Gesellschaft in Berlin zu demselben Thema.

Die neue fundamentale Entdeckung, durch die zum ersten Mal die Atome in ihrer Anordnung in den Kristallgittern optisch nachgewiesen wurden, verbreitete sich rasch in der physikalischen Welt, und von Laue erhielt im Sommer 1912 einen Ruf für ein Extraordinariat an der Universität Zürich. Zwei Jahre später erreichte ihn die Berufung nach Frankfurt am Main. Mit ihrem ersten Lehrstuhlinhaber für Theoretische Physik hatte die Frankfurter Universität einen Wissenschaftler gewonnen, der zu den führenden Relativitätstheoretikern der damaligen Zeit gehörte und der nicht nur durch seine wissenschaftlichen Leistungen, sondern auch durch seine menschlichen Verbindungen zu den führenden Physikern der damaligen Zeit, wie Arnold Sommerfeld, Max Planck und Albert Einstein, in engem Kontakt stand.

Die Verbindung von Laues zu Frankfurt am Main resultierte aus einer Vereinbarung zwischen ihm und dem Preußischen Kultusministerium, die ihm die Übernahme einer ordentlichen Professur für Theoretische Physik im Wintersemester 1914/15 an der neu gegründeten Königlich Preußischen Universität zu Frankfurt am Main, vorbehaltlich der Einwilligung des Ministers, in Aussicht stellte. Diese Vereinbarung wurde in einem Brief vom 10. August 1914 vom Minister der geistlichen und Unterrichts-Angelegenheiten, Adam von Trott zu Solz, bestätigt. Von Laue wurde ein Jahreseinkommen von 14.000 Mark, zusätzlich einmaliger Umzugskosten, zugesichert. Da von Laues Diensteinkommen den Normaletat überschritt, wandte sich der Minister an den Vorsitzenden des Verwaltungsausschusses der Akademie für Sozial- und Handelswissenschaften Dr. Adickes, der ihm in einem Brief vom 14. August 1914 zusicherte, dass die über die Normalsätze hinausgehenden Bewilligungen die erforderlichen Summen vom Verwaltungsausschuss bereitgestellt würden. Einen wesentlichen Anteil am Zustandekommen des ersten Lehrstuhles für Theoretische Physik hatte Moritz Nathan Oppenheim (1848–1933), der Seniorchef des 1832 gegründeten Juwelengroßhandelsgeschäftes Nathan Marcus Oppenheim Nachf.[8] Durch die Katharina und Moritz Oppenheim'sche Stiftung ermöglichte er den ersten Lehrstuhl für Theoretische Physik an der Universität Frankfurt.

Bereits einen Monat später, am 17. September 1914, erhielt Max von Laue vom Minister Trott zu Solz die Nachricht, dass Kaiser Wilhelm II. ihn zum ordentlichen Professor für Theoretische Physik an der Universität Frankfurt ernannt habe. Von Laue konnte sich bereits am 11. November 1915 bei den

---

[8] UAF, Akte Max von Laue, Abt. 14, Nr. 140, Blatt 7.

„Frankfurtern" für die Ernennung zum ordentlichen Professor bedanken, indem er dem Kuratorium preußisch knapp mitteilte:[9]

> Ich gestatte mir die Mitteilung,
> daß die schwedische Akademie der
> Wissenschaften mir heute den Nobelpreis
> für Physik 1914 verliehen hat.
> Dr. Max von Laue

Schon zwei Tage später erschien in der *Frankfurter Zeitung* ein großer Artikel über den „Frankfurter Nobelpreisträger", in dem Carl Déguisne, sein Kollege von der Angewandten Physik, ihn einem breiteren Publikum vorstellte und seine wissenschaftliche Leistung und die seiner Mitarbeiter Friedrich und Knipping – die Entdeckung der Röntgenstrahlinterferenz – würdigte.

Am 24. Juli 1916 unterrichtete von Laue das Universitätskuratorium davon, dass das Österreichische Kultusministerium ihm einen Lehrstuhl an der Universität Wien, als Nachfolger von Fritz Hasenöhrl (1874–1915) angeboten habe, der 1915 an der Italienfront gefallen war. Von Laue wollte, zumindest bis Kriegsende, in Frankfurt bleiben, äußerte hinsichtlich seiner persönlichen Bezüge keine Wünsche, machte aber sein Verbleiben davon abhängig, dass ihm nach Beendigung des Krieges ein Extraordinarius zur Entlastung von Lehrverpflichtungen zur Seite gestellt werde. Dieser Wunsch von Laues konnte bereits am 1. Oktober 1916 erfüllt werden, da ein reicher Förderer der Universität, Dr. Richard Fleischer, die Zusage gegeben hatte, das Gehalt eines außerordentlichen Professors in Höhe von 5000 Mark pro Jahr aufzubringen. Damit war das Verbleiben von Laues gesichert.

Am 14. November 1916 teilte er dem Oberbürgermeister mit, dass er die Berufung nach Wien endgültig abgelehnt habe. Dieser Brief ist für die weitere Entwicklung von großer Bedeutung. Max von Laue wirkte immer da, wo sich die neuen Entwicklungen in der Physik vollzogen. Das war damals eindeutig Berlin. Hier entwickelte sich die neue Quantentheorie, und Einstein hatte gerade seine Allgemeine Relativitätstheorie der Preußischen Akademie der Wissenschaften vorgelegt. Es ist daher vollkommen verständlich, dass von Laue dem Oberbürgermeister schreibt:[10]

> Würzburg, 14.11.16
> Hochgeehrter Herr Oberbürgermeister!

Ich habe heute die Berufung nach Wien abgelehnt. Ich bitte Sie aber trotzdem, die Verhandlungen über die Errichtung eines Extraordinarius nicht

---

[9] ebenda, Blatt 8.
[10] UAF, Akte von Laue, Abt. 14, Nr. 140, Blatt 29.

fortzusetzen, wenigstens nicht meinetwegen. Denn sobald der Friede wieder da ist, führe ich meinen alten Plan aus und gehe zu meinem verehrten Lehrer Planck nach Berlin. In welche Stellung, ist mir gleichgültig; hoffentlich kommt bis dahin eine Berufung nach Berlin.

> Mit vorzüglichster Hochachtung verbleibe ich
> Euer Hochwohlgeboren ganz ergeben
> Dr. M. v. Laue

Man einigte sich schließlich darauf, wie aus einem Schreiben vom 8.Dezember 1916 hervorgeht, dass von Laue für die Dauer des Krieges seine Vorlesungen auf zwei Stunden am Sonnabend beschränken und im Übrigen in Würzburg tätig sein werde.

Für die Verantwortlichen der Universität war damit klar, dass von Laue bei passender Gelegenheit Frankfurt am Main verlassen würde. Sein Wunsch, nach Berlin zu gehen, nahm 1918 konkrete Formen an. Am 20. Mai 1918 teilte er dem Kuratorium der Universität mit:[11]

Um meinen alten und sehnlichen Wunsch, nach Berlin zu kommen, der Erfüllung näher zu bringen, habe ich heute an Excellenz Naumann im Kultusministerium die Bitte geschrieben, mit Prof. Dr. M. Born in Berlin die Stellung tauschen zu dürfen. Ich würde damit persönlicher Ordinarius an der Universität Berlin. Die Zustimmung von Professor Born und der an der Besetzung der theoretischen Physik fachlich interessierten Mitglieder der Frankfurter naturwissenschaftlichen Fakultät habe ich zuvor eingeholt.

> Dr. M. v. Laue

Diese Bitte wurde am 9. Juli 1918 auch dem Preußischen Kultusministerium vorgetragen. Das Kuratorium billigte am 6. Dezember 1918 die Versetzung von Laues nach Berlin und seine Ersetzung durch *Max Born* (1882–1970). An dieser Entwicklung war Albert Einstein (1879–1955) nicht ganz unbeteiligt. Bereits am 8. Februar 1918 hatte er an Frau Born geschrieben:[12]

Liebe Frau Born!
[…]
Laue will hierher. Als er vor einiger Zeit Aussicht hatte, durch private Stiftung so eine Art Forscherstellung ohne Lehrveranstaltung hier zu erhalten, begründete er sein Streben nach Berlin mit seiner Abneigung gegen Unterrichtstätigkeit. Nun, da dieser Plan, wie es scheint, nicht realisiert wird, denkt

---

[11] ebenda, Blatt 31.
[12] Albert Einstein / Hedwig und Max Born
  Briefwechsel 1916–1955
  München 1969, Seite 22 f.

er an einen Stellentausch mit Ihrem Mann. Primärer Wunsch also: „Nach Berlin". Motiv: Ergeiz (der Frau?). Planck weiß davon, das Ministerium wohl kaum. Mit Planck habe ich noch nicht darüber gesprochen. Ich denke mir, daß sein Streben danach geht, Plancks Nachfolger zu werden. Der Arme! Nervöse Subtilität. Streben nach einem Ziel, das seinem natürlichen Bedürfnis nach ruhigem Leben ohne komplizierte menschliche Beziehungen feindlich entgegensteht.
Lesen Sie bitte hierzu Andersens hübsches kleines Märchen über die Schnecken.
Die objektive Möglichkeit für das Zustandekommen von Laues Plan hängt an zwei Bedingungen

1. Hinreichende Dotierung Ihrer Stelle für Laue.
2. Geneigtheit Ihres Mannes, die Stelle zu tauschen.

Nehmen wir einmal an, 1. sei erfüllt, dann erhebt sich die Frage, ob Ihr einwilligen sollt; das ist natürlich die Frage, die Sie heute schon quält. Meine Meinung ist:

Unbedingt annehmen.

Ich brauche Euch wohl nicht zu versichern, wie lieb ich Euch habe und wie froh ich bin, Euch als Freunde und Gesinnungsgenossen in dieser – Wüste zu haben. Aber so eine ideale Stelle, in der man ganz selbständig ist, soll man nicht ausschlagen. Es ist ein größerer und freierer Wirkungskreis als hier, eine bessere Gelegenheit für die Entfaltung der Kräfte Ihres Mannes. Hauptsächlich aber: Neben Planck leben ist eine Freude. Aber wenn Planck einmal abgeht, dann seid Ihr, auch wenn Ihr da bleibt, nicht sicher, ob Ihr Mann an seine Stelle kommt. Wenn es aber ein anderer wäre, dann könnte es vielleicht weniger angenehm sein. Man muß allen Fällen ins Auge sehen. Dem sollt Ihr Euch ohne Not nicht aussetzen. Pflegen Sie sich gut und nehmen Sie mich zum warnenden Beispiel. Bei mir ist der Ruck nach oben nicht mehr zu kriegen. Seien Sie mit den Kindern und dem hoffentlich bald zurückkehrenden Gebieter herzlich gegrüßt von Ihrem
Einstein.

Der Brief macht die freundschaftliche Verbundenheit zwischen den Familien Born und Einstein deutlich. Der von Einstein angeführte „Ehrgeiz" von Laues zeigt, dass er ihn zu dieser Zeit noch nicht so gut kannte. Einstein hat Max von Laue in späteren Jahren nicht nur als Physiker, sondern auch als gerechten und vornehmen Menschen geschätzt. Die sich in den Berliner Jahren entwickelnde Freundschaft zwischen Einstein und von Laue war sehr tief. Sie überstand auch das Jahr 1933.

Der Tausch der Lehrstühle kam, nach „einigem Hin und Her" (Born)[13], zustande, sodass Max Born ab Sommersemster 1919 als ordentlicher Professor für Theoretische Physik in Frankfurt am Main wirken konnte. Max Born ist uns heute hauptsächlich durch seine wegweisenden Arbeiten zur Quantenmechanik bekannt. Er war aber auch ein begeisterter Anhänger der Relativitätstheorie und ihres Schöpfers Albert Einstein. In der Einleitung zu seinem Briefwechsel mit Einstein hat er über seine geistige Entwicklung und die Bedeutung der Relativitätstheorie für seine Hinwendung zur Theoretischen Physik gesprochen:

„Einsteins berühmte Abhandlung, die seine Begründung der Relativitätstheorie enthält, erschien 1905 im selben Jahrgang der „Annalen der Physik", der zwei andere epochemachende Arbeiten von ihm enthält, die Hypothese der Lichtquanten und die statistische Theorie der Brownschen Bewegung. Ich war damals Student in Göttingen und nahm an einem Seminar teil, das von den Mathematikern David Hilbert und Hermann Minkowski geleitet wurde. Dort wurde die Elektrodynamik und Optik bewegter Körper behandelt, dasselbe Thema, das Einsteins Ausgangspunkt für die Relativitätstheorie war. Wir studierten Arbeiten von H. A. Lorentz, Henri Poincaré, G. F. Fitzgerald, Larmor und anderen; aber Einstein wurde nicht erwähnt. Ich fand diese Probleme so fesselnd, daß ich beschloß, mich auf theoretische Physik zu konzentrieren."[14]

Mit Max Born hatte die Frankfurter Universität einen weiteren bedeutenden Physiker gewonnen. Borns Wirken in Frankfurt am Main fällt mit der Notzeit nach dem Ersten Weltkrieg zusammen. Durch die Inflation war die Mark so entwertet worden, dass auch die Finanzierung der wissenschaftlichen Einrichtungen, wie z. B. Borns Institut für Theoretische Physik, an dem sein Assistent Otto Stern begann, seine wichtigen Versuche zu machen, problematisch war.

Born verfügte in seinem Institut über eine Werkstatt und den tüchtigen Mechanikermeister Adolf Schmidt, was Stern für seine Experimente zu nutzen verstand. Angeregt durch Sterns Experimente begann auch Max Born, unterstützt durch seine Assistentin Dr. Elisabeth Bormann, zu experimentieren. Es ist erstaunlich, dass in der kurzen Zeit, in der Born in Frankfurt als Theoretiker wirkte, mehrere bedeutende Arbeiten aus seinem Institut hervorgegangen sind, z. B.:

1. Otto Stern
   Eine direkte Messung der thermischen Molekulargeschwindigkeit
   Zeitschrift für Physik 2, 49–56 (1920)
2. Max Born und Elisabeth Bormann
   Eine direkte Messung der freien Weglänge neutraler Atome

---

[13] Albert Einstein / Hedwig und Max Born, a.a.O., Seite 28.
[14] derselbe, ebenda, Seite 14.

Physikalische Zeitschrift 2, 578–582 (1920)
3. Alfred Landé
   Über den anomalen Zeemaneffekt (Teil I)
   Zeitschrift für Physik 5, 231 – 241 (1921)
4. Peter Lertes
   Der Dipolrotationseffekt bei dielektrischen Flüssigkeiten
   Zeitschrift für Physik 6, 56–86 (1921)
5. Otto Stern
   Ein Weg zur experimentellen Prüfung der Richtungsquantelung im Magnetfeld
   Zeitschrift für Physik 7, 249 253 (1921)
6. Walther Gerlach und Otto Stern
   Der experimentelle Nachweis des magnetischen Momentes des Silberatoms
   Zeitschrift für Physik 8, 110–111 (1921)
7. Walther Gerlach und Otto Stern
   Der experimentelle Nachweis der Richtungsquantelung im Magnetfeld
   Zeitschrift für Physik 9, 353–355 (1922)

Born kam auf die Idee, das Interesse der breiten Öffentlichkeit an der Relativitätstheorie auszunutzen, und hielt im Sommersemester 1920 – es war die hohe Zeit des beginnenden Rummels um die Relativitätstheorie – jeweils Dienstags von 17 bis 18 Uhr gegen Eintrittsgeld eine Vorlesung mit dem Thema „Relativitätstheorie in elementarer Darstellung". Born schreibt in seinen Lebenserinnerungen über diese Vorlesungen:

„Unser Etat aber reichte wegen der Geldentwertung in keiner Weise aus. Nun lief damals eine Welle der Begeisterung über Einsteins Theorie um die Welt, nachdem der Astronom Sir Arthur Eddington in der Royal Society in London verkündet hatte, daß die von Einstein vorhergesagte Ablenkung der Lichtstrahlen von Sternen durch die Sonne von einer unter Eddingtons Leitung stehenden britischen Expedition bestätigt worden sei. Ich nutzte dieses allgemeine Interesse für Einstein aus, indem ich Vorträge mit Eintrittsgeld zugunsten meines Institutes veranstaltete. Diese waren gut besucht und ermöglichten die Fortsetzung unserer Versuche. Dann beschloß ich, aus dem Text der Vorträge ein Buch zu machen. Einstein selbst las die Korrekturen und war mit meiner Darstellung einverstanden."[15] Borns berühmtes Buch, seine Frankfurter Vorlesungen über die Relativitätstheorie, das den Titel *Die Relativitätstheorie Einsteins und ihre physikalischen Grundlagen* trägt, erschien 1920 bei Springer und löste sofort einen Skandal aus. Einsteins Relativitätstheorie war bis Ende 1919 lediglich in einem kleinen Kreis von Experten diskutiert worden. Das änderte sich erst, als auf Betreiben von Sir Arthur

---

[15] Albert Einstein / Hedwig und Max Born, a.a.O., Seite 52.

Eddington in England zwei Expeditionen zur Beobachtung der am 29. Mai 1919 in den Tropen stattfindenden totalen Sonnenfinsternis nach Nordbrasilien und auf die portugiesische Insel.

Príncipe an der afrikanischen Küste ausgesandt wurden, um eine wesentliche Voraussage der Allgemeinen Relativitätstheorie, die Ablenkung des Lichtes am Sonnenrand, zu überprüfen. Die Ergebnisse dieser Expedition wurden am 6. November 1919 in einer feierlichen Sitzung der Royal Society verkündet. Das Ergebnis dieser Sitzung war die Bestätigung der Voraussagen Einsteins.

Die Physik hatte eine neue Gravitationstheorie und die Welt einen neuen Newton. Seit dieser Zeit war Einstein in aller Munde, und Presse und Film nahmen sich seiner an. Einstein wurde in den Jahren von 1919 bis 1922 zum berühmtesten Wissenschaftler der Welt und seine Relativitätstheorie zum Gegenstand öffentlichen Interesses. Mit dem „Relativitätsrummel" begannen aber auch Feindschaft und Missgunst gegenüber Einstein. Nationale Kreise verübelten ihm sein politisches Engagement für Sozialismus, Pazifismus und Zionismus und warfen ihm außerdem Reklame für sich und seine Theorie vor. Das bekam auch Max Born zu spüren. Er hatte in der 1. Auflage seines Buches über Relativitätstheorie ein Bild und eine Kurzbiografie beigefügt, was von einigen Gelehrten beanstandet und von antisemitischer Seite als typisches Beispiel jüdischer Reklamemacherei für die eigene Sache angeprangert wurde. Auch wohlmeinende Freunde, z. B. Max von Laue, rieten Born davon ab, das Buch in dieser Form zu veröffentlichen, um den Vorwürfen der Einstein-Gegner keine neuen Argumente zu liefern. Ab der 2. Auflage hat Born dann sein Buch ohne Kurzbiografie und Einstein-Bild erscheinen lassen.

In Berlin bildete sich unter der Führung von Paul Weyland (1888–1972), der in Kreisen der Wissenschaft nicht hervorgetreten war, eine „Arbeitsgemeinschaft deutscher Naturforscher zur Erhaltung reiner Wissenschaft", die als Sammelbecken der Gegner der Relativitätstheorie fungierte. Mit dieser „Arbeitsgemeinschaft" sympathisierten auch namhafte Physiker wie Ernst Gehrcke (1878–1960) oder die Physik-Nobelpreisträger Philipp Lenard (1862–1947) und Johannes Stark (1874–1957).[16]

Den ersten Höhepunkt dieser Kampagne der „Arbeitsgemeinschaft" gegen Einstein und die Relativitätstheorie bildete eine öffentliche Veranstaltung am 20. August 1920 in der Berliner Philharmonie. Der Eindruck, den diese Veranstaltung beim gebildeten Publikum und bei den Fachkollegen Einsteins hinterließ, kann nur als katastrophal bezeichnet werden. Das *Berliner Tageblatt* und andere Zeitungen berichteten in mehreren Ausgaben über die Offensive gegen Einstein.

---

[16] Andreas Kleinert
Paul Weyland, der Berliner Einstein-Töter, in: H. Albrecht (Hrsg.), Naturwissenschaften und Technik in der
Geschichte, Stuttgart 1993, Seite 198–232.

Einstein antwortete am 27. August 1920 im *Berliner Tageblatt* der „Arbeitsgemeinschaft", die von ihm nur als „Antirelativitätstheoretische GmbH" bezeichnet wurde. Die Fachkollegen Einsteins wie von Laue, Nernst, Planck und Sommerfeld stellten sich in ihrer Mehrheit schützend vor Einstein und zeigten sich über das Vorgehen der Einstein-Gegner empört. Obwohl Einstein die unqualifizierten Angriffe mit Humor zu meistern versuchte, blieb er doch von diesen Vorkommnissen nicht unberührt und stellte sich die Frage, ob für ihn ein Verbleiben in Berlin noch sinnvoll sei. Die Presse machte aus diesen Gerüchten bereits vollendete Tatsachen und schlagzeilte: „Albert Einstein will Berlin verlassen!!!" Das ließ auch den Kultusminister Konrad Haenisch nicht unberührt, der an Einstein am 6. September 1920 schrieb[17]:

Hochgeehrter Herr Professor!
Mit Empfindungen des Schmerzes und der Beschämung habe ich aus der Presse ersehen, daß die von Ihnen vertretene Lehre in der Öffentlichkeit Gegenstand gehässiger, über den Rahmen sachlicher Beurteilung hinausgehender Angriffe gewesen und daß selbst Ihre wissenschaftliche Persönlichkeit von Verunglimpfungen und Verleumdungen nicht verschont geblieben ist.

Eine besondere Genugtuung ist es mir, daß diesem Vorgehen gegenüber Gelehrte von anerkanntem Rufe, u. a. auch hervorragende Vertreter der Berliner Universität, sich zu Ihnen bekennen, die nichtswürdigen Angriffe gegen Ihre Person zurückweisen und daran erinnern, wie Ihre wissenschaftliche Arbeit Ihnen einen unvergänglichen Platz in der Geschichte unserer Wissenschaft sichert. Wo sich die Besten für Sie einsetzen, wird es Ihnen um so leichter fallen, solch häßlichem Treiben keine weitere Beachtung zu schenken.

Der Minister pp.
Haenisch

Einstein machte den Pressemeldungen um seinen Fortgang aus Berlin am 8. September 1920 ein Ende, indem er dem Minister schrieb[18]:

Euer Exzellenz Schreiben vom 6. dieses Monats erfüllt mich mit dem Gefühl aufrichtiger Dankbarkeit. Ganz unabhängig von der Frage, ob ich soviel Wohlwollen und Hochschätzung verdiene, habe ich in diesen Tagen erlebt, daß Berlin die Stätte ist, mit der ich durch menschliche und wissenschaftliche

---

[17] Christa Kirsten / Hans-Jürgen Treder (Hrsg.)
Albert Einstein in Berlin 1913–1933
Teil 1, Berlin 1979, Seite 203 f.

[18] derselbe, ebenda, Seite 204.

Beziehungen am meisten verwachsen bin. Einen Ruf ins Ausland würde ich nur in dem Falle leisten, daß äußere Verhältnisse mich dazu zwingen.
       Mit ausgezeichneter Hochachtung
       Eurer Exzellenz ganz ergebener
       A. Einstein

Die Nachricht, dass Einstein Berlin verlassen wolle, sprach sich schnell herum, und Universitäten im In- und Ausland bemühten sich darum, ihn zu gewinnen. Zum Kreis dieser Bewerber gehörte auch die Frankfurter Universität. Born hatte einen Ruf der Universität Göttingen als Nachfolger von Peter Debye erhalten, was er dem Kuratorium der Universität Frankfurt am 18. Mai 1920 mitteilte. In einem Brief vom 21. Juni 1920 an Elsa Einstein spricht Born davon, dass ihn die Frage „Göttingen oder nicht" sehr quäle. Durch ein Telegramm der Universität Göttingen vom 25. Juni 1920 wurde Born um eine Entscheidung wegen der Berufung aufgefordert, was Born dem Kuratorium sofort bekannt gab.

Am 3. Juli 1920 schrieb ihm der Oberbürgermeister Voigt, dass das Kuratorium für den Fall seines Verbleibens in Frankfurt am Main seinen Wünschen weitgehend entgegenkommen werde. Finanzielle Mittel für ein Extraordinariat für Professor Stern seien aber nicht vorhanden.[19] In einem Schreiben vom 10. Juli 1920 bedankte Born sich bei Voigt für das weitgehende Eingehen der Universität auf seine Wünsche, bezeichnete aber die Einrichtung eines Extraordinariates für seinen Mitarbeiter Stern als seinen Hauptwunsch für sein Verbleiben in Frankfurt. Dieser Wunsch war aber nicht erfüllbar, was offenbar nicht nur an den leidigen Finanzen hing.[20]

Born schrieb am 16. Juli 1920 an Einstein: Höchst wahrscheinlich gehen wir nach Göttingen, nämlich wenn Franck berufen wird und annimmt; die Fakultät hat ihn vorgeschlagen. Nun wird die Frage meines Nachfolgers akut. Schönflies wollte an Dich schreiben und um Dein Gutachten bitten. Ich möchte natürlich Stern haben. Aber Wachsmuth will nicht; er sagte mir: „Ich schätze Stern sehr, aber er hat solch zersetzenden, jüdischen Intellekt!" Es ist wenigstens offener Antisemitismus. Aber Schoenflies und Lorenz wollen mir helfen."[21]

Aus einem Brief Borns vom 31. Juli 1920 an Einstein geht hervor, dass sich Born für Göttingen entschieden hat, und Wachsmuth teilte dies auch am 6. August 1920 dem Kuratorium mit. Der Mathematiker Artur Schoenflies

---

[19] UAF, Akte Max Born, Abt. 14, Nr. 139, Blatt 12 und 13.
[20] ebenda, Blatt 14.
[21] Albert Einstein / Hedwig und Max Born, a.a.O., Seite 55. Der Vorwurf, dass Wachsmuth Antisemit gewesen
 sei, lässt sich nach den bisher erschlossenen Quellen und Aussagen zu seiner Person nicht rechtfertigen.

fungierte 1920/21 als Rektor der Frankfurter Universität. In dieser Funktion wandte er sich 1920 an Einstein, um seine Ansicht zu einem geeigneten Nachfolger für Born zu erfahren. Gleichzeitig bat er ihn darum, auf der bevorstehenden 86. Versammlung Deutscher Naturforscher und Ärzte, die vom 19. bis 25. September 1920 in Bad Nauheim stattfinden sollte, einen Vortrag über Relativitätstheorie zu halten.

Schoenflies nannte Stern, Kossel und Lenz als Kandidaten. Einstein antwortete Schoenflies in einem Brief vom 29. Juli 1920. Er empfahl ihm Paul Epstein, der zu dieser Zeit als Privatdozent in Zürich wirkte, als verdientesten theoretischen Physiker für die Nachfolge Borns, als geeignetsten nannte er ausdrücklich Stern, während Kossel und Lenz eher abschlägig beurteilt wurden. Einen Vortrag über Relativitätstheorie wollte Einstein in Bad Nauheim nicht halten, sprach sich aber für eine öffentliche Diskussion über die Theorie aus.

Einstein kündigte sein Kommen Max und Hedwig Born für den 18. September 1920 an. Für die Zeit der Tagung wohnte er bei Born in der Cronstettenstr. 9. Beide fuhren jeden Morgen mit der Bahn nach Bad Nauheim und abends zurück. Auf dieser Versammlung, die die Relativitätstheorie zum Thema hatte, ereignete sich im Rahmen der Veranstaltung nicht nur der Zusammenstoß zwischen Einstein und Lenard. Auf dieser Naturforscherversammlung gab auch der junge Wolfgang Pauli, ein Schüler Arnold Sommerfelds, die Ergebnisse seiner Untersuchungen zum Atommagnetismus bekannt. Zum ersten Mal führte er hier den Begriff des Bohrschen Magnetons ein. Er verallgemeinerte die Langevinsche Formel für den Fall, dass bei der Bestimmung des magnetischen Moments die Richtungsquantelung berücksichtigt wird, und gelangte so zu einem von 1/3 abweichenden Faktor.

Aus dieser Zeit ist ein Brief im Universitätsarchiv der Goethe-Universität erhalten geblieben, den der Oberbürgermeister Voigt an den Justizrat Dr. Ludwig Heilbrunn (1870–1951) gerichtet hat[22]. Der Brief trägt das Datum vom 18. September 1920. Er ist aus zwei Gründen von physikhistorischem Interesse. Erstens geht aus ihm hervor, dass Oberbürgermeister Voigt sich mit Professor Wachsmuth in Verbindung gesetzt hat, um eine Berufung Professor Einsteins nach Frankfurt am Main zu erreichen.

---

[22] Bisher bin ich davon ausgegangen, dass es sich um den Justizrat Dr. Löwenthal gehandelt hat. Es spricht aber
sehr viel dafür, dass es sich um Justizrat Dr. Heilbrunn handelt, der auch Ehrenbürger der Universität ist. Zu
Justizrat Heilbrunn siehe:
Paul Arnsberg
Die Geschichte der Frankfurter Juden seit der Französischen Revolution, Band III
Darmstadt 1983, Seite 181 f.

Zweitens zeigt er, dass Prof. Wachsmuth mit Prof. Einstein in Verhandlungen stand und einen eingehenden Briefwechsel führte. Der Brief hat den folgenden Inhalt:[23]

18. Sept. 1920

Sehr geehrter Herr Justizrat!
Auf Ihre Anregung hin habe ich mich mit Herrn Geheimrat Dr. Wachsmuth wegen der Berufung von Prof. Einstein nach Frankfurt in Verbindung gesetzt. Herr Wachsmuth hatte schon vorher Verhandlungen angeknüpft und hat in der letzten Zeit mit Herrn Einstein einen sehr eingehenden Briefwechsel gepflogen, der zunächst Erfolg versprach.

Nachdem ihm aber seitens des Kultusministeriums sowohl wie der ersten Männer der Wissenschaft in Berlin die Voraussetzungen für ein weiteres Wirken in Berlin gewährleistet worden sind, hat Herr Einstein bestimmt erklärt, daß er endgültig von der Berufung an eine Stelle außerhalb Berlins Abstand nähme. Damit werden wohl leider die Verhandlungen in dieser Angelegenheit beendet sein.

Mit verbindlichstem Gruß
Ihr
hochachtungsvoll ergebener
Voigt

Ich nehme an, dass die Verhandlungen Wachsmuths mit Einstein im August 1920 nach der Kundgebung der „Arbeitsgemeinschaft" und den entsprechenden Pressemeldungen über den möglichen Fortgang Einsteins aus Berlin einsetzten. Mit dem Schreiben Einsteins an den Minister Haenich vom 8. September 1920 war die Möglichkeit einer Berufung an eine Universität außerhalb Berlins unrealistisch geworden.

Die Datierung des Briefwechsels Einstein/Wachsmuth – den ich trotz umfangreicher Recherchen bisher noch nicht gefunden habe – kann aus den bereits genannten Gründen auf den Zeitraum vom 27. August bis 8. September 1920 festgelegt werden.

Es ist erstaunlich, dass der Briefwechsel Einstein/Born, der ja auf einer sehr freundschaftlichen und vertrauensvollen Ebene stattfand, weder einen Hinweis auf einen Briefwechsel Einstein/Wachsmuth noch die Möglichkeit einer Berufung Einsteins nach Frankfurt am Main gibt.

Max Born ging 1921 nach Göttingen. Sein Nachfolger auf dem Lehrstuhl für Theoretische Physik wurde Erwin Madelung (1881–1972), der das Frankfurter Institut für Theoretische Physik dann bis zu seiner Emeritierung

---

[23] UAF, Akte Max Born, Abt. 14 Nr. 139, Blatt 16.

im Jahr 1949 leitete[24]. Madelung hatte 1905 an der Philosophischen Fakultät der Georg-August-Universität in Angewandter Physik mit dem Thema „Über Magnetisierung durch schnell verlaufende Ströme und die Wirkungsweise des Rutherford-Marconischen Magnetdetektors" promoviert. Sein Interesse galt also zunächst nicht der Theoretischen Physik, sondern der Experimentalphysik. Erst durch seine Untersuchungen zum atomaren Aufbau der Kristalle erfolgte eine Hinwendung zur Theorie. Im Sommer 1918 wurde er Professor. Nach Aufenthalten in Kiel – wo er Ordinarius für Theoretische Physik wurde – und Münster nahm er den Ruf nach Frankfurt am Main an.

In Frankfurt arbeitete er hauptsächlich über die Entwicklung mathematischer Methoden für die Physik sowie über Atomphysik und Quantentheorie. Sein Interesse an den mathematischen Methoden der Physik hatte zur Folge, dass er 1922 ein Buch mit dem Titel *Die mathematischen Hilfsmittel des Physikers* veröffentlichte, das in der Reihe „Grundlehren der mathematischen Wissenschaften" als vierter Band erschien. Es war als Kompendium der mathematischen Methoden gedacht und sollte alles enthalten, was der Theoretische Physiker an mathematischen Grundlagen und Methoden benötigte. In die Ausarbeitung der jeweiligen Neuauflage gingen nicht nur neue mathematische Verfahren ein, die Madelung entwickelt hatte, sondern auch Ideen und Vorstellungen seiner Assistenten Cornelius Lanczos, Walther Kofink, Siegfried Flügge und Bernhard Mrowka.[25] Madelung war auch am Stern-Gerlach-Versuch interessiert und stand Otto Stern und Walther Gerlach beratend zur Seite. Auch mit Wolfgang Pauli war er in Verbindung, was aus einigen Briefen Paulis hervorgeht. Er hat, nachdem von Laue und Born Frankfurt verlassen hatten, die Frankfurter Theoretische Physik in einen Zustand der Normalität geführt und, bedingt durch seine lange, fast drei Jahrzehnte umfassende Wirkungszeit, eine Ära begründet. Madelung hat aber auch bedeutende Beiträge zur sich entwickelnden Quantenmechanik geliefert, die sich auf der anschaulichen Ebene der Auffassungen Schrödingers bewegen und eine hydrodynamische Deutung der Schrödinger-Gleichung beinhalten.[26] Der Zugang zum Verständnis der Quantenmechanik war bei Bohr, Born und Heisenberg ein völlig anderer als bei Schrödinger, Einstein, von Laue und Planck. Ulrich Röseberg hat in seinem Buch *Quantenmechanik und Philosophie* über die Interpretationsprobleme das Folgende bemerkt:

---

[24] Zu Erwin Madelung siehe auch den Aufsatz von Ulrich E. Schröder
in: Klaus Bethge / Horst Klein (Hrsg.)
Physiker und Astronomen in Frankfurt
Frankfurt/Neuwied o. J., Seite 73 ff.

[25] Ulrich E. Schröder, a.a.O., Seite 79.

[26] Wolfgang Trageser
Vom Sturm und Drang zur Normalität: Die ersten Jahrzehnte der Frankfurter Theoretischen Physik
UniReport 37, 3 (2004).

„Eine [...] Schwierigkeit lag im Verständnis der Objekte der neuen Theorie. Während Heisenberg auf anschauliche Bilder überhaupt verzichten wollte und der Theorie in seinen ersten Äußerungen phänomenologische Orientierung verlieh, bestand vor allem Schrödinger auf einer anschaulichen Interpretation des Apparates. Er verstand den neuen Formalismus im Sinne einer klassischen Kontinuumstheorie und bevorzugte eindeutig das Wellenbild. Es kam zu einer Reihe ähnlich gearteter Versuche, die neue Theorie in die klassische Physik einzuordnen. [...] Hierzu zählen vor allem hydrodynamische Deutungen der Schrödinger-Gleichung durch Madelung (1926), Isaakson (1927), Korn (1927); die 1926 von de Broglie begründete Interpretation der zweifachen Lösungen und eine Reihe späterer bis in die Gegenwart reichender Versuche."[27]

Auf dieser mehr anschaulichen Interpretation bewegen sich auch die Ansätze von Madelung, der durch eine hydrodynamische Deutung der Schrödinger-Gleichung die anstehenden Probleme lösen wollte. Am 7. Oktober 1926 erschien in der Zeitschrift *Die Naturwissenschaften*[28] eine Arbeit von ihm, in der der Versuch unternommen wurde, der neuen Quantenmechanik eine anschauliche, realistische und deterministische Deutung zu geben. Dieser Arbeit folgte am 25. Oktober eine zweite Arbeit in der *Zeitschrift für Physik*[29], die eine Quantentheorie auf hydrodynamischer Grundlage zum Inhalt hat. 1927 folgte Louis de Broglie (1892–1987), dessen Arbeit[30] ähnliche Ziele verfolgte. 1952 griff David Bohm (1917–1992) diese Ideen wieder auf (Bohmsche Mechanik)[31].

Oliver Passon hat in seinem Buch *Bohmsche Mechanik* betont: „Diese Arbeit bietet eine elementare Einführung in die von Louis de Broglie und David Bohm formulierte deterministische Version der nichtrelativistischen Quantenmechanik, kurz: „de Broglie-Bohm-Theorie" oder „Bohmsche Mechanik". [...] Diese Theorie ist in

---

[27] Ulrich Röseberg
Quantenmechanik und Philosophie
Braunschweig 1978, Seiten 94 und 194.

[28] Erwin Madelung
Eine anschauliche Deutung der Schrödinger-Gleichung
Die Naturwissenschaften 14, 1004 (1926).

[29] Erwin Madelung
Quantentheorie in hydrodynamischer Form
Zeitschrift für Physik 40, 322 (1927).
(Eingegangen am 25. Oktober 1926).

[30] Louis de Broglie
La structure atomique de la matière et du rayonnement et la Mécanique Ondulatoire
Comptes Rendus 184, 273 (1927).

[31] David Bohm
A suggested interpretation of the quantum theory in terms of „hidden" variables
Physical Review 85, 166 (I), 180 (II) (1952).

weiten Teilen bereits 1927 von de Broglie formuliert worden. Erwin Madelung hatte sogar schon 1926 ähnliche Ansätze gefunden."[32]

Man kann daher auch von der Madelung-de Broglie-Bohm-Theorie (MDB-Theorie) sprechen. Ähnliche Bestrebungen verfolgte der von Albert Einstein beeinflusste Cornel Lanczos (1893–1974), der damals ebenfalls in Frankfurt am Main arbeitete.

Die Entwicklung der Quantenmechanik ist aber in eine völlig andere Richtung gegangen. Während Einstein, Schrödinger, von Laue, de Broglie und Madelung die Quantenphänomene im Rahmen der Klassischen Physik verstehen wollten, strebten Bohr, Born und Heisenberg eine grundsätzliche Veränderung an. Diese Entwicklung gipfelte schließlich 1930 in der Kopenhagener Deutung der Quantentheorie. Mit der Kopenhagener Deutung war dann ein vorläufiges Ende der Entwicklung der Quantenmechanik erreicht. Diese Interpretation erhielt eine zusätzliche Stütze durch das von Johann von Neumann 1932 publizierte Theorem, das den mathematischen Beweis über die prinzipielle Unvereinbarkeit von Quantenmechanik und verborgenen Parametern lieferte. Damit war, so schien es zumindest damals, der Nachweis für die Vollständigkeit der Quantenmechanik schon im Vorfeld beiseitegeräumt worden und z. B. eine Diskussion über das EPR-Paradoxon (Einstein-Podolsky-Rosen-Paradoxon) müßig. Heute ist die Kopenhagener Interpretation eine unter vielen Deutungen. Das hängt auch damit zusammen, dass die dem „Von-Neumann-Theorem" zugrunde liegenden Axiome nicht allgemein genug sind.

Der Versuch, Quantentheorie und Determinismus zu versöhnen und eine realistische, deterministische und nichtlokale Quantenmechanik mit verborgenen Parametern zu erreichen, wurde dann von David Bohm erneut in Angriff genommen, was eine philosophische und physikalische Diskussion entfachte, die bis heute anhält. Auch das EPR-Paradoxon war damit wieder ein Gegenstand der Diskussion, und die Physiker fragten sich, ob nicht Einstein mit seiner Ablehnung des Indeterminismus in der Physik vielleicht doch recht hatte.

---

[32] Oliver Passon
Bohmsche Mechanik: Eine elementare Einführung in die deterministische Interpretation der Quantenmechanik
Frankfurt am Main 2004, Seite i.

KAPITEL 2

Otto Stern und Walther Gerlach

Die Namen Otto Stern und Walther Gerlach sind für immer mit der Universitätsgeschichte der Johann-Wolfgang-Goethe-Universität in Frankfurt am Main verbunden, denn sie waren es, die hier in den Jahren 1921 bis 1922 experimentierten und dem Stern-Gerlach-Versuch seinen Namen gaben. Ihre Zeit in Frankfurt war nur kurz – Stern blieb von 1914 bis 1922 und Gerlach von 1920 bis 1925 –, sie reichte aber aus, um sich in den Annalen der Physikgeschichte zu verewigen.

Otto Stern (1888–1969) wurde am 17. Februar 1888 in Sohrau geboren. Die Ortsnamen Sorau oder Sohrau kommen im ehemaligen deutschen Osten häufig vor, sodass es hier zu Irrtümern in der richtigen Zuordnung von Ortschaften und Provinzen kommt[1]. Otto Stern stammte aus

---

[1] Abraham Pais gibt in seiner Einstein-Biografie an, dass Otto Stern „in Sorau in Niederlausitz, heute Zary (!) in Polen" geboren worden sei (A. Pais, „Raffiniert ist der Herrgott [...]", Braunschweig 1986, Seite 489). David Nachmansohn und Roswitha Schmid geben in ihrem Buch Sorau in Niederschlesien an (D. Nachman-sohn/R.Schmid, Die große Ära der Wissenschaft in Deutschland 1900 bis 1933, Stuttgart 1988, Seite 394). Auch Immanuel Estermann hat in seiner Kurzbiografie von Otto Stern angegeben, dass Stern am 18.Februar 1888 in Sorau, Niederschlesien, geboren worden sei (K. Bethge/H. Klein, Physiker und Astronomen in Frankfurt, Frankfurt am Main/Neuwied 1989, Seite 46). Richtig sind dagegen die Angaben bei Jagdish Mehra und Helmut Rechenberg, The Historical Development of Quantum Theory, Volume 1, Part 2, IV.3, Seite 433. Hier steht: „Otto Stern was born in Sohrau, Upper Silesia, on 17 February 1888."

Sohrau O.S., d. h. Oberschlesien, das 1888 zum Deutschen Reich gehörte und erst als Folge des Korfanty-Aufstandes (Dritter Schlesischer Aufstand; Mai bis Juli 1921) am 4. Juli 1922 zur Republik Polen kam.

Sohrau, heute Zory, Woiwodschaft Katowice, ist eine der ältesten Städte Schlesiens. Ihre Entstehung und Entwicklung verdankt sie ihrer Lage an wichtigen Handelswegen. Sie gehörte zur Zeit Sterns zum Kreis Rybnik des preußischen Regierungsbezirkes Oppeln, an der Nebenlinie Gleiwitz-Orzesche-Sohrau der Preussischen Staatsbahnen und am Fluss Ruda. 1905 hatte der Ort 4642 Einwohner, darunter 323 evangelische Christen und 98 Juden, eine katholische und eine evangelische Kirche sowie eine Synagoge. Es gab zwei jodhaltige Sodaquellen, die Paulshütte, eine Eisengießerei mit Maschinenfabrik und Emaillierwerk und eine Dampfmühle, die der Familie Stern gehörte und die der Großvater Otto Sterns 1840 nach amerikanischem Vorbild hatte bauen lassen. Es gab außerdem drei Sägewerke, drei Ziegeleien, eine Brauerei, eine Brennerei sowie Fisch- und Getreidehandel[2].

Die Eltern von Otto Stern waren Oskar Stern und seine Frau Eugenie, geborene Rosenthal. Bereits im Jahr 1892 zog die Familie Stern mit ihren Kindern nach Breslau. Hier besuchte Otto Stern bis zu seinem Abitur Ostern 1906 das Johannes-Gymnasium. Im Alter von 19 Jahren verlor er seine Mutter. Sie verstarb am 13. Juni 1907 in Berlin. Auf Wunsch der Familie wurde sie in Breslau bestattet. Stern gehörte dem Bildungsbürgertum an, d. h. einer wohlhabenden bürgerlichen Schicht, die es sich leisten konnte ihre Kinder studieren zu lassen, ohne einen Beruf ergreifen zu müssen. Die Gymnasien der damaligen Zeit waren humanistisch ausgerichtet. Der Schwerpunkt der Erziehung lag auf dem Erlernen der klassischen Sprachen Griechisch und Latein. Hatte ein Schüler tiefergehende Interessen, so musste er sich dieses Wissen selbst aneignen. Da Stern sich auch für Mathematik und Naturwissenschaften interessierte, wurde er früh zum Autodidakten – ein Grundzug seines Wesens, den er auch als Student beibehielt (siehe Abb. 2.1, 2.2 und 2.3).

---

[2] Brockhaus Konversations-Lexikon, Band 15, Leipzig 1908, Seite 26 f.

Otto Stern

17.2.1888 in Sohrau/OS – 17.8.1969 in Berkeley (USA)

Nobelpreis für Physik 1943

Abb. 2.1 Der Geburtsort von Otto Stern – Sohrau in Oberschlesien

Ganz der Tradition dieses Bildungsbürgertums des 19. Jahrhunderts verpflichtet, legte Stern auch sein Universitätsstudium breit an. Er hörte Vorlesungen aus verschiedenen Wissensgebieten und versuchte, sich auf dem Gebiet der Naturwissenschaften einen Überblick über die einzelnen Wissenschaften zu verschaffen. Schließlich studierte er an den Universitäten Freiburg im Breisgau, München und Breslau Naturwissenschaften und Mathematik. An diesen Universitäten war er Hörer bei bedeutenden Physikern. So besuchte er Vorlesungen über Theoretische Physik bei Arnold Sommerfeld (1868–1951), während er bei Otto Lummer (1860–1915) und Ernst Pringsheim (1859–1917) Experimentalphysik belegte. Seinem Wesen entsprechend lernte er aber lieber durch das Eigenstudium bedeutender physikalischer Werke, z. B. der Bücher von Ludwig Boltzmann (1822–1888) und Walther Nernst (1864–1941). Das Studium ihrer Werke hatte großen Einfluss auf seine weitere geistige Entwicklung und seine Wahl der Physikalischen Chemie. Als er nach den Aufenthalten an den Universitäten Freiburg im Breisgau und München an die Universität Breslau zurückkehrte, wo er bei Otto Sackur (1880–1914) und Richard Abegg (1869–1910) studierte, beschloss er, sein

2 OTTO STERN UND WALTHER GERLACH 29

Abb. 2.2 Das Geburtshaus von Otto Stern in Sohrau (heute Zory, Polen)

Abb. 2.3 Gedenktafel für Otto Stern am Rathaus in Zory „Gedenktafel für Otto Stern am Rathaus in Zory.

Die Inschrift lautet:

1888 – 1969

In dieser Stadt wurde

Otto Stern

geboren. Eine bedeutende Persönlichkeit der Wissenschaftswelt. Nobelpreisträger im Fach Physik. Zum 725. Geburtstag der Stadt Sohrau

Die Bürger der Stadt Sohrau, September 1997.

Studium mit einer Arbeit über Physikalische Chemie abzuschließen. Nach einem zehnsemestrigen Studium bestand er am 6. März 1912 das Rigorosum. Am 13. April 1912 wurde er zum Doktor der Philosophie promoviert. Seine bei Otto Sackur angefertigte Dissertation trägt den etwas barocken Titel „Zur kinetischen Theorie des osmotischen Druckes konzentrierter Lösungen und über die Gültigkeit des Henryschen Gesetzes für konzentrierte Lösungen von Kohlendioxyd in organischen Lösungsmitteln bei tiefen Temperaturen".

Da Stern finanziell unabhängig war, ging er sofort nach seiner Promotion zu Albert Einstein (1879–1955) nach Prag. Dieser Zeitpunkt war denkbar gut gewählt, da Einstein in Prag, was die physikalische Seite angeht, ein ziemlich einsames Leben führte und Stern somit eine optimale Förderung als Einsteins Schüler erfuhr. Da Stern sich hauptsächlich für Thermodynamik interessierte, „pries er sich glücklich, in Einstein einem der seltenen theoretischen Physiker zu begegnen, die für dieses Forschungsgebiet wirkliches Verständnis besitzen. Beide waren außerdem an der Molekulartheorie interessiert und fühlten sich einig in ihrer Bewunderung für Ludwig Boltzmann, den genialen Pionier der Wärmelehre. So ergab sich Stoff für viele geistige Gefechte."[3]

Der Einstein-Biograf Albrecht Fölsing hat über diese Prager Zeit berichtet:

„[…] zu seinem letzten Prager Semester war im Frühjahr 1912 sogar ein beinahe adäquater Gesprächspartner an die Moldau gekommen. Es war der 24-jährige Otto Stern, der gerade in Breslau in Physikalischer Chemie promoviert worden war, sich in der Thermodynamik fortbilden wollte und sich dazu Einstein als den modernsten Vertreter dieser Disziplin auserkoren hatte. Als Stern nach Prag kam, erwartete er, einen sehr gelehrten Herren mit großem Bart zu treffen, erlebte aber wie viele andere eine Überraschung. Er fand niemand Professorales im Institut, ging weiter, und schließlich saß am Schreibtisch so ein Mann ohne Jacke, ohne Krawatte in einem Hemd, wie's die italienischen Straßenarbeiter trugen, und auf dem Rücken war ein großes Dreieck ausgerissen. Es stellte sich heraus: dieser Mann war Einstein. Er war furchtbar nett."[4]

Die wissenschaftliche Isolierung Einsteins in Prag war für Stern ein großer Glücksfall, da Einstein auf ihn als Gesprächspartner angewiesen war, lernte er sehr viel von ihm. Stern ging dann auch mit Einstein nach Zürich. Hier arbeitete er unter seiner Anleitung auf dem Gebiet der Theoretischen Physik, besonders über Thermodynamik und Molekulartheorie, aber auch die Quantentheorie bildete sein Arbeitsgebiet. Auch der erste Kontakt zu Max von Laue (1879–1960), der seit Sommer 1912 als Extraordinarius für Theoretische Physik an der Universität Zürich wirkte, wurde hier geknüpft.

---

[3] Carl Seelig, Albert Einstein. Leben und Werk eines Genies unserer Zeit. Stuttgart 1960, Seite 215 f.

[4] Albrecht Fölsing, Albert Einstein: Eine Biographie. Frankfurt am Main 1999, Seite 339 f.

1913 gelang Niels Bohr (1885–1962), ausgehend vom Rutherfordschen Planetenmodell und durch Einführung spezieller Quantenbedingungen (Bohrsche Postulate), die Entwicklung eines neuen quantenmechanischen Atommodells. Die Physiker standen dieser Bohrschen Atomtheorie – nach deren Erweiterung durch Arnold Sommerfeld (1868–1951), auch Bohr-Sommerfeldsche Atomtheorie genannt – zuerst skeptisch gegenüber, da die Postulate Bohrs nur durch ihren Erfolg gerechtfertigt waren. Otto Stern und Max von Laue legten das Versprechen ab, dass sie die Beschäftigung mit der Physik aufgeben wollten, wenn an diesem „Bohrschen Unsinn" etwas dran wäre. Da dieses feierliche Versprechen auf dem Ütli, einem Berg in der Nähe von Zürich, abgelegt wurde, nannte es der Spötter Wolfgang Pauli (1900–1958), in Anlehnung an den Rütlischwur in Schillers *Tell*, den Ütlischwur. Es war ein Glück für die Physik, dass Stern und von Laue dieses Versprechen nicht gehalten haben.

Im August 1913 habilitierte sich Stern an der Eidgenössischen Technischen Hochschule in Zürich bei Einstein mit einer Arbeit, die den Titel „Zur kinetischen Theorie des Dampfdrucks einatomiger fester Stoffe und über die Entropiekonstante einatomiger Gase" trägt. Hier in Zürich wurde er in demselben Jahr auch Privatdozent für Physikalische Chemie an der Eidgenössischen Technischen Hochschule. Obwohl Sterns Habilitationsarbeit nur einen Umfang von zehn Seiten hat[5], so hat doch der Dekan der Naturwissenschaftlichen Fakultät der Universität Frankfurt, der Mathematiker Arthur Schoenflies (1853–1928), in seinem Gutachten zur Umhabilitation Sterns nach Frankfurt am Main, wo er 1914 Privatdozent für Theoretische Physik wurde, bemerkt:

> „Die [...] Arbeit behandelt in der Frage nach dem statistischen Gleichgewicht zwischen einem festen Körper und seinem Dampf ein Problem, an dem sich schon manch gute Köpfe vergeblich versucht haben und das Dr. Stern nach einer neuen Methode erfolgreich behandelt hat."[6]

Obwohl er einer der wenigen direkten Schüler Albert Einsteins ist, haben ihn die Arbeiten Einsteins zur Relativitätstheorie nie besonders interessiert, sondern hauptsächlich seine Arbeiten zur Molekular- und Quantentheorie. So war denn auch die einzige gemeinsame Veröffentlichung von Einstein und

---

[5] Habilitationsschrift von Otto Stern. In: Wolfgang Trageser (Hrsg.), Stern-Stunden: Höhepunkte Frankfurter Physik. Frankfurt am Main 2005, Seite 261–269.

[6] Der Dekan der Naturwissenschaftlichen Fakultät Prof. Dr. Arthur Schoenflies in seinem Gutachten über die
Umhabilitation Dr. Otto Sterns nach Frankfurt am Main an den Vorsitzenden des Kuratoriums Herrn Oberbürgermeister Voigt (Brief vom 28. Juni 1915). Archiv der Johann Wolfgang Goethe-Universität Frankfurt am Main; Akten des Kurators (Personalhauptakten), UAF Abt. 14, Nr. 142, Blatt 7.

Stern ein Aufsatz, der den Titel „Einige Argumente für die Annahme einer molekularen Agitation beim absoluten Nullpunkt" trägt und 1913 in den *Annalen der Physik* [Ann.d.Phys. 40, 551 (1913)] erschien.
Einstein hat die geistige Entwicklung Otto Sterns gefördert und seine Persönlichkeit als Physiker geprägt. Er lehrte ihn, Wichtiges vom Unwichtigen zu unterscheiden. Otto Stern hat dies in einem Brief vom April 1952 an Carl Seelig ausdrücklich betont:

> „Ich verdanke Einstein außerordentlich viel. Nicht nur, daß er mich die wirklichen Probleme in der Quantentheorie sehen lehrte, seine ganze Art, wie er der Physik gegenüberstand, sowie sein ermutigendes Eingehen auf meine Probleme haben entscheidenden Einfluß auf meine Entwicklung als Physiker gehabt."[7]

Diese erfreuliche Entwicklung wurde aber durch den Ausbruch des Ersten Weltkrieges im August 1914 erst einmal gebremst. Stern meldete sich zur Armee und diente dort zuerst als Gefreiter und später als Unteroffizier mit technischen Aufgaben bis zum Kriegsende 1918. Auch Max Born, James Franck, Erwin Madelung und Alfred Landé waren während des Krieges in der Armee. Sie dienten bei der Artillerie-Prüfungskommission (A.P.K.) in Berlin, während Stern in den letzten Kriegsjahren im Labor von Walther Nernst (1864–1941) an der Berliner Universität arbeitete. Hier begegnete er auch den beiden Experimentalphysikern James Franck (1882–1964) und Max Volmer (1885–1965), was von großer Bedeutung für seine Hinwendung zur Experimentalphysik war.[8]

Nach dem Krieg kehrte Stern an die Frankfurter Universität zurück, wohin er sich 1914 umhabilitiert hatte, und setzte seine Arbeit am Institut für Theoretische Physik zuerst mit Max von Laue und dann mit Max Born fort. Er war von Frankfurt und von Borns Institut begeistert. Hier traf er seine „alten Kriegskameraden" wieder, und es ergab sich sehr schnell eine Konstellation, die sich sowohl menschlich als auch wissenschaftlich als äußerst fruchtbar erweisen sollte. Borns Institut hatte eine Werkstatt und den jungen und tüchtigen Institutsmechaniker Adolf Schmidt, von dessen Fähigkeiten auf feinmechanischem Gebiet Stern ausgiebig für seine Experimente Gebrauch zu machen verstand.

Adolf Schmidt wurde am 11. Juli 1893 in Frankfurt am Main geboren und erlernte nach dem Besuch von Volks- und Mittelschule den Beruf des Feinmechanikers. Schmidt war seit Gründung der Frankfurter Universität 1914 hier angestellt. Durch den Ausbruch des Ersten Weltkrieges verzögerte sich aber sein wirklicher Eintritt. Er diente in der Zeit vom 15. November 1914 bis zum 30. November 1918 in der Preußischen Armee als Gefreiter im Garde-Grenadier-Regiment Nr. 5. Ab 1918 war er dann als Institutsmechaniker im Institut für Theoretische Physik beschäftigt, wo er neben Otto Stern, Walther Gerlach und

---

[7] Carl Seelig, a. a. O., Seite 216.
[8] Immanuel Estermann, Otto Stern, in: K. Bethge / H. Klein, a. a. O., Seite 48.

Wilhelm Schütz wesentlichen Anteil am Gelingen des Stern-Gerlach-Versuches hatte. Ohne seine feinmechanische Meisterschaft wäre die Versuchsdurchführung wohl kaum gelungen. Adolf Schmidt wurde am 26. Dezember 1920 Vater und richtete daher einen Antrag auf Gewährung einer Kinderzulage an das Kuratorium der Universität. Dieser Antrag wurde am 11. Januar 1921 von Max Born mitunterzeichnet. In späteren Jahren hatte er den Weg zur 1927 gegründeten Deutschen Forschungsanstalt für Segelflug e. V. (DFS) gefunden. Zur DFS schreibt die ehemalige Fotografin der DFS Hildegard Bistritschan:

> „Darmstadt hat eine große Fliegertradition. Schon 1909 gründeten Schüler, meist des Gymnasiums, eine Flugsportvereinigung, bauten aus Bambusrohr und alten Bettlaken Segelflugzeuge und machten auf dem Griesheimer Sand, auf dem Prinzenberg und später auf der Rhön ihre Flugversuche. Die Deutsche Forschungsanstalt für Segelflug (DFS) auf dem Griesheimer Sand war die Nachfolgerin der auf der Wasserkuppe gegründeten Rhön-Rossitten-Gesellschaft und befasste sich mit der Entwicklung von Schulungs- und Leistungssegelflugzeugen, mit Meteorologie, Fluginstrumentenbau und vielen anderen Problemen. Sie trug damit wesentlich zu den Fortschritten der Luftfahrt bei. Die Mitarbeiter der DFS waren meist junge flugbegeisterte Leute."[9]

Als der Zweite Weltkrieg ausbrach, wurde die DFS zuerst nach Braunschweig und dann nach Ainring in Oberbayern verlegt. Adolf Schmidt war in späteren Jahren Laboringenieur bei der DFS und ab dem 15. November 1943 bis auf Weiteres vom Kriegsdienst zurückgestellt.[10]

Im Winter 1919/20 begannen Born und Stern ihre Versuche mit Atomstrahlen. Erstmals wurden die Grundgrößen der kinetischen Gastheorie direkt gemessen. Im April 1920 veröffentlichte Stern seine Arbeit „Eine direkte Messung der thermischen Molekulargeschwindigkeit" [Z.f.Phys. 2, 49–56 (1920)], welche die erste direkte Messung der mittleren thermischen Molekulargeschwindigkeit zum Inhalt hat. Und auch Max Born und Elisabeth Bormann veröffentlichten ihre Arbeit „Eine direkte Messung der freien Weglänge neutraler Atome" [Phys.Z. 21, 578–581(1920)]. Diese Arbeiten bildeten erste Schritte auf dem Weg zum Stern-Gerlach-Versuch.

Max Born hat in seinen Lebenserinnerungen berichtet:

---

[9] Hildegard Bistritschan, Ausfahrt und Rückkehr
in: Maria Stritz (Hrsg.)
Erlebte Vergangenheit. Darmstädter Bürger erzählen
Darmstadt 1980, Seite 25 f.

[10] Wolfgang Trageser
Adolf Schmidt und der Stern-Gerlach-Versuch.
Eine Unsichtbare Hand im Institut für Theoretische Physik der Frankfurter Universität
Frankfurt am Main (wird veröffentlicht).

„Die Arbeit in meiner Abteilung wurde von einer Idee Sterns beherrscht. Er wollte die Eigenschaften von Atomen und Molekülen in Gasen mit Hilfe molekularer Strahlen, die zuerst von Dunoyer erzeugt worden waren, nachweisen und messen. Sterns erstes Gerät sollte experimentell das Geschwindigkeitsverteilungsgesetz von Maxwell beweisen und die mittlere Geschwindigkeit messen.

Ich war von dieser Idee so fasziniert, daß ich ihm alle Hilfsmittel meines Labors, meiner Werkstatt und die mechanischen Geräte zur Verfügung stellte. Und ich selbst begann unter der Mithilfe meiner Assistentin, Frl. Bormann, ein ähnliches Experiment der experimentellen Messung der Wirkungsquerschnitte für den Zusammenstoß von Molekülen (wir maßen die Intensität eines Strahles von Silberatomen im Vakuum und einem Gas)."[11]

Da Otto Stern in seiner Arbeit „Eine direkte Messung der thermischen Molekulargeschwindigkeit" Dunoyer ausdrücklich erwähnt hat, soll auf diesen Pionier der „Molekularstrahlphysik" kurz eingegangen werden.
Louis Dunoyer de Segonzac (1880–1963) wurde am 14. November 1880 in Versailles geboren. Er war ein französischer Physiker, der bei Paul Langevin (1872–1946) 1906 promoviert hatte. Er war der Erste, der 1911 einen schmalen Molekülstrahl herstellte, der durch einen evakuierten Zylinder ging. Er konnte zeigen, dass Atome oder Moleküle in einer Hochvakuumkammer geraden Bahnen folgen, ähnlich denen, die von der Lichtausbreitung bekannt sind. Dunoyers Arbeit war schon fast vergessen, als Stern diese Methode auf die Untersuchung der Eigenschaften freier Atome anwandte. Diese mit Atom- und Molekularstrahlen arbeitende Untersuchungsmethode (Molekularstrahlmethode) wurde von Otto Stern ab 1919 wesentlich verfeinert. Max Jammer hat dazu bemerkt:

„Since Dunoyer's pioneer work molecular beams had been investigated to some extent, but mainly in connection with problems of gas kinetics. The development of a general method for the study of molecular beams and his application to atomic physics was due mainly to the work of Stern, which he carried out first in his laboratory at the University of Frankfurt, in collaboration with Gerlach, and subsequently at the Institute for Physical Chemistry in Hamburg."[12,13]

---

[11] Max Born
Mein Leben: Die Erinnerungen des Nobelpreisträgers
München 1975, Seite 269.

[12] Max Jammer
Conceptual Development of Quantum Mechanics
1989, Seite 130.

[13] Horst Schmidt-Böcking, Karin Reich
Otto Stern: Physiker, Querdenker, Nobelpreisträger
Frankfurt am Main 2011.

Dunoyer starb am 27. August 1963 in Versailles.

Ab 1. Oktober 1920 kam **Walther Gerlach (1889–1979)** als erster Assistent und Privatdozent nach Frankfurt am Main an das Physikalische Institut von Richard Wachsmuth, wo er den Lehrauftrag für „Höhere Experimentalphysik" übernommen hatte. Da Wachsmuth sich ganz der akademischen Lehre widmete und kaum Forschungsarbeit betrieb, verbrachte Gerlach, der ab November 1920 auch den Titel eines außerordentlichen Professors führte, viel Zeit in Borns Institut und wurde von Born und Stern unverzüglich zu ihren Atomstrahlexperimenten hinzugezogen.

Walther Gerlach wurde am 1. August 1889 in Biebrich am Rhein als Sohn des Arztes Valentin Gerlach und seiner Frau Maria Wilhelmine, geborene Niederhäuser, geboren. Von 1895 bis 1896 besuchte er die Volksschule, dann von 1896 bis 1899 die Städtische Mittelschule und von 1899 bis 1908 das Königliche Humanistische Gymnasium in Wiesbaden, wo er am 9. März 1908 die Reifeprüfung ablegte. Von April 1908 bis Juli 1915 studierte er bei Friedrich Paschen (1865–1947) in Tübingen Physik und wurde hier nicht nur in die Tradition der Präzisionsphysik, die Paschen von seinem Lehrer August Kundt (1839–1894) gelernt hatte und die Gerlach dann weiterentwickelte, eingeführt, er wurde auch mit den Grundlagen der modernen Spektroskopie und dem Zeeman-Effekt und seinen Problemen vertraut[14].

Im Februar 1912 promovierte er bei Paschen über das Thema „Eine Methode zur Bestimmung der Strahlung in absolutem Maß und die Konstante des Stefan-Boltzmannschen Strahlungsgesetzes" mit der Note „magna cum laude". Am 1. August 1914 brach der Erste Weltkrieg aus, und damit begann ab 1915 Walther Gerlachs Militärzeit. Zuerst wurde er zum Infanterie-Regiment Nr. 247 in Ulm einberufen, aus dem er wegen Krankheit im selben Jahr entlassen wurde. 1916 habilitierte er sich an der Universität Tübingen mit dem Thema „Experimentelle Untersuchungen über die absolute Messung und Größe der Konstanten des Stefan-Boltzmannschen Strahlungsgesetzes" und wurde zum Privatdozenten ernannt.

Schließlich wurde er zu einem Pionierbataillon in Berlin-Schöneberg eingezogen und kam im Herbst 1916 zur technischen Abteilung der Funkertruppen, wo er als Oberingenieur Dienst tat und mit der Inspektion der Versuchsstationen und Fabriken in Würzburg, Stuttgart und Jena betraut war. Nach einem Fronteinsatz bei der VI. Armee in Flandern und Artois 1916 und einer Erkrankung 1916/17 kam er wieder zur Technischen Abteilung der Funkertruppen in Berlin. Nach erneutem Einsatz an der Front 1918 und Lazarettaufenthalt in Mannheim wurde er 1919 aus der Technischen Abteilung der Funkertruppen entlassen, und er übernahm vom Februar 1919

---

[14] Rudolf Heinrich / Hans-Reinhard Bachmann
 Walther Gerlach: Physiker, Lehrer, Organisator. Dokumente aus dem Nachlass. München 1969, Seite 82.

Walther Gerlach

1.8.1889 in Biebrich am Rhein – 10.8.1979 in München

bis zum Oktober 1920 die Leitung des Physikalischen Laboratoriums der Farbenfabriken in Elberfeld[15].

Dann begann seine Zeit in Frankfurt am Main. „Wir haben jetzt den Gerlach hier, der sehr famos ist: energisch, kenntnisreich, geschickt, hilfsbereit", berichtete Max Born am 12. Februar 1921 seinem Freund Albert Einstein nach Berlin und fügte etwas bekümmert hinzu:

> „Er hat jetzt ein Angebot der Regierung von Chile, dort (in Santiago) die Physik und die Elektrotechnik zu übernehmen; ob das vernünftig ist? Ich glaube, er hat auch hier gute Aussichten, aber er ist ein unternehmender Kerl und für einen solchen Außenposten gut geeignet."[16]

Gerlach lehnte den Ruf nach Santiago ab und blieb in Frankfurt am Main, wo er bald seinen Wirkungskreis über das Physikalische Institut von Richard Wachsmuth hinaus ausdehnte. Born hat dazu bemerkt:

> „Der Professor für experimentelle Physik, Wachsmuth, war ein charmanter Mann, doch er befaßte sich kaum mit Forschungsarbeiten. Sein Assistent, Walter Gerlach fand die Atmosphäre in meiner Abteilung anregender als in der seinen und wurde unser ständiger Gast und Mitarbeiter. Ich veröffentlichte gemeinsam mit ihm verschiedene Abhandlungen, eine recht gute über Elektronenaffinität von Jod, Sauerstoff und Schwefel, die aus den Gitterenergien berechnet wurde. Seine Arbeit mit Stern war jedoch wichtiger."[17]

Gerlachs physikalische Arbeiten in seiner Tübinger Zeit weisen ihn als einen tüchtigen Experimentalphysiker aus. Er hatte bereits mit Atomstrahlen gearbeitet und plante ein Experiment zur Bestimmung der magnetischen Eigenschaften von Wismutatomen. An seine Anfangszeit in Frankfurt am Main hat sich Gerlach folgendermaßen erinnert:

> „Ich hatte aus meiner Tübinger Zeit Erfahrungen mit den Dunoyerschen optischen Atomstrahlversuchen und begann mit einem magnetischen. Da machte Stern sofort auch den veröffentlichten Vorschlag [O. Stern, Ein Weg zur experimentellen Prüfung der Richtungsquantelung im Magnetfeld], die Frage der sogenannten Richtungsquantelung durch ein im Prinzip einfaches Experiment zu untersuchen: die Ablenkung oder Aufspaltung eines Silber-Atomstrahles in einem

---

[15] Josef Georg Huber
Walther Gerlach (1889–1979) und sein Weg zum erfolgreichen Experimentalphysiker bis etwa 1925
Dissertation, München 2014, Seiten 272 ff.

[16] Albert Einstein / Hedwig und Max Born
Briefwechsel 1916–1955
München 1969, Seite 82.

[17] Max Born, Mein Leben, Seite 264 f.

inhomogenen magnetischen Feld. [...] Niels Bohr und Max Born ewarteten den Nachweis der extremen Richtungsquantelung, Arnold Sommerfeld höchstens ein halbklassisches Ergebnis, Peter Debye hielt einen experimentellen Nachweis mit einem magnetisch-mechanischen Versuch für nicht möglich; Fritz Haber gab uns eine größere Geldsumme aus der Hoshi-Stiftung zur Weiterarbeit ohne den Mut zu verlieren. Stern und ich pflegten stets zu sagen „die Sektion wird es zeigen", wobei Stern mehr zu einer klassischen als der quantenhaften Auffassung neigte."[18]

Otto Stern war nach seiner Rückkehr aus dem Krieg voller Pläne und Ideen, die er realisieren wollte. Er entwarf ein Experiment, um die Richtungsquantelung, durch die Aufspaltung eines Atomstrahles, dessen Teilchen ein magnetisches Moment besitzen, in einem stark inhomogenen Magnetfeld nachzuweisen. Er rechnete den Effekt aus und fragte dann Gerlach, ob sich die zur Beobachtung notwendige Inhomogenität des Magnetfeldes erreichen ließe. Gerlach bejahte die Frage, worauf Stern die Idee des Experimentes veröffentlichte. Born hat sich über diese Planungsphase des Stern-Gerlach-Effektes wie folgt geäußert:

„Danach wurden Sterns Pläne ehrgeiziger, er wollte die magnetischen Momente von Atomen durch Ablenkung eines Atomstrahles in ein inhomogenes Magnetfeld messen. Auf diese Weise hoffte er den Nachweis für eine der seltsamsten Schlußfolgerungen aus der Quantentheorie zu erbringen, die Sommerfeld entwickelte und „Quantelung der Richtung" genannt hatte. Angesichts der extremen [experimentellen] Schwierigkeiten, die zu erwarten waren, tat sich Stern mit Gerlach zusammen, der auf dem Gebiete der Vakuumtechnik große Erfahrung besaß. So begannen sie, ihre Apparaturen zu bauen, aber das kostete Geld, und das gab es nicht."[19]

Max Born gelang es, Geld für die Versuche zu beschaffen, indem er Vorlesungen über die damals sehr populäre Relativitätstheorie hielt. Die Freunde und Förderer der Universität halfen, und außerdem kam aus den USA ein Scheck von über 400 $ von dem Bankier Henry Goldman, der Mitbegründer des New Yorker Bankhauses Goldman & Sachs war und dessen Vorfahren von Hessen in die Vereinigten Staaten ausgewandert waren. Schließlich halfen auch Albert Einstein mit Geld aus dem Fond des Kaiser-Wilhelm-Institutes für Physik sowie die Notgemeinschaft der Deutschen Wissenschaft und mehrere Firmen, z. B. Hartmann & Braun (Frankfurt am Main).

Walther Gerlach hat in seinen Erinnerungen an Otto Stern darüber berichtet, wie er zur experimentellen Hilfe für diese Versuche gebeten wurde:

„Als ich begann, mit Atomstrahlen in einem inhomogenen Magnetfeld zu untersuchen, ob auch Wismut-Atome den großen Diamagnetismus der Kristalle

---

[18] Walther Gerlach. Erinnerungen an Albert Einstein
in: Peter C. Aichelburg, Albert Einstein, Braunschweig 1979, Seite 205.

[19] Max Born, Mein Leben, Seite 270.

DEM HILFSBEREITEN FREUNDE
DER DEUTSCHEN WISSENSCHAFT

HERRN **HENRY GOLDMAN**
IN NEW YORK

IN DANKBARKEIT GEWIDMET

Abb. 2.4 Widmung für Henry Goldman. Max Born widmete seine „Vorlesung über Atommechanik" die er im Wintersemester 1923/24 an der Universität Göttingen gehalten hatte, dem Kunstmäzen und Förderer der Wissenschaft Henry Goldman. Goldman war ein reicher Deutsch-Amerikaner, dessen Vater Marcus Goldman von Deutschland nach den USA ausgewandert war und das berühmte Bankhaus Goldman und Sachs gegründet hatte. Henry Goldmans Herz hing noch an der alten Heimat, und so unterstützte er Borns Frankfurter Institut für Theoretische Physik mit mehreren Hundert Dollar, was in der Zeit der Inflation eine große Hilfe bedeutete. Indirekt wurde er damit auch zu einem wichtigen Förderer des Stern-Gerlach-Experimentes.

haben, fragte mich Stern, ob ich wüßte, was Richtungsquantelung sei (was damals nicht der Fall war!): Man könne vielleicht mit Silberatomstrahlen diese Debyesche Vorstellung (1916) prüfen, Kallmann und Reiche hätten gerade die Theorie eines Versuches zur Messung der elektrischen Momente von Dipolmolekülen aus ihrer Ablenkung im inhomogenen elektrischen Feld gerechnet (bald von I. Estermann durchgeführt). Nach manchem Hin und Her, falschen und richtigen Abschätzungen u. dgl. gingen wir an den Versuch, dessen Prinzip Stern im August 1921 veröffentlichte."[20]

Dieser programmatische Artikel Sterns wurde in der *Zeitschrift für Physik* veröffentlicht und trug den Titel „Ein Weg zur experimentellen Prüfung der Richtungsquantelung im Magnetfeld" [Z.f.Phys. 7, 249–253 (1921)]. Er enthält den Plan für zwei Effekte. Ich nenne den *ersten* Effekt *magnetooptischen Einstelleffekt* (magnetooptische Doppelbrechung). Der *zweite* Effekt ist in die Physikgeschichte als Stern-Gerlach-Effekt oder Stern-Gerlach-Versuch[21] eingegangen. Den theoretischen Hintergrund dieser Effekte bilden die molekulare Orientierungstheorie und die Atomtheorie von Bohr und Sommerfeld („ältere Quantentheorie") (siehe Abb. 2.4).

In der Bohr-Sommerfeldschen Atomtheorie spielt die „Richtungsquantelung" oder „räumliche Quantelung", d. h. die Annahme einer quantitativen räumlichen Ausrichtung der Elektronenbahnen im Atom, eine

---

[20] Walther Gerlach
 Otto Stern zum Gedächtnis (17.2.1888–17.8.1969)
 Physikalische Blätter 25, 412 (1969).

[21] Otto Stern, Ein Weg zur experimentellen Prüfung der Richtungsquantelung
 Zeitschrift für Physik 7, 249 (1921).

von Sommerfeld und Debye 1916 unabhängig voneinander aufgestellte Hypothese, eine bedeutende Rolle, besonders bei der Behandlung des Zeeman-Effektes.

Die Fortschritte in der Atom- und Molekularstrahlmethode, die in Frankfurt am Main durch Otto Stern und Walther Gerlach erzielt wurden, ließen einen direkten experimentellen Nachweis der Richtungsquantelung möglich erscheinen. Auch Wolfgang Pauli (1900–1958) war an diesen Experimenten interessiert, hatte er doch in seiner Arbeit „Quantentheorie und Magneton" [Phys.Z. 21, 615–617 (1920)] – er trug über diese Arbeit bei der 86. Naturforscherversammlung in Bad Nauheim im September 1920 ebenso vor, wie auch Stern und Born über ihre Experimente vortrugen – die Richtungsquantelung auf den Paramagnetismus angewendet und erhoffte sich Fortschritte bei der Klärung des anomalen Zeeman-Effektes. Der Stern-Gerlach-Versuch bot somit die Möglichkeit, einen direkten Nachweis für eine grundlegende Aussage der Quantentheorie, die Richtungsquantelung, zu erbringen.

Alfred Landé (1888–1976) war nach einem kurzen Besuch im Institut Niels Bohrs in Kopenhagen im Oktober 1920 in der Zeit vom Dezember 1920 bis Januar 1921 von Göttingen nach Frankfurt am Main übergesiedelt. Hier gehörte er dem Institut für Theoretische Physik als Privatdozent an und wirkte außerdem an der Odenwaldschule, einer Privatschule an der Bergstraße, als Musiklehrer. Unmittelbar nach seinem Besuch bei Bohr und seiner Übersiedlung nach Frankfurt beschäftigte er sich intensiv mit dem Problem des anomalen Zeeman-Effektes, was schließlich zur Entdeckung des Landé-Faktors (g-Faktor) führen sollte.

In der kurzen Zeit vom Dezember 1920 bis April 1921 wurde parallel zum Stern-Gerlach-Versuch, zu derselben Zeit und in demselben Institut, nicht nur die Richtungsquantelung des Silberatoms nachgewiesen, sondern auch der anomale Zeeman-Effekt durch Einführung des Landé-Faktors aufgeklärt. Dies ist eine einzigartige Duplizität der Ereignisse. Dass die Quantisierung des Drehimpulses im Stern-Gerlach-Effekt mit den von Landé entdeckten halbzahligen Drehimpulsquantenzahlen zusammenhängt, sollte sich erst später herausstellen. Dass die physikalische Entwicklung sich nicht schneller vorwärts bewegte, z. B. hinsichtlich des Spins, lag wohl auch in den unterschiedlichen Persönlichkeiten begründet, die hier aufeinandertrafen.

Max Born hat in seinen Erinnerungen über Alfred Landé gesagt:

> „Als ich Professor in Frankfurt war, gehörte er einige Monate lang meiner Abteilung an; er hatte einen Platz an meinem großen Schreibtisch, gegenüber von mir, und arbeitete ruhig an seinen eigenen Problemen. Ich habe ihn in meinem Bericht über meine Frankfurter Zeit nicht erwähnt, weil er scheu und zurückhaltend war und kaum an den Diskussion zwischen Stern, Gerlach und mir teilnahm. In Wirklichkeit machte er während jener Zeit eine wichtige Entdeckung, die wesentlich zur Entwicklung der Quantentheorie beitrug: Mit schier unendlicher Geduld fand er durch numerische Berechnungen aus den

empirischen Befunden die Gesetze, die für die magnetische Aufsplittung der Spektrallinien gelten, den sogenannten anomalen Zeeman-Effekt. Diese Gesetze wurden durch einige Formeln ausgedrückt, die man zu Recht Landésche g-Faktoren nennt. Derartiges empirisches Vorgehen war mir fremd, und obwohl ich seine Geschicklichkeit, mit Zahlen umzugehen, bewunderte, besaß ich doch kein wirkliches Interesse an seiner Arbeitsweise. Später wurden Landés Faktoren aus der Quantenmechanik abgeleitet und waren eine der entscheidenden Bestätigungen dafür."[22]

Wilhelm Schütz (1900–1972) kam als Doktorand von Walther Gerlach im Physikalischen Institut der Universität Frankfurt in einer Entwicklungsphase des Stern-Gerlach-Versuches in Berührung, die dem Stand der Arbeit von Gerlach und Stern entsprach, wie er im November 1921 in der *Zeitschrift für Physik* veröffentlicht wurde. Schütz hat in seinen Erinnerungen an den Stern-Gerlach-Effekt mitgeteilt:

„Die alte Apparatur hatte gerade soviel hergegeben, daß man auf dem Auffänger [...] eine Verbreiterung des Silberatomstrahles im inhomogenen Magnetfeld von der erwarteten Größenordnung erkennen konnte. Ein größerer Umbau mit dem Ziel einer weiteren Erhöhung des Auflösungsvermögens der Apparatur war erforderlich."[23]

In diese Zeit des Umbaues des Experimentes fällt Sterns Weggang von Frankfurt nach Rostock, wo er 1921 außerordentlicher Professor für Theoretische Physik wurde. Hier blieb er bis 1922 und wurde dann 1923 ordentlicher Professor für Physikalische Chemie in Hamburg.[24] Born hatte sich bemüht, Otto Stern in Frankfurt zu halten, konnte sich aber nicht durchsetzen. Max Born ging 1921 nach Göttingen. Wäre es nach ihm gegangen, so wäre Otto Stern sein Nachfolger in Frankfurt geworden. An Einstein schrieb Born am 26. Juli 1920:

„Ich möchte natürlich Stern haben. Aber Wachsmuth will nicht; er sagte mir: „Ich schätze Stern sehr, aber er hat solch zersetzenden, jüdischen Intellekt!" Es ist wenigstens offener Antisemitismus. Aber Schoenflies und Lorenz wollen mir helfen."[25]

So kam Stern von Zeit zu Zeit nach Frankfurt; Schütz nennt Weihnachten 1921 und Ostern 1922, um sich über den Fortgang des Experimentes zu

---

[22] Max Born, Mein Leben, Seite 346.
[23] Wilhelm Schütz: Persönliche Erinnerung an die Entdeckung des Stern-Gerlach-Effektes in: Physikalische Blätter, 25. Jg. (1969), Seite 343.
[24] Harenberg, Lexikon der Nobelpreisträger, Dortmund 1998, Seite 213.
[25] Max Born, Briefwechsel, Seite 55. Zu dieser Bemerkung Borns siehe Seite 31 unten.

informieren. Man muss bei den genialen Gedanken, die Stern hatte, und bei den feinen Experimenten, die er vorschlug und plante, immer bedenken, dass er von Haus aus ein Theoretiker, d. h. nicht unbedingt ein guter Experimentator, war. Sein Mitarbeiter Otto Robert Frisch (1904–1979) hat über ihn in seinen Erinnerungen berichtet:

> „Stern war ziemlich ungeschickt; zudem hielt eine seiner Hände unweigerlich eine Zigarre (wenn sich diese nicht in seinem Mund befand). So überließ er das Handhaben von zerbrechlichen Geräten immer seinen Assistenten. Ich kann mich noch heute erinnern, wie er sich verhielt, wenn alles umzukippen drohte; er hob beide Arme in die Höhe, so wie einer, der sich ergibt, und wartete. Er erklärte mir: „Der Schaden ist kleiner, wenn man das Ding fallen läßt, als wenn man es aufzufangen versucht." Dennoch war Stern, von einer höheren Warte beurteilt, ein großartiger Experimentator. Beim Einsatz einer neuen Apparatur wurde nichts dem Zufall überlassen. Alles war vorher ausgearbeitet worden und die Funktionsweise wurde bis ins letzte Detail sorgfältig überprüft. So berechnete Stern immer die erwartete Strahlenintensität, obwohl dazu eine lange und unverständliche Rechnung erforderlich war, die er selbst durchführte. Er konnte die Intensität nicht genau voraussagen, doch wenn der gemessene Wert nicht innerhalb von 30 % des errechneten lag, wußte er, daß etwas nicht stimmte und der Fehler gefunden werden mußte. Ich habe nie jemanden gesehen, der seine Instrumente so genau unter Kontrolle hielt, und es machte sich wirklich bezahlt."[26]

Die Hauptlast der Experimentalarbeit lag bei Gerlach und dem Feinmechaniker Adolf Schmidt, die eine ideale Ergänzung zu Stern bildeten. Wilhelm Schütz war in dieser Phase des Stern-Gerlach-Versuches voll in die experimentelle Arbeit eingebunden und berichtet darüber sehr eindrucksvoll und lebendig aus seinem persönlichen Erleben:

> „Bald kam die Zeit, wo ich gelegentlich das Heiligtum betreten durfte, um einen Blick auf die Pumpen zu werfen, wenn Schmidt dienstfrei war und Prof. Gerlach schließlich doch einmal schlafen mußte; meine Hauptbeschäftigung war natürlich die eigene Doktorarbeit. Wer es nicht miterlebt hat, kann sich gar nicht vorstellen, wie groß die Schwierigkeiten damals waren, in einer nicht ausheizbaren Apparatur mit verhältnismäßig viel nichtvakuumgeschmolzenem Metall und einem Öfchen zum Erhitzen des Silbers auf ca. 1300° K ein Vakuum von 10^{-5} Torr herzustellen und stundenlang aufrecht zu erhalten. Gekühlt wurde mit Kohlensäureschnee und Azeton oder mit flüssiger Luft. Die Sauggeschwindigkeit

---

[26] Otto Robert Frisch
Woran ich mich erinnere: Physik und Physiker meiner Zeit.
Stuttgart 1981, Seite 63.

der Gaedeschen Hg-Vorvakuumpumpen und der Volmerschen Hg-Diffusionspumpen war lächerlich gering im Vergleich zur Leistungsfähigkeit moderner Pumpen. Und dann ihre Zerbrechlichkeit; die Pumpen bestanden aus Glas, und nicht selten ging eine durch Stoßen des siedenden Quecksilbers – trotz Bleizugabe oder durch Auftropfen von Kondenswasser – zu Bruch. Dann war der Erfolg tagelangen Auspumpens zwecks Ausheizung des Öfchens vertan. Man war aber auch keineswegs sicher, daß das Öfchen nicht schließlich doch noch während der vier- bzw. achtstündigen Belichtungszeiten durchbrannte. Dann fing die Pumperei mit dem Ausheizen eines neuen Öfchens von vorne an."[27]

Gerlach kam gewöhnlich gegen 21 Uhr mit entsprechenden Sonderdrucken und Büchern. Während seiner Nachtwachen am Experiment schrieb er wissenschaftliche Aufsätze, nahm Korrekturen vor und bereitete Vorlesungen vor. Um sich wach zu halten, trank er jede Menge Tee und Kakao und rauchte dicke Zigarren. Wenn Schütz dann morgens ins Institut kam, Gerlach sah und die Geräusche der laufenden Pumpen hörte, so wusste er, dass alles gut gelaufen war und nichts zu Bruch gegangen war. Der Stern-Gerlach-Versuch wurde beständig weiterentwickelt und verbessert. Insgesamt wurden drei verschiedene Versuchsanordnungen erprobt.

Bei der ersten Versuchsanordnung flog der Silberatomstrahl in einem Glasröhrchen. Das Experiment war leider erfolglos, da der Strahl nicht nahe genug an die Schneide herankam.

Die zweite Versuchsanordnung verwendete als Blenden keine Spaltblenden, sondern kreisförmige Lochblenden mit einem Durchmesser von 1/20 mm, wobei die Polschuhe des Magneten in das Vakuum einbezogen waren. Die experimentellen Bemühungen waren damals darauf ausgerichtet, das magnetische Moment des Silberatoms nachzuweisen – eine notwendige Voraussetzung zum Nachweis der Richtungsquantelung. Unter dem Titel „Der experimentelle Nachweis des magnetischen Moments des Silberatoms" [Z.f.Phys. 8, 110–111 (1921)] wurden die Ergebnisse dieser Arbeiten in der *Zeitschrift für Physik* veröffentlicht.

In der Nacht vom 5. auf den 6. November 1921 gelang es mit dieser Versuchsanordnung erstmals, die Ablenkung des Silberatomstrahls zu messen. Auf dem Auffangplättchen zeigte sich eine Verbreiterung von 0,1 mm auf 0,25 bis 0,3 mm. Damit war erstmals der direkte experimentelle Nachweis geführt worden, dass Silberatome ein magnetisches Moment besitzen, aber es lag noch kein Beweis für die Richtungsquantelung vor.

Erst die dritte Versuchsanordnung lieferte die gesuchte Richtungsquantelung.

Wilhelm Schütz hat in seinen persönlichen Erinnerungen berichtet, wie er eines Morgens im Februar 1922 ins Institut kam:

---

[27] Wilhelm Schütz, a. a. O., Seite 343.

„[…] es war ein herrlicher Morgen: Kaltlufteinbruch und Neuschnee! W. Gerlach war dabei, wieder einmal den Niederschlag eines Atomstrahls, der acht Stunden lang durch ein inhomogenes Magnetfeld gelaufen war, zu entwickeln. Erwartungsvoll verfolgten wir den Entwicklungsprozeß und erlebten den Erfolg monatelangen Bemühens: Die erste Aufspaltung eines Silberatomstrahles im inhomogenen Magnetfeld. Nachdem Meister Schmidt und, wenn ich mich recht erinnere, auch Erwin Madelung die Aufspaltung gesehen hatten, ging es ins Mineralogische Institut zu Herrn Nacken, um den Befund mikrophotographisch festzuhalten. Dann erhielt ich den Auftrag, ein Telegramm an Herrn Professor Stern nach Rostock aufzugeben, dessen Text lautete: Bohr hat doch recht!"[28]

Dass es in der Nacht vom 7. auf den 8. Februar 1922 (Dienstag auf Mittwoch) tatsächlich einen beachtlichen Kälteeinbruch gab, wird durch die Wetterchronik bestätigt. Es wurde so kalt, dass am 8. und 9. Februar in manchen Schulen der Unterricht ausfallen musste. Es herrschten Temperaturen von −25 °C. Dieser Kälteeinbruch kann für die erfolgreiche Durchführung des Experimentes durchaus von Bedeutung gewesen sein, da es beim Stern-Gerlach-Experiment ja darauf ankam, eine gute Kühlung der Apparatur zu erreichen, was aber nicht immer möglich war.[29]

An Niels Bohr schrieb Walther Gerlach am 8. Februar 1922 eine Postkarte mit folgendem Inhalt[30]:

Hochverehrter Herr Bohr,

anbei die Fortsetzung unserer Arbeit (siehe Zeitschr. f. Physik VIII. Seite 119, 1921): Der experimentelle Nachweis der Richtungsquantelung. […] Wir gratulieren zur Bestätigung Ihrer Theorie!
    Mit hochachtungsvollen Grüssen
        Ihr ergebener
        Walther Gerlach   Ffm, 8/2 22

Auch Wolfgang Pauli bekam eine Postkarte. Seine aufschlussreiche Antwort kam am 17. Februar 1922:[31]

---

[28] derselbe, ebenda, Seite 345.
[29] www.wetterzentrale.de; hier: Wetterchronik 1922.
[30] Armin Hermann/ Karl von Meyenn / Victor F. Weisskopf (Hrsg.)
Wolfgang Pauli: Wissenschaftlicher Briefwechsel mit Bohr, Einstein, Heisenberg u. a.
Volume I: 1919–1929
New York/Heidelberg/Berlin 1979, Seite 55.
[31] Rudolf Heinrich / Hans-Reinhard Bachmann
Walther Gerlach: Physiker, Lehrer, Organisator
München 1989, Seite 53.

Lieber Herr Gerlach!
Meinen herzlichsten Glückwunsch zum gelungenen Experiment! Jetzt wird hoffentlich auch der ungläubige Stern von der Richtungsquantelung überzeugt sein.
Nur eine Einzelheit möchte ich noch erwähnen. Daß die eine Seite stärker ist als die andere, ist nicht ohne weiteres erklärlich. Sollte es nicht irgendeine sekundäre Störung sein? Sie erwähnen mich in Ihrem Brief an Franck. Der pragmatische Effekt, den ich seinerzeit (an Langevin anknüpfend) ausgerechnet habe, ist jedoch viel zu klein und kommt hier nicht in frage. Ich bin also an der Sache unschuldig.
Mit den besten Grüßen an Sie, sowie Prof. Madelung und Landé
              Ihr ergebener
                   Pauli

Mit seiner skeptischen Haltung gegenüber der Richtungsquantelung stand Stern nicht allein. Auch Sommerfeld, der die Hypothese der Richtungsquantelung eingeführt hatte, schwankte zwischen einer klassischen Deutung, nämlich einer Verbreiterung des Silberatomstrahls, und einer Dreiteilung des Atomstrahles im inhomogenen Magnetfeld. Debye, neben Sommerfeld der andere Begründer der Hypothese der Richtungsquantelung, meinte gegenüber Walther Gerlach: „Sie glauben doch nicht, dass die Einstellung der Atome etwas physikalisch Reelles ist; das ist eine Rechenvorschrift – Kursbuch der Elektronen", d. h., er glaubte überhaupt nicht an einen Quanteneffekt. Nur Born und Bohr waren fest von der Richtungsquantelung überzeugt. Bohr ging davon aus, dass das Experiment eine Dublettaufspaltung zur Folge hat.
    Die Antwort von Niels Bohr auf die Postkarte von Gerlach traf am 18. Februar 1922 ein. Er schrieb an Walther Gerlach.[32]

Hochverehrter Herr Gerlach,
Ich danke Ihnen vielmals für die Karte mit der schönen Photographie und den bedeutsamen Resultaten Ihrer Untersuchungen, die mich natürlich sehr gefreut und interessiert haben. Ich sollte sehr dankbar sein, wenn Sie oder Herr Stern, den ich gleichzeitig herzlich grüsse, mir mit einigen Zeilen freundlich mitteilen wollten, ob Sie Ihre Experimente dahin deuten, dass die magnetische Achse des Silberatoms immer parallel dem Felde steht und nicht senkrecht zu diesem stehen kann, für welche letztere Behauptung man auch theoretische Gründe geben kann. Auch würde ich sehr dankbar sein zu hören, ob die Fortsetzung Ihrer Experimente genau das Moment des Atoms abzuschätzen zulässt.

---

[32] Rudolf Heinrich / Hans-Reinhard Bachmann, a. a. O., Seite 54.

Mit freundlichen Grüssen
   Ihr sehr ergebener Niels Bohr

Einstein teilte in einem Brief, der zwischen dem 30. April und dem 6. August 1922 geschrieben wurde, Born seine Meinung zum Stern-Gerlach-Effekt mit:[33]

> „Das Interessanteste aber ist gegenwärtig das Experiment von Stern und Gerlach. Die Einstellung der Atome ohne Zusammenstöße ist nach den jetzigen Überlegungs-Methoden durch Strahlung nicht zu verstehen; eine Einstellung sollte von Rechts wegen mehr als 100 Jahre dauern. Ich habe mit Ehrenfest eine kleine Rechnung darüber angestellt. Rubens hält das experimentelle Ergebnis für absolut sicher."

Tatsächlich konnte man mit den damals bekannten theoretischen Ansätzen, wie vor allem Einstein und Ehrenfest zeigten, den Stern-Gerlach-Effekt nicht erklären. Erst die Entwicklung der Quantenmechanik 1925 brachte eine annehmbare Deutung dieses Effektes. Seitdem zählt der Stern-Gerlach-Effekt zu den Grundexperimenten der Quantentheorie. Einstein schlug am 26. Oktober 1923 Otto Stern und Walther Gerlach für den experimentellen Nachweis der Orientierung von Atomen in Magnetfeldern gemäß der Quantentheorie zum Nobelpreis für Physik vor. Leider kam dieser Vorschlag genau 20 Jahre zu früh.

Als Stern 1923 die Professur für Physikalische Chemie in Hamburg erhielt und Direktor des Institutes für Physikalische Chemie wurde, entwickelte er mit seinen Mitarbeitern und Schülern (Immanuel Estermann, Otto Robert Frisch, Isidor Isaac Rabi, Friedrich Knauer etc.) die Molekularstrahlmethode weiter. Die Forschungen seiner Schule wurden in der Reihe *U.z.M.* (*Untersuchungen zur Molekularstrahlmethode*) 1 bis 30 veröffentlicht.

In *U.z.M.* 1 (1926) skizzierte er das Forschungsprogramm, das im Laufe der nächsten Jahre bis zu Hitlers Machtübernahme im Jahre 1933 tatsächlich durchgeführt wurde. Ich werde auf dieses Forschungsprogramm in Kap. 4 näher eingehen.

Ein letzter sehr bedeutender wissenschaftlicher Erfolg in Deutschland gelang Stern 1933 in Hamburg, als er das anomale magnetische Moment des Protons entdeckte. Er verließ Deutschland, nachdem die Nationalsozialisten an die Macht gekommen waren, und wurde Forschungsprofessor für Physik am Carnegie Institute of Technology (heute Carnegie-Mellon-Universität) in Pittsburgh.

---

[33] Albert Einstein / Max Born, Briefwechsel, a. a. O., Seite 103.

Wie bereits erwähnt, trennten sich die Wege von Stern und Gerlach bereits in den Jahren 1921/22, also während der Durchführung des Stern-Gerlach-Versuches. Mit der Entdeckung der Richtungsquantelung hatte die wissenschaftliche Laufbahn Walther Gerlachs ihren Höhepunkt erreicht. In den folgenden Jahren widmete er sich ganz den Folgeuntersuchungen des Stern-Gerlach-Effektes und näherte sich mehr und mehr der Angewandten Physik. Er galt als der führende Experte auf dem Gebiete der magnetischen Atommomente. Sein Interesse galt vor allem den magnetischen Eigenschaften der Materie und der Metallphysik. Gerlach blieb bis 1924 in Frankfurt am Main, wurde dann ab 1. Januar 1925 als ordentlicher Professor und Direktor des Physikalischen Institutes als Nachfolger seines Lehrers Friedrich Paschen, der als Präsident der Physikalisch-Technischen Reichsanstalt nach Berlin ging, an die Universität Tübingen berufen. Von 1929 bis 1957 war Gerlach dann, mit Unterbrechungen, Ordinarius für Experimentalphysik an der Universität München.

Während des Zweiten Weltkrieges war er im Rahmen der Arbeitsgemeinschaft Cornelius (AGC), einer von Prof. Dr. Ernst-August Cornelius von der TH Berlin gegründeten Organisation von Wissenschaftlern aus Industrie und Hochschulen, als Experte für Entmagnetisierung von Schiffen und Torpedos für die Kriegsmarine tätig. Am 1. Oktober 1943 wurde die AGC aufgelöst, und Gerlach übernahm ab 1. Januar 1944 die Leitung der Fachsparte Physik im Reichsforschungsrat und wurde außerdem als Nachfolger von Prof. Dr. Abraham Esau zum Beauftragten des Reichsmarschalls Hermann Göring für das deutsche Uranprojekt ernannt.[34] Nachdem Anfang 1945 die kernphysikalischen Forschungen nach Hechingen und Haigerloch in Württemberg verlagert wurden, wurden Gerlach und andere deutsche Wissenschaftler im Mai 1945 dort festgesetzt und kamen in amerikanische Gefangenschaft.

Nach seiner Internierung, u. a. in Farm Hall (England) vom 3. Juli 1945 bis 2. Juni 1946, kam er mit der Auflage, die britische Besatzungszone nicht zu verlassen, am 5. Februar 1946 als Gastprofessor nach Bonn. Anfang Juli 1947 wurde ihm die Präsidentschaft der Physikalisch-Technischen Reichsanstalt angetragen, die er aber ablehnte. Ab April 1948 kehrte Gerlach nach München auf seinen alten Lehrstuhl zurück, den er bis 1957 innehatte. Einstein und andere Physiker (u. a. Wigner und Ladenburg) schlugen in einem gemeinsamen Vorschlag am 21. Dezember 1939 (eingegangen in Stockholm am 13. Januar 1940) Otto Stern und Isidor Isaac Rabi für die Erfindung

---

[34] Helmut Rechenberg
 Walther Gerlach (1889–1979)
 in: Klaus Bethge / Horst Klein
 Physiker und Astronomen in Frankfurt am Main
 Neuwied/Frankfurt am Main 1989, Seite 70.

neuer Methoden zur Messung molekularer magnetischer Momente zum Nobelpreis vor. 1944 wurde der Physik-Nobelpreis für 1943 an Stern und der Physik-Nobelpreis für 1944 an Rabi vergeben. Otto Stern erhielt den Preis für seine Beiträge zur Molekularstrahlmethode und für die Entdeckung des magnetischen Momentes des Protons.

Nach dem Zweiten Weltkrieg wollte Stern, wie auch Einstein, mit Deutschland und den Deutschen, einige Personen ausgenommen, nichts mehr zu tun haben. So lehnte er z. B. eine staatliche Pension als ehemaliger Professor ab, da er keine offiziellen Kontakte mit Deutschland wünschte. Dennoch gab es Ausnahmen. Seine Nichte Lieselotte K. Templeton hat sich in ihrem Artikel „My Uncle Otto Stern" daran erinnert:

> „He had an unwritten rule not to go there, but broke it on two occassions for which he made a lot of excuses. In the first instance, he went to East Berlin to visit his old friend Max Volmer. Volmer, as a sick, old man, had been released by the Russians to his old villa in East Berlin in the 1960s. Since it was difficult for Volmer to travel, my uncle went to him. The other occasion was a meeting arranged by the Nobel Foundation in Lindau at Lake Constance. It was about a year or two before his death. He used to say it was really a Nobel meeting and it was only a fluke that it happend to be in Germany."[35]

Nach seiner Emeritierung 1946 teilte er seine Zeit zwischen Berkeley und Zürich. Mit Walther Gerlach traf er noch einmal nach dem Krieg in Zürich zusammen. Von einem Briefwechsel Stern/Gerlach ist nichts bekannt. Walther Gerlach sprach am Vorabend von Einsteins 70. Geburtstag am 13. März 1949 in Ulm. Im Dankschreiben an den Oberbürgermeister der Stadt Ulm, Dr. Pfitzer, ging Einstein auch auf Gerlach ein und schrieb:

> „Ich lasse auch Herrn Kollegen Gerlach freundlich danken für die Mühe, die er sich bei dieser Gelegenheit unterzogen hat. Wir leben ja in einer Zeit tragischer und verwirrender Ereignisse, so daß man sich doppelt freut über jedes Zeichen humaner Gesinnung."[36]

Die gemeinsame Zeit mit Einstein hat Stern nie vergessen. Als er am 25. November 1961 von dem Schweizer Wissenschaftshistoriker Res Jost (1918–1990) in Berkeley interviewt wurde, gedachte er mit Tränen in den Augen

---

[35] Lieselotte K. Templeton, My Uncle Otto Stern
(Nichtveröffentlichte Erinnerungen der Nichte Lieselotte K. Templeton an ihren Onkel Otto Stern. Ich
verdanke den Zugang zu diesem Aufsatz Herrn Prof. Dr. Horst Schmidt-Böcking, Frankfurt am Main.)

[36] Brief Albert Einsteins an den Oberbürgermeister der Stadt Ulm, Herrn Dr. Pfitzer, vom 28. September 1949 (Stadtarchiv Ulm) und Rudolf Heinrich/Hans-Reinhard Bachmann, a. a. O., Seite 130.

der schönen Tage mit Einstein in Prag. Otto Stern starb nach einem Kinobesuch an den Folgen eines Herzinfarktes am 17. August 1969 im Alter von 81 Jahren in Berkeley (Kalifornien). Sein alter Kollege Walther Gerlach starb zehn Jahre später kurz nach Vollendung seines 90. Lebensjahres am 10. August 1979 in München.

KAPITEL 3

Molekulare Orientierungstheorie, Magnetismus und ältere Quantentheorie

3.1 THEORIENGESCHICHTLICHE ENTWICKLUNGEN VOR DER HYPOTHESE DER RICHTUNGSQUANTELUNG VON SOMMERFELD UND DEBYE

Wilhelm Schütz, der mit dem Thema „Magnetooptische Untersuchungen in schwachen Magnetfeldern" 1923 bei Walther Gerlach in Frankfurt am Main promovierte, hat in der Einführung zu seiner Dissertation auf folgende, für diese Untersuchung zur Genese und Entwicklung des Stern-Gerlach-Versuches, wichtigen Aspekte der theoriengeschichtlichen Entwicklung hingewiesen.[1]

Woldemar Voigt (1850–1919) hatte eine Theorie der magnetooptischen Erscheinungen entwickelt, die großes Vertrauen bei den Physikern genoss und z. B. den normalen Zeeman-Effekt und seine Begleiterscheinungen (Drehung der Polarisationsebene und Doppelbrechung) erklären konnte. Durch entsprechende mathematische Erweiterung seiner Theorie gelang es ihm, experimentelle Ergebnisse durch seine Theorie zu behandeln und insbesondere den anomalen Zeeman-Effekt mathematisch zu beschreiben. Die Voigtsche Theorie war also durchaus erfolgreich, aber, so schreibt Schütz:

> „In dem Masse aber als es notwendig wurde, bei der mathematischen Formulierung auf physikalische Anschaulichkeit zu verzichten, musste der Wunsch nach einer neuen theoretischen Grundlage wach werden, aus der sich folgerichtig normaler und anomaler Zeemaneffekt ableiten lassen."[2]

---

[1] Wilhelm Schütz
Magnetooptische Untersuchungen in schwachen Magnetfeldern
Dissertation, Frankfurt am Main 1923

[2] derselbe, ebenda, Seite 1

Wilhelm Schütz (1900 – 1972)   Andries Charles Cilliers (1898 – 1980)

Abb. 3.1 Die Doktoranden Walther Gerlachs als Professoren in Jena und Stellenbosch (Südafrika)

Diese neue Grundlage bildete die Quantentheorie mit der Hypothese der Richtungsquantelung von Peter Debye und Arnold Sommerfeld. Sommerfeld hat in seinem berühmten Buch *Atombau und Spektrallinien* auf folgenden wichtigen Umstand hingewiesen, der den empirischen Nachweis der Richtungsquantelung (räumliche Quantelung) der Elektrobahnen betrifft:

> „Wie steht es nun mit dem empirischen Nachweis der räumlichen Quantelung? Dazu ist zunächst zu sagen, daß im Grunde jede Zeemanaufnahme einen solchen Nachweis in sich schließt […]. Ohne hier auf Einzelheiten einzugehen, können wir behaupten, daß die verschiedenen Komponenten eines Zeemanbildes verschiedene räumliche Lagen eines magnetischen Momentes entsprechen, welches aus den magnetischen Wirkungen der Elektronen im Atom resultiert. Da nun jene Komponenten diskret und scharf sind, so sind auch diese Lagen des magnetischen Momentes und die zugehörigen Orientierungen des Atoms scharf definiert, d. h. räumlich gequantelt. Allerdings ist dieser Nachweis etwas indirekt."[3]

Eine Vorläuferin hatte die Hypothese der Richtungsquantelung in den sogenannten molekularen Orientierungstheorien des Zeeman-Effektes. Diese Theorien entstanden praktisch zur gleichen Zeit wie die Voigtsche Theorie, traten aber gegenüber den großen Erfolgen der Voigtschen Theorie zurück. Den Cotton-Mouton-Effekt (1907), d. h. die magnetische Doppelbrechung in Flüssigkeiten mit anisotropen Molekülen, konnte die Voigtsche Theorie nicht erklären. Paul Langevin (1872–1946) entwickelte daher eine molekulare

---

[3] Arnold Sommerfeld
Atombau und Spektrallinien, 7. Aufl., Band 1
Braunschweig (1951, Seite 134 ff.)

Orientierungstheorie zum Cotton-Mouton-Effekt. Diese Theorie ging von der Vorstellung aus, dass die Moleküle im Magnetfeld eine Einstellung (Orientierung) erfahren. Langevin gelang es, den Nachweis zu führen,

> „dass die statistische Wahrscheinlichkeit für die Orientierung parallel dem Kraftfelde eine andere ist als für diejenige senkrecht dazu. Diese Anisotropie gibt zu einer Doppelbrechung Veranlassung, die in guter Übereinstimmung steht zu der von Mouton & Cotton beobachteten. Zwischen dieser Theorie und der Theorie des Paramagnetismus besteht weitgehende Analogie und wie für diese bereits durchgeführt, wird jene eine quantentheoretische Ergänzung erfahren müssen. Wie diese Ergänzung auch beschaffen sein mag, die Annahme einer molekularen Orientierung sieht eine Doppelbrechung des Lichtes voraus, das normal zur Kraftlinienrichtung ein ‚dispergierendes' Medium durchsetzt."[4]

Das gleiche Ergebnis lieferte die Dispersionstheorie des Wasserstoffmoleküls von Peter Debye. Schütz schreibt in seiner Dissertation von 1923 weiter:

> „In welcher Weise diese durch die Richtungsquantelung geforderte Doppelbrechung mit der nach der klassischen Voigt'schen Theorie berechneten zusammenhängt, dürfte heute noch nicht zu übersehen sein. Möglicherweise existieren beide nebeneinander. Während aber die Voigt'sche Doppelbrechung auf das Gebiet der anomalen Dispersion in der unmittelbaren Umgebung schmaler Absorptionsstreifen beschränkt ist, sollte die andere allgemein vorhanden sein.
>
> *Eine solche Doppelbrechung in Gasen und Metalldämpfen ist aber bisher nicht beobachtet worden und man würde die Hypothese der Richtungsquantelung nur für eine geistreiche Idee halten, wenn nicht an anderer Stelle der Nachweis ihrer Existenz erbracht worden wäre* [Hervorhebung: W. T.].
>
> Gerlach & Stern [Z.f.Phys. 8, 110; 9, 343 (1922)] konnten den direkten Nachweis erbringen, dass Silberatome magnetische Momente besitzen und ihre magnetischen Axen parallel und antiparallel zur Richtung des Magnetfeldes einstellen, wie man an den entsprechenden Ablenkungen im inhomogenen Magnetfeld erkennt. Weniger unmittelbar, aber trotzdem überzeugend spricht die schöne Uebereinstimmung zwischen gemessenen Magnetonenzahlen und den Zahlen, die die Pauli'sche Theorie des Paramagnetismus [Pauli, Phys.Z. 21, 615 (1920)] liefert, für die dieser Theorie zu Grunde liegende Richtungsquantelung.
>
> Es erschien somit wünschenswert, auch auf optischem Gebiet die Hypothese der Richtungsquantelung durch den Nachweis der geforderten magnetischen Doppelbrechung zu stützen. Der Versuch scheint aussichtslos, wenn man bedenkt, dass die bisherigen Untersuchungen der magnetischen Doppelbrechung unter Bedingungen ausgeführt worden sind, die äusserst ungünstig für die in Rede stehende Doppelbrechung waren. Eine vollkommene Einstellung der Atome im Magnetfeld setzt voraus, dass keine störenden Einflüsse vorhanden sind, die die Temperaturbewegung der Atome und Zusammenstösse

---

[4] W. Schütz, a. a. O., Seite 2

mit fremden Gasmolekülen hervorrufen. In dem Masse als diese Ursachen die Einstellung der Atome stören, wird die Doppelbrechung kleiner werden. Die vorliegenden Untersuchungen sind an absorbierenden Flammen gemacht, wo sowohl die Temperatur als auch die Wahrscheinlichkeit für Zusammenstösse mit Gasatomen recht hoch ist, da deren Dichte durch den Atmosphärendruck gegeben ist."[5]

Schütz schließt mit den Worten:

„Immerhin muss ich diesen negativen Befund als vorläufig bezeichnen, da möglicherweise die Empfindlichkeit der Anordnung nicht ausreiche. Es wird unsere Aufgabe sein, gestützt auf die Erfahrung vorliegender Arbeit mit vollkommeneren Hilfsmitteln das Problem erneut in Angriff zu nehmen."[6]

Nachdem Wilhelm Schütz 1923 seine Dissertation über „Magnetooptische Untersuchungen in schwachen Magnetfeldern" abgeschlossen hatte, wurde der Südafrikaner Andries Charles Cilliers (1898–1980) von Walther Gerlach mit dem Thema „Eine Untersuchung über die Erzeugungsmöglichkeiten von Atomstrahlen verschiedener Elemente und deren Verhalten im inhomogenen Magnetfelde" betraut. Cilliers arbeitete seit Oktober 1923 mit Gerlach über Atomstrahlen und deren magnetische Eigenschaften zusammen. Seine Dissertation schloss er 1924 ab. Sie ist für die Rekonstruktion des Versuchsaufbaues des Stern-Gerlach-Effektes von großem Interesse.

Die aus dem unmittelbaren Erleben der damaligen Situation am Physikalischen Institut in Frankfurt am Main entstandenen Bemerkungen des Doktoranden Schütz müssen in ihrer physikhistorischen Dimension gewürdigt werden. Ich habe deshalb Schütz in vollem Umfang zu Wort kommen lassen. Sie stellen auch hinsichtlich der Entwicklung des theoriengeschichtlichen Hintergrundes des Stern-Gerlach-Effektes eine ausgezeichnete Quelle dar. Dabei kommt es besonders darauf an, bestimmte von Schütz verwendete Begriffe, z. B. molekulare Orientierungstheorie, Voigtsche Theorie und Langevin-Theorie, die heute kaum mehr bekannt sind, zu analysieren. Die genannten Theorien, die im Rahmen der Klassischen Physik formuliert wurden – also vor der Aufstellung der Quantentheorie und der Hypothese der Richtungsquantelung – bildeten damals die theoretische Erklärung der magnetooptischen Effekte, wobei der Zeeman-Effekt eine herausgehobene Position einnimmt. Diese Theorien und theoretischen Ansätze sollen im Folgenden kurz dargestellt und damit den Weg zur Hypothese der Richtungsquantelung aufzeigen.

---

[5] Wilhelm Schütz, a. a. O.; Seite 2 f.

[6] derselbe, ebenda, Seite 5

3.2 Theorien zur Erklärung elektro- und magnetooptischer Effekte

3.2.1 Lorentzsche Theorie des Zeeman-Effektes (1897)

Nach der Entdeckung des Elektrons konnte man bald den Nachweis führen, dass Elektronen in den Atomen enthalten sind und die Lichtemission der Atome in Gasentladungen verursachen. Im Jahr 1896 fand der niederländische Physiker Pieter Zeeman (1865–1943), dass die Linien der Serienspektren magnetisch beeinflussbar sind. Seit dieser Zeit spricht man vom Zeeman-Effekt.

Bereits Michael Faraday (1791–1867) hatte eine Drehung der Polarisationsebene von linear polarisiertem Licht nach Durchstrahlung eines durchsichtigen Mediums parallel zu einem von außen angelegten Magnetfeld beobachtet (Faraday-Effekt). Damit beginnt die Entwicklung der Magnetooptik, ein Teilgebiet der Optik, das sich mit der Wechselwirkung von Licht und Materie beschäftigt. Hierzu gehört auch der Zeeman-Effekt.[7] Darunter versteht man zunächst das Aufspalten von einfachen Spektrallinien, wie z. B. beim Wasserstoff. Statt einer Linie erscheinen im einfachsten Fall (bei longitudinaler Beobachtung) zwei Linien, das sogenannte Zeeman-Dublett. Bei transversaler Beobachtung erscheinen drei Linien, das Zeeman-Triplett. Man spricht bei diesen einfachen Fällen vom normalen Zeeman-Effekt. Komplizierter werden die Verhältnisse beim mehrfachen Aufspalten von Spektrallinien (anomaler Zeeman-Effekt).[8]

Mit der Maxwellschen Theorie und der sich aus ihr ergebenden Theorie des Lichtes war der Zeeman-Effekt nicht zu erklären. Durch den niederländischen Physiker Hendrik Antoon Lorentz (1853–1928) erfuhr die Maxwellsche Theorie eine Weiterentwicklung zur Elektronentheorie (ab 1895), die Lorentz dann auf die elektromagnetische Theorie der Farbenzerstreuung und die Optik bewegter Körper mit Erfolg anwandte. Die Grundlage der Deutung des normalen Zeeman-Effektes durch Lorentz bildete ein 1897 von Joseph Larmor (1857–1942) aufgestelltes Theorem, das folgenden Inhalt hat:

„Wenn sich eine Anzahl von elektrisch geladenen Massenpunkten in einem kugelsymmetrischen Kraftfeld auf Bahnen bewegen, die gegenüber einem vorübergehend wirksamen, homogenen elektrischen Feld stabil sind, bewirkt das Einschalten eines homogenen Magnetfeldes mit der Induktion B nur, daß sich der ursprünglichen Bewegung eine homogene Rotation um eine Achse durch das Symmetriezentrum parallel zum Magnetfeld überlagert mit der Frequenz

---

[7] Joachim Schubert
Physikalische Effekte
Weinheim (1984, Seite 52)

[8] derselbe, (ebenda, Seite 94)

$$\omega_L = \frac{e}{2 \cdot m} \cdot |\vec{B}|$$

Dabei muß vorausgesetzt werden, daß diese Frequenz ω_L, die Larmor-Frequenz, sehr klein gegen alle in der Bewegung enthaltenen Frequenzen ist."[9]

Die Elektronentheorie geht nun von der Vorstellung aus, dass der Äther, der die ganze Materie durchdringen soll und in dem elektrische und magnetische Verschiebungen möglich sein sollen, in absoluter Ruhe ist. Die von Maxwell entwickelten Vorstellungen behalten auch in der Elektronentheorie ihre volle Gültigkeit. Als Ausgangs- und Angriffspunkte der elektromagnetischen Wirkungen stellt man sich die Elektronen vor. Die Wirkungen zwischen den einzelnen Elektronen werden durch den Äther mit endlicher Geschwindigkeit übertragen. Die auf ein Elektron einwirkende Kraft wird durch den Zustand des Äthers an der Stelle, wo sich das Elektron befindet, bestimmt, wobei der Ätherzustand an einer bestimmten Stelle von der Lage und der Bewegung der in der Umgebung dieser Stelle vorhandenen Elektronen abhängig ist, die die Verschiebungen im Äther verursachen. Es wird außerdem die Annahme gemacht, dass sich in allen Körpern Elektronen befinden. Die Elektronen sollen sich unabhängig von den Körpern oder mit ihnen bewegen können. Sind die Elektronen in Ruhe, so spricht man von elektrostatischen Phänomenen. Die elektrische Ladung der Körper wird durch ihren Gehalt an Elektronen bestimmt. Den konstanten elektrischen Strom fasst man als eine Strömung von Elektronen auf, die mit gleicher Geschwindigkeit aufeinanderfolgen.

Lorentz ging somit von der Vorstellung aus, dass bestimmte Stellen des Äthers, von denen die elektromagnetischen Wirkungen ausgehen und an denen diese Wirkungen auftreten, die Elektronen enthalten. Damit führte er eine atomistische Vorstellung der Elektrizität in seine Theorie ein, die in späteren Jahren in der Vorstellung des Elementarquantums (Planck) münden sollte. Im Rahmen seiner Elektronentheorie entwickelte Lorentz dann die Theorie des Zeeman-Effektes. Er hat sich in seinem Buch *The Theory of Electrons* zu dieser Theorie des Zeeman-Effektes im 6. Kapitel folgendermaßen geäußert:

„In meiner Diskussion dieser magnetooptischen Erscheinungen […] werde ich zunächst den einfachsten Fall behandeln, den Zeeman-Effekt, wie er bei den ersten Experimenten beobachtet wurde: die Aufspaltung der ursprünglichen Spektrallinien in drei oder zwei Komponenten, je nach der Richtung, in der die Strahlung emittiert wird. Ich gebe zunächst eine elementare Erklärung, die die

---

[9] Werner Döring
Atomphysik und Quantenmechanik, Band 1
Berlin/New York (1973, Seite 208 f.)

Aufspaltung der Linien in der Theorie der Elektronen findet und die es sogar ermöglicht, gewisse Besonderheiten der Erscheinung vorauszusagen.

Wir wissen bereits, daß die Lichtemission nach den heutigen Anschauungen auf die Schwingungsbewegungen der elektrischen Ladungen in den Atomen wägbarer Körper, z. B. einer Natriumflamme oder des leuchtenden Gases in einer Vakuumröhre, zurückzuführen ist. Die Verteilungen dieser Ladungen und ihre Schwingungen können außerordentlich kompliziert sein. Wenn wir aber nur die Erzeugung einer einzelnen Spektrallinie erklären wollen, können wir uns mit einer sehr einfachen Hypothese begnügen. Jedes Atom (oder Molekül) enthalte nur ein einziges Elektron mit einer bestimmten Gleichgewichtslage, in die es durch eine „elastische" Kraft, wie wir sie nennen wollen, stets wieder zurückkehrt, sobald es aus irgendeinem Grunde daraus ausgelenkt worden ist. Diese elastische Kraft, von der wir annehmen müssen, daß sie durch die anderen Teilchen im Atom ausgeübt wird, über deren Natur aber sonst nichts Näheres bekannt ist, sei proportional der Auslenkung aus der Gleichgewichtslage."[10]

Die Lorentzsche Theorie des Zeeman-Effektes basiert somit auf der Annahme des „quasi-elastisch gebundenen Elektrons"[11], das den Äther zu Schwingungen anregt, die synchron mit den Schwingungen des Elektrons verlaufen. Das Elektron soll, nach der Vorstellung von Lorentz, eine Ruhelage im Atom einnehmen und nach jeder Auslenkung aus dieser Ruhelage wieder an seinen ursprünglichen Ort zurückkehren.

Mit der Einführung der Hypothese, dass die zu den Linien eines Linienspektrums gehörenden Lichtschwingungen als Schwingungen der Elektronen angesehen werden sollen (Larmor-Theorem), konnte Lorentz den normalen Zeeman-Effekt erklären. Arnold Sommerfeld schreibt:

„Im Jahre 1896 fand Zeeman, daß die Linien der Serienspektren magnetisch zu beeinflussen sind. Statt einer Linie erscheinen im einfachsten Falle bei longitudinaler Beobachtung, d. h. wenn der Strahl in Richtung der magnetischen Kraftlinien verläuft, zwei Linien (Zeemandublett, Längseffekt), bei transversaler Beobachtung, d. h. wenn der Strahl senkrecht zu den magnetischen Kraftlinien geht, drei Linien (Zeemantriplett, Quereffekt); von diesen drei Linien liegt eine am Ort der ursprünglichen unzerlegten Linie, die beiden anderen sind um das gleiche Stück nach größeren und kleineren Wellenlängen verschoben und befinden sich am gleichen Ort des Spektrums, wie die beiden Linien des Dubletts im Längseffekt. […] Die Verschiebung beträgt

---

[10] Hendrik Antoon Lorentz
　　Theorie des Zeeman-Effekts.
　in: W. R. Hindmarsh
　　　Atomspektren
　　　Berlin/Oxford/Braunschweig (1972, Seite 228 f.)

[11] Arnold Sommerfeld
　　Atombau und Spektrallinien
　　3. umgearbeitete Auflage
　　Braunschweig (1922, Seite 364)

$$(1) \Delta \nu = \frac{e}{m} \cdot \frac{\vec{H}}{4 \cdot \pi \cdot c} = 4,70 \cdot 10^{-5} H,$$

$H =$ Stärke des Magnetfeldes in absoluten Einheiten (Gauß). [...] Gl. (1),

welche diesen Sachverhalt quantitativ zum Ausdruck bringt, ergibt sich als unmittelbare Folge aus der Lorentzschen Theorie des Vorganges; der Wert (1) wird daher als Lorentzsche Schwingungsdifferenz oder Lorentzsche Verschiebung bezeichnet werden. [...] Wir wissen heute, daß dieses Bild zu einfach ist und daß es den Atomvorgängen Zwang antut. Nichtsdestoweniger hat es sich bei der Erklärung des typischen Zeemaneffektes vorzüglich bewährt."[12]

Die von Sommerfeld angeführte Lorentz-Verschiebung Δ_ν ist mit der Larmor-Frequenz ω_L von der Struktur ähnlich. Schreibt man statt

$$\Delta \nu = \frac{e}{m} \cdot \frac{\vec{H}}{4 \cdot \pi \cdot c}$$

$$2 \cdot \pi \cdot \Delta \nu = \frac{e}{2 \cdot m \cdot c} \cdot \vec{H}, \text{ so folgt } \Delta \omega_L = \frac{e}{2 \cdot m \cdot c} \cdot \vec{H}, \quad \text{d. h.}$$

$$\Delta \omega_L = \frac{e}{2 \cdot m} \cdot \left|\vec{B}\right|, \quad \text{bzw. } \Delta \omega_L = \frac{e}{2 \cdot m} \cdot \left|\vec{H}\right|$$

Geht man vom allgemeinen Larmor-Theorem zum einfachen Spezialfall, eines auf der Kreisbahn mit dem Radius a umlaufenden Elektrons, über und sei ω_0 die Winkelgeschwindigkeit vor dem Einschalten des Magnetfeldes, so wird auf das Elektron eine Kraft $F = m \cdot \omega_0^2 \cdot a$ ausgeübt. Wird nun das Magnetfeld eingeschaltet, so muss die Lorentz-Kraft $F = -e[v \times B]$ berücksichtigt werden. Es wird außerdem angenommen, dass sich die Lage und der Radius der Kreisbahn im Magnetfeld nicht ändern. Es gilt dann, dass Zentripetalkraft und Zentrifugalkraft gleich sind, d. h., es muss unter Anwendung der Regeln der Vektoranalysis gelten:

$$m \cdot \omega^2 \cdot a = m \cdot \omega_0^2 \cdot a + e \cdot v \cdot B.$$

Mithilfe der Radialgeschwindigkeit $v = \omega \cdot a$ folgt

$$m \cdot \omega^2 \cdot a = m \cdot \omega_0^2 \cdot a + e \cdot \omega \cdot a \cdot B.$$

Hieraus folgt

$$m \cdot (\omega - \omega_0) = e \cdot B.$$

---

[12] derselbe, ebenda, (Seite 361 ff.)

Und unter der Annahme, dass näherungsweise $\omega - \omega_0 \approx 2\omega_L$ gilt, folgt schließlich

$$\omega_L = \frac{e}{2 \cdot m} \cdot \vec{B},$$

die Larmor-Frequenz. Wechselt man nun die Sichtweise und geht von der Elektrodynamik zur Mechanik über, d. h. von einem Kreisstrom zu einem mechanischen Geschehen, so kann die schnelle Rotation des Elektrons mit einem kleinen Kreisel verglichen werden, der eine Präzession mit der Geschwindigkeit ω_L vollzieht (Larmor-Präzession).

Für ihre gemeinsamen Forschungen über den Einfluss des Magnetismus auf die Strahlung erhielt Pieter Zeeman zusammen mit seinem Lehrer Hendrik Antoon Lorentz 1902 den Nobelpreis für Physik „als Anerkennung des außerordentlichen Verdienstes, das sie sich durch ihre Untersuchungen über den Einfluss des Magnetismus auf die Strahlungsphänomene erworben haben (Aufspaltung von Spektrallinien im Magnetfeld)"[13].

Zum Abschluss dieses Abschnitts soll noch kurz die geschichtliche Entwicklung unserer Vorstellungen vom Magnetismus skizziert werden, da die Richtungsquantelung im inhomogenen Magnetfeld (Stern-Gerlach-Effekt) als ein bedeutender Beitrag zur atomphysikalischen Deutung der magnetischen Eigenschaften der Elektronen im Atom anzusehen ist. Die moderne Lehre des Magnetismus begründete der englische Arzt und Physiker William Gilbert (1544–1603) mit seinem Buch *De magnete* (1600). Charles Augustin de Coulomb (1736–1806) gelang es 1785 erstmals, mit dem nach ihm benannten Coulombschen Gesetz die Gesetzmäßigkeit der magnetischen Kräfte mathematisch darzustellen. 1820 folgte die Entdeckung des Elektromagnetismus durch den dänischen Physiker Hans Christian Oerstedt (1777–1851). Durch das Biot-Savart-Gesetz, benannt nach den französischen Mathematikern Jean-Baptiste Biot (1774–1862) und Félix Savart (1791–1841), gelang es, den Zusammenhang zwischen der magnetischen Feldtärke H und der Stromdichte J zu formulieren. Eine Theorie des Magnetismus stellte 1824 Dennis Poisson (1781–1840) mit einem Flüssigkeitsmodell auf. André-Marie Ampère (1775–1836) wies die magnetischen Eigenschaften stromdurchflossener Spulen nach und entwickelte 1825 die Vorstellung von der elektrischen Natur des Magnetismus, als dessen Ursache er molekulare Dauerströme (Kreisströme) annahm. 1845 entdeckte Michael Faraday (1791–1867) den Diamagnetismus und unterschied ihn vom Paramagnetismus. Diese beiden wichtigen Begriffe sollen an dieser Stelle kurz erläutert werden, weil sie in den nachfolgenden Abschnitten immer wieder vorkommen. Der Magnetismus als eine wichtige Eigenschaft der Materie ist nur atomtheoretisch verständlich. Man unterscheidet Diamagnetismus, Paramagnetismus und Ferromagnetismus. Diamagnetismus und Paramagnetismus

---

[13] Pieter Zeeman, Wikipedia

sind Eigenschaften des Atoms. Der Ferromagnetismus ist eine Kristalleigenschaft. Die Magnetisierung M eines Elementes wird durch ein magnetisches Feld H erzeugt. Unter Magnetisierung versteht man das magnetische Moment μ, das pro Volumeneinheit induziert wird. Es gilt die Gleichung

$$M = \chi \cdot H$$

χ ist die magnetische Suszeptibilität (eine Proportionalitätskonstante) und hängt von dem magnetischen Moment μ ab. Wenn χ positiv ist ($\chi > 0$), dann ist das erzeugte magnetische Moment μ parallel zum Magnetfeld, und man spricht vom Paramagnetismus. Ist χ dagegen negativ ($\chi < 0$), so ist das magnetische Moment μ antiparallel zum Magnetfeld, und man spricht vom Diamagnetismus. Die Suszeptibilität χ ist eng verbunden mit dem Aufbau der äußeren Elektronenschale. Alle Atome eines paramagnetischen Elementes haben ein magnetisches Moment μ, was bei diamagnetischen Elementen nicht der Fall sein muss.

Eine erste Theorie des Magnetismus auf der Basis der Elektronentheorie stellte 1905 der französische Physiker Paul Langevin (1872–1946) auf. Sie lieferte eine Erklärung für den Dia- und den Paramagnetismus und deren Temperaturverhalten. Eine Erweiterung der Langevinschen Theorie auf den Ferromagnetismus und die Postulierung der Existenz einer spontanen Magnetisierung in bestimmten Bereichen (Weisssche Bezirke) erfolgten 1907 durch Pierre Weiss (1865–1940). Es soll im nächsten Abschnitt auf die Theorie von Paul Langevin eingegangen werden.

3.2.2 Molekulare Orientierungstheorie und Theorie des Paramagnetismus von Paul Langevin (1910)

Schütz hat in seiner Doktorarbeit vermerkt, dass die Hypothese der Richtungsquantelung ihre Vorläuferin in der molekularen Orientierungstheorie des Zeeman-Effektes habe. Dieser Behauptung soll in diesem Abschnitt nachgegangen werden.

1907 entdeckten Aimé Cotton (1869–1951) und Henri Mouton (1869–1935) den nach ihnen benannten magnetooptischen Effekt, bei dem durch ein äußeres Magnetfeld in Flüssigkeiten eine optische Doppelbrechung bewirkt wird, wenn sich Licht senkrecht zur Magnetfeldrichtung bewegt (magnetische Doppelbrechung). Nach den Vorstellungen von Cotton und Mouton sind die Moleküle einer Flüssigkeit oder eines Gases im feldfreien Raum bezüglich ihrer Lage und der Ausrichtung ihrer Symmetrieachsen den Gesetzen des Zufalls unterworfen.

Wirkt auf die Moleküle ein Magnetfeld ein, so wird auf die magnetisch anisotropen Moleküle ein Drehmoment ausgeübt, das eine Richtungsänderung der Moleküle in Richtung größter Magnetisierbarkeit parallel zur Feldrichtung bewirkt. Wenn die Moleküle auch optisch anisotrop sind, dann führt die Einstellung der Moleküle zu einer Doppelbrechung der Flüssigkeiten im homogenen Magnetfeld. Eine vollständige Orientierung der gesamten Moleküle wird aber nicht erreicht, weil dem ordnenden magnetischen Drehmoment bei normalen Feldern und Temperaturen die Brownsche Molekularbewegung entgegenwirkt. Diese Vorstellungen des Molekülverhaltens übertrugen Cotton und Mouton auch auf den Fall eines elektrischen Feldes und hatten damit auch eine Erklärung für die elektrooptische Doppelbrechung (Kerr-Effekt, 1875).

Joseph Kerr (1824–1907) hatte bereits die Ansicht vertreten, dass ein externes elektrisches Feld eine orientierende Wirkung auf die Moleküle eines isotropen Körpers ausübt. Mit dieser Annahme konnte er die elektrooptische Doppelbrechung beim Kerr-Effekt erklären. Auch Joseph Larmor (1872–1942) hat angenommen, dass die Moleküle eines isotropen Körpers im elektrischen Feld anisotrop werden. Auf der Grundlage dieser Vorstellungen entwickelte Paul Langevin (1872–1946) 1910 die molekulare Orientierungstheorie der elektro- und magnetooptischen Doppelbrechung und schuf damit auch die Theorie zum Cotton-Mouton-Effekt. Die Entstehung der molekularen Orientierungstheorie ist eng mit den Arbeiten Langevins zum Dia- und Paramagnetismus aus dem Jahr 1905 verbunden.[14] Es besteht sogar eine Analogie zwischen der molekularen Orientierungstheorie und der Theorie des Paramagnetismus. Langevin ist in seiner Theorie von der Annahme eines temperaturunabhängigen spontanen magnetischen Momentes ausgegangen. Dieses spontane magnetische Moment μ soll jedes Atom bzw. Molekül besitzen, auch wenn kein externes Magnetfeld vorhanden ist. Langevin macht außerdem die Annahme, dass alle Orientierungen im Raum gleich wahrscheinlich sind. Ist ein externes Feld vorhanden, so findet eine energetische Auswahl aus den möglichen Orientierungen des magnetischen Momentes der einzelnen Atome statt, wobei sich die Bevorzugung eines Atoms nach der Größe des Winkels richtet, den das magnetische Moment μ des Atoms zur Feldrichtung hat. Je kleiner der Winkel ist, umso wahrscheinlicher ist die Auswahl eines Atoms. Eine besondere Rolle spielt in der Langevinschen Theorie die Temperaturabhängigkeit. Je tiefer die Temperatur eines Gases ist, umso größer ist die Wahrscheinlichkeit, dass diese Lage ausgewählt wird. Es besteht so beim Vorhandensein eines externen Feldes ein von der Temperatur abhängiges mittleres magnetisches Gesamtmoment, das sich in der Feldrichtung orientiert. Arnold Sommerfeld hat sich zu Langevins Theorie wie folgt geäußert:

„Bleiben also die paramagnetischen Gase [...]. Hier scheint die Langevinsche Theorie des Paramagnetismus eine zuverlässige Berechnung des der einzelnen Gasmolekel zuzuschreibenden magnetischen Momentes zu verbürgen. Die Langevinsche Theorie besagt, daß die Curiesche Konstante C, d. h. das Produkt

---

[14] Paul Langevin
Journal de Physique 4, 678 (1905)
Annales de chimie et de physique 5, 70 (1905)

absoluter Temperatur in die für ein Mol des Gases berechnete Suszeptibilität gegeben ist durch

$$C = \frac{M^2}{R} \cdot \cos^2 \theta.$$

M ist das magnetische Moment des Mols, d. h. das L-Fache des magnetischen Momentes μ der einzelnen Gasmolekel, R ist die auf das Mol bezogene Gaskonstante; θ bedeutet die Neigung der magnetischen Achse einer Gasmolekel gegen die Richtung des Magnetfeldes, die Überstreichung zeigt die Mittelbildung über alle möglichen Neigungswinkel an.

Natürlich nahm die vorquantentheoretische Theorie Langevins θ als kontinuierlich veränderlich an; indem sie außerdem alle Lagen als gleichwahrscheinlich behandelte (von der Bevorzugung der Richtung der magnetischen Kraftlinien durch den Einstellungsvorgang darf hier konsequenterweise abgesehen werden, da diese nur eine mit der Feldstärke proportionale Korrektion verursacht), setzte sie

$$\cos^2 \theta = \frac{1}{3},$$

d. h. gleich groß für die Kraftlinienrichtung wie für zwei zu ihr senkrechte Achsen. Das ist aber wegen der räumlichen Quantelung nicht mehr zulässig."[15]

3.2.3 Die Voigtsche Koppelungstheorie als Theorie der magnetooptischen Erscheinungen (1913)

Von großer Bedeutung waren auch die magnetooptischen Untersuchungen von Woldemar Voigt (1850–1919), die zur Aufklärung der magnetischen Linienaufspaltung wesentlich beitrugen und ihre Krönung in der Voigtschen Koppelungstheorie fanden.

Arnold Sommerfeld hat in einem Aufsatz aus dem Jahr 1922 die Voigtsche Koppelungstheorie gewürdigt. Der Artikel zeigt, dass auch im Jahr des Stern-Gerlach-Effektes die klassischen Theorien durchaus diskutiert wurden und sich die Quantentheorie noch nicht völlig durchgesetzt hatte. Das erklärt auch die skeptische Haltung von Peter Debye und Otto Stern. Sommerfeld schreibt:

„Woldemar Voigt hat als schönste Frucht seiner langjährigen Studien Schwingungsgleichungen für den Zeemaneffekt der D-Linien aufgestellt, welche nicht nur für schwache Felder den anomalen, sondern auch für starke Felder den normalen Zeemaneffekt (Paschen-Back-Effekt) wiedergeben und

---

[15] Arnold Sommerfeld
 Atombau und Spektrallinien
 3. umgearbeitete Auflage
 Braunschweig (1922, Seite 306 f.)

zugleich den Umwandlungsprozess vom einen in den anderen Typus wie es scheint völlig richtig darstellen. Was die Lorentzsche Theorie für den normalen, scheint die Voigtsche Theorie für den anomalen Zeemaneffekt zu sein, nämlich der adäquate Ausdruck der Tatsachen in der Sprache der Schwingungstheorie. Die von Voigt für den Absorptionsvorgang, den sogenannten „Inversen Zeemaneffekt" abgeleiteten Gleichungen habe ich wesentlich vereinfacht, indem ich den Emissionsprozeß betrachte; ich möchte jetzt zeigen, wie sich die Gleichungen aus der schwingungstheoretischen in die quantentheoretische Sprache übersetzen läßt."[16]

In diesem Aufsatz von Sommerfeld klingt etwas an, was dann immer mehr an Bedeutung zunehmen sollte: die quantentheoretische Umdeutung der Klassischen Physik, in diesem speziellen Fall der Zeeman-Effekt. Die Bezeichnung „Koppelungstheorie" rührt von der Lorentzschen Koppelungshypothese her, die besagt, dass eine gegenseitige Einwirkung der Konstituenten von Seriendubletts und Serientripletts im Magnetfeld besteht. Die Ausarbeitung dieser Hypothese ist die Voigtsche Koppelungstheorie.[17] Mit der Elektronentheorie von Lorentz konnte man nur den normalen Zeeman-Effekt erklären. Sommerfeld hat in seinem Buch *Atombau und Spektrallinien* eine bündige Darstellung der Koppelungstheorie gegeben, nach der ich mich im Folgenden richte.

Mit seiner Koppelungstheorie hat Voigt eine mathematische Theorie der magnetooptischen Erscheinungen entwickelt, mit der auch die komplizierteren Aufspaltungstypen des anomalen Zeeman-Effektes erklärt werden können. Die Koppelungstheorie geht, wie die Lorentzsche Elektronentheorie, von quasielastischen, gebundenen und schwingungsfähigen Elektronen aus. Weiterhin wird die Annahme gemacht, dass ein Elektron mit der ursprünglichen Frequenz D_1 im Verhältnis $D_1 : D_2$ zu zwei Elektronen mit der Frequenz D_2 stehen soll. Die Bewegungen der Elektronen sollen durch das Magnetfeld gekoppelt sein. Die zur Lösung eines solchen Systems nötigen Schwingungsgleichungen werden für die zum Magnetfeld parallelen und senkrechten Komponenten unabhängig und voneinander verschieden angesetzt. Aus den Schwingungsgleichungen lassen sich dann die Schwingungszahlen als Funktion des Verhältnisses

---

[16] derselbe
Quantentheoretische Umdeutung der Voigtschen Theorie des anomalen Zeemaneffektes vom D-Linientypus
Zeitschrift für Physik 8, 257 (1922)

[17] Woldemar Voigt, Über die anormalen Zeemaneffekte der Wasserstofflinien
Annalen der Physik 40, 368 (1913)
derselbe, Weiteres zum Ausbau der Koppelungstheorie der Zeemaneffekte
Annalen der Physik 41, 403 (1913)
derselbe, Die anormalen Zeemaneffekte der Spektrallinien vom D-Typus
Annalen der Physik 42, 210 (1913)

$$V = \frac{\Delta v_o}{\Delta v_{norm}}$$

berechnen. Δv_0 bezeichnet den ursprünglichen Schwingungsunterschied von D_1 und D_2. Da der Wert Δv_{norm} zum Magnetfeld proportional ist, ergibt sich v als umgekehrtes Maß der magnetischen Feldstärke. Große Werte von v bedeuten dann schwache Felder und kleine Werte von v starke Felder. Voigts Theorie war durchaus leistungsfähig und wurde von den Physikern schnell angenommen, blieb aber eben doch im Bereich der Annahmen der Klassischen Physik. Voigt hat die Hoffnung, seine Koppelungstheorie noch weiter auszubauen, nie aufgegeben, und so schloss er seine Abhandlung „Die anormalen Zeemaneffekte der Spektrallinien vom D-Typus" mit den Worten:

> „Abschließend sei daran erinnert, daß die obigen Entwicklungen die einfachste Form der Koppelungstheorie der D-Dupletts darstellen und Mittel vorhanden sind, wenn die Beobachtungen es verlangen, sie noch weiter auszugestalten."[18]

3.2.4 Die klassische molekulare Orientierungstheorie von Max Born (1916/1918)

Max Born (1882–1970) hat 1916 eine Erweiterung der molekularen Orientierungstheorie dahingehend vorgenommen, dass er auch das elektrische Eigenmoment eines Moleküls berücksichtigte, was in den früheren Theorien nicht der Fall war.[19] Wie in den vorausgehenden Abschnitten bereits gezeigt wurde, liegt den molekularen Orientierungstheorien die Vorstellung zugrunde, dass jedes Molekül eines physikalischen Körpers im elektrischen Feld ein elektrisches Moment erhält, dass aber bei Abwesenheit des elektrischen Feldes kein permanentes elektrisches Moment vorhanden ist.

Peter Debye hat bei der theoretischen Behandlung der dielektrischen Eigenschaften von Körpern mit hoher Dielektrizitätskonstante als Erster die Annahme gemacht, dass es Substanzen gibt, deren Moleküle Dipole besitzen, die auch vorhanden sind, wenn kein externes Feld vorhanden ist. Substanzen mit sogenannten Dipolmolekülen werden Dipolsubstanzen genannt. Befinden sich Dipolsubstanzen nicht in einem elektrischen Feld, so machen sich die elektrischen Momente der Dipolmoleküle deshalb nach außen nicht bemerkbar, weil ihre Richtungen durch die Brownsche Molekularbewegung alle möglichen Lagen besitzen und die von ihnen erzeugten elektrischen Felder sich im Mittel kompensieren.

---

[18] Woldemar Voigt, a. a. O., Seite 227
[19] Max Born
    Sitzungsberichte der Königlich-Preußischen Akademie der Wissenschaften, Mathe.-Phys. Klasse (1916, Seite 614)

Wird eine Dipolsubstanz in ein externes elektrisches Feld gebracht, so erfahren die Moleküle bzw. die Dipole teilweise eine Ausrichtung, die zwar durch die Brownsche Molekularbewegung behindert wird, die aber auch auftreten würde, wenn die anisotrope Polarisierbarkeit der Moleküle vernachlässigt werden könnte. Eine Dipolsubstanz, die sich in einem externen elektrischen Feld befindet, erfährt durch dieses Feld eine entsprechende Orientierung. An dieser Orientierung sind sowohl die festen elektrischen Momente der Dipole als auch das jeweils durch das elektrische Feld erzeugte elektrische Moment der Moleküle beteiligt.

Wie bereits erwähnt wurde, werden Flüssigkeiten, die im natürlichen Zustand isotrop sind, durch die Wirkung eines elektrischen Feldes anisotrop. Diese Anisotropie erscheint als optische Doppelbrechung (elektrooptischer Kerr-Effekt). Der Erste der 1918 eine Behandlung des elektrooptischen Kerr-Effektes bei Flüssigkeiten und Gasen mit Dipolmolekülen vom Standpunkt der erweiterten molekularen Orientierungstheorie vorgenommen hat, war Max Born.[20] Er wurde hierzu durch sein Studium der optischen Eigenschaften der anisotropen Flüssigkeiten und flüssigen Kristalle geführt.

3.3 DIE HYPOTHESE DER RICHTUNGSQUANTELUNG VON DEBYE UND SOMMERFELD

Ausgehend vom Rutherfordschen Atommodell entwickelte Niels Bohr (1885–1962) im Jahr 1913 ein Atommodell, in dem zum ersten Mal die Quantentheorie auf das Atom angewendet wurde. Bohr legte seinem Atommodell die folgenden Postulate zugrunde:

1. Ein Elektron, welches im Atom den positiv geladenen Kern umkreist, kann sich nur in ganz bestimmten, diskreten Kreisbahnen der Energie E_m (mit $n = 1, 2, 3, \ldots$ usw.) aufhalten. Diese Bahnen werden stationäre Zustände genannt.
2. In der Atomhülle bewegen sich die Elektronen auf den stabilen Bahnen, den stationären Zuständen, strahlungsfrei. Bei einem Übergang eines Elektrons von einem Energieniveau n auf ein niedrigeres m wird Energie in Form eines Lichtquants abgegeben (Emission). Da das Lichtquant die Energie $h \cdot \nu$ hat, gilt für einen Quantensprung:

$$h \cdot \nu = E_m - E_n \text{ (Bohrsche Frequenzbedingung)}.$$

---

[20] Max Born
Elektronentheorie des natürlichen optischen Drehvermögens isotroper und anisotroper Flüssigkeiten
Annalen der Physik 55, 215 (1918)

Um ein Elektron von einem Energieniveau auf ein höheres zu heben, wird ein Lichtquant $h \cdot v$ absorbiert.

Der Drehimpuls eines Elektrons, welcher $L = mvr$ ist, kann in der Atomhülle nur diskrete Werte annehmen. Er ist quantisiert und kann nur ganzzahlige Vielfache von $h/(2\pi)$ annehmen. Es gilt also

$$L = m \cdot v \cdot r = n \cdot \frac{h}{2\pi} \quad \text{(Bohrsche Quantenbedingung)}$$

wobei $n = 1, 2, 3, \ldots$ gilt.

Der Drehimpuls L oder der Drall (siehe das Gedicht von Alfred Kastler zu Beginn des Buches) sollte nun immer mehr an Bedeutung in der Quantentheorie gewinnen. Hier tritt kein absoluter Bruch mit der Klassischen Physik ein, sondern eine quantentheoretische Umdeutung gemäß dem Bohrschen Korrespondenzprinzip.

Die Bohrschen Postulate selbst bedeuten einen völligen Bruch mit der Klassischen Physik. Ein auf einer Kreisbahn umlaufendes Elektron müsste nach einiger Zeit infolge seiner beständigen Energieabgabe in den Kern fallen. Die Annahme von strahlungsfreien Bahnen steht im Widerspruch zu den Gesetzen der Elektrodynamik. Die Postulate sind Setzungen, die allein durch ihren Erfolg bestätigt werden. Mit ihrer Hilfe gelang es, die Elektronengeschwindigkeit v_n in der n-ten Bahn und den Elektronenradius r_n abzuleiten. Wendet man diese Ergebnisse auf das einfachste Atom – das Wasserstoffatom – an, so erhält man für den Elektronenradius des Wasserstoffatoms r_1

$$r_1 = \frac{h^2}{4 \cdot \pi^2 \cdot m_e \cdot e^2} = 0,53 \cdot 10^{-8} \text{ cm},$$

den kleinstmöglichen Abstand des Elektrons vom Kern (Bohrscher Radius), was in guter Übereinstimmung mit den Versuchsergebnissen ist.

Es zeigte sich auch, dass die Entstehung des Linienspektrums des Wasserstoffatoms durch das Bohrsche Atommodell erklärt werden konnte. So gelang es Bohr auch, mithilfe seiner Theorie die bereits 1885 von dem Schweizer Johann Jakob Balmer (1825–1898) gefundene Serienformel

$$V = R \cdot \left(\frac{1}{n^2} - \frac{1}{m^2} \right)$$

für die Frequenz des ausgestrahlten Lichtes abzuleiten. Mit der Deutung des Wasserstoffatoms war die Leistungsfähigkeit des Bohrschen Atommodells noch nicht erschöpft. Man konnte auch die Spektren wasserstoffähnlicher Atome, wie das Helium- oder Lithiumatom, berechnen. Durch die Ergebnisse des Bohrschen Atommodells wurde klar, dass die vorgenommene Quantisierung des Atoms sehr erfolgreich war. Durch die zunehmende Kompliziertheit der Spektren der höheren Atome kam man aber zu dem Ergebnis, dass die Angabe nur eines einzigen Merkmals zur Kennzeichnung der Elektronenzustände nicht ausreicht. Die bei den bisherigen Berechnungen auftretende ganze Zahl n nennt man die Hauptquantenzahl. Sie gibt die Nummer der jeweiligen Kreisbahn im Atom an ($n = 1, 2, 3, 4, ...$). Bohr hatte sich in seinem Modell auf Kreisbahnen beschränkt, was aber eigentlich nicht nötig ist.

Arnold Sommerfeld erweiterte das Bohrsche Atommodell in den Jahren 1915/16 zum Bohr-Sommerfeldschen Atommodell, indem er Ellipsenbahnen einführte. Die Berechnungen wurden in diesem Fall komplizierter, und es erwies sich als notwendig, die Nebenquantenzahl (auch Bahnimpulsquantenzahl) l einzuführen. Zu jeder Hauptquantenzahl n gehören, einschließlich der Kreisbahn, n Ellipsen verschiedener Exzentrizität. Bei gegebener Hauptquantenzahl n kann l die Zahlenwerte $0, 1, 2, ..., (n-1)$ annehmen. Gemäß den Gesetzen der Klassischen Physik sind grundsätzlich Bewegungen der Elektronen in Bahnebenen, die völlig unterschiedliche Neigungen im Raum haben, möglich.

Nach vorausgegangenen Arbeiten von Planck, Epstein[21] und Reiche, die alle das Thema „Quantelung des Kreisels" zum Inhalt hatten, veröffentlichten Paul S. Epstein (1883–1966)[22] und Karl Schwarzschild (1873–1916)[23] im Jahr 1916 im Rahmen der Bohr-Sommerfeldschen Atomtheorie ihre Arbeiten zum Stark-Effekt. Sie erzielten durch ihre Berechnungen eine sehr gute Übereinstimmung von Theorie und Experiment. Dies waren bedeutende Ergebnisse, nicht nur zum Stark-Effekt, sondern auch für ein zukünftiges analoges Experiment mit einem Magnetfeld, und eine vorzügliche Bestätigung der Bohrschen Atomtheorie.

Peter Debye (1884–1866) und Arnold Sommerfeld (1868–1951) formulierten 1916 fast gleichzeitig die „Hypothese der Richtungsquantelung", d. h. die Quantelung der räumlichen Lage von Keplerbahnen (Elektronenbahnen) im Atom. Sie vermuteten, dass nur bestimmte ausgezeichnete Lagen möglich sind. Wenn man diese Hypothese experimentell bestätigen könnte, so wäre das ein neuer grundlegender Beweis für die Quantentheorie. Den Ausgangspunkt für die Arbeiten von Debye und Sommerfeld bildeten das Bohr-Sommerfeldsche Atommodell und der

---

[21] Paul S. Epstein
Bemerkungen zur Frage der Quantelung des Kreisels
Physikalische Zeitschrift 20, 289 (1919)

[22] derselbe
Zur Theorie des Stark-Effektes
Annalen der Physik 50, 489 (1916)

[23] Karl Schwarzschild
Zur Quantentheorie.
Sitzungsberichte der Königlich-Preußischen Akademie der Wissenschaften (1916, 548–568)

normale Zeeman-Effekt. Es kam nun darauf an, die Verhältnisse im Atom und insbesondere den Zeeman-Effekt, einer quantentheoretischen Deutung zu unterziehen.

Peter Debyes Arbeit trägt den Titel „Quantenhypothese und Zeeman-Effekt"[24] und wurde im Juni 1916 in den *Nachrichten von der Königlichen Gesellschaft der Wissenschaften zu Göttingen* veröffentlicht. Arnold Sommerfelds Artikel wurde unter dem Titel „Zur Theorie des Zeeman-Effektes der Wasserstofflinien, mit einem Anhang über den Stark-Effekt"[25] veröffentlicht und erschien im September 1916 in der *Physikalischen Zeitschrift*. Er bildet das Konzentrat einer umfangreicheren Arbeit, die Sommerfeld schon früher in den *Annalen der Physik* veröffentlicht hatte. Der Aufsatz von Debye erschien dann noch einmal zusammen mit dem Artikel von Sommerfeld in der *Physikalischen Zeitschrift*. Peter Debye hat das physikalische Problem, das es zu lösen galt, folgendermaßen dargestellt:

> „Nachdem durch die kurzen Andeutungen von P. Epstein und insbesondere K. Schwarzschild sichergestellt ist, daß die Verknüpfung von Quantentheorie und Bohrschem Modell eine Erklärung des Stark-Effektes liefert, sehen wir uns in Hinsicht auf den um Vieles älteren Zeeman-Effekt einer sehr unbefriedigenden Sachlage gegenübergestellt. Tatsächlich haben ja quasielastisch schwingende Elektronen als Energiequellen für die Serienlinien in den Bohrschen Ansätzen keinen Platz mehr und doch operieren alle bis jetzt erfolgreichen Theorien des Zeeman-Effektes von H. A. Lorentz bis W. Voigt mit diesem Bilde. Im Folgenden möchte ich einige Überlegungen vorbringen, welche den Anschluß des Zeeman-Effekts an die Quantentheorie anbahnen sollen."[26]

Peter Debye stellte in seiner Arbeit fest, nachdem er in Analogie zu den Gleichungen für die Planetenbahnen die Elektronenbahnen durch Anwendung der Hamilton-Jacobischen Differenzialgleichung gewonnen hatte:

> „Nach dieser Bemerkung ist die Einführung der Quantenhypothese in Analogie mit dem bei einem System von einem Freiheitsgrad befürworteten Verfahren unmittelbar möglich. In diesem Spezialfalle nämlich hat man in der Koordinaten-Impuls-Ebene die Bahnkurve zu zeichnen, welche hier durch den Energiesatz ohne weiteres gegeben ist. Die quantentheoretisch möglichen

---

[24] Peter Debye
Quantentheorie und Zeeman-Effekt
Nachrichten von der Königlichen Gesellschaft der Wissenschaften zu Göttingen 142 (1916)

[25] Arnold Sommerfeld
Zur Theorie des Zeeman-Effektes der Wasserstofflinien, mit einem Anhang über den Stark-Effekt
Physikalische Zeitschrift 17, 491 (1916)

[26] Peter Debye, a. a. O., Seite 142

Bahnen sollen dann diejenigen sein, deren Flächeninhalt ein ganzzahliges Vielfaches von h ist."[27]

Bewegt sich ein Elektron auf einer Bahn vom Radius r mit der Geschwindigkeit $v = r \cdot \omega$, so kann man nach der Klassischen Physik das magnetische Moment μ dieses Kreisstromes berechnen, indem man das Produkt aus der Stromstärke I mit der umlaufenen Fläche A bildet. Es gilt dann $\mu = I \cdot A$. Im Atom umläuft das Elektron mit der Ladung $Q = e$ das Atom auf einer Kreisbahn mit der Frequenz ν. Es gilt außerdem für die Stromstärke $I = \frac{Q}{t}$ und $\omega = 2 \cdot \pi \cdot \nu$.

Es folgt dann durch Einsetzen für I

$$I = \frac{e \cdot v}{2 \cdot \pi \cdot r}.$$

Daraus ergibt sich für $\mu = I \cdot A$

$$\mu = \frac{e \cdot v}{2 \cdot \pi \cdot r} \cdot \pi \cdot r^2$$

bzw. $\mu = \frac{1}{2} \cdot e \cdot v \cdot r$.

Setzt man nun $v = r \cdot \omega$ ein, so folgt

$$\mu = \frac{1}{2} \cdot e \cdot r^2 \cdot \omega$$

Multipliziert man das magnetische Moment μ mit m_e, so erhält man

$$m_e \cdot \mu = \frac{1}{2} \cdot e \cdot m_e \cdot r^2 \cdot \omega.$$

Der Bahndrehimpuls des umlaufenden Elektrons ist $L = m_e \cdot r^2 \cdot \omega$. Es gilt somit

$$\mu = \frac{1}{2} \cdot \frac{e}{m_e} \cdot L$$

Dies ist das magnetische Moment μ mit dem Bahndrehimpuls L in der Klassischen Physik.

Arnold Sommerfeld hat im Jahr 1916 eine sehr umfangreiche Arbeit in den *Annalen der Physik* veröffentlicht, in der er unter § 7 die „Quantenbedingung für die Lage der Bahn im Raume" behandelt. Hier schreibt er:

„Von unseren beiden Quantenzahlen n und n' bestimmt n die Größe der Bahn (genauer gesagt: die in der Zeiteinheit vom Radiusvektor überstrichene Fläche,

---

[27] derselbe, ebenda, Seite 144

vgl. Gl. (1), n' die Gestalt der Bahn (vgl. Gl. (11), wo die Exzentrizität durch das Verhältnis n'/n dargestellt wird). Es entsteht die Frage, ob sich die Lage der Bahn „quanteln" läßt."[28]

In einer späteren Veröffentlichung vom September 1916 ist er auf die Ergebnisse dieser Arbeit noch einmal eingegangen und hat sie wesentlich kürzer zusammengefasst. Er schreibt:

> „In einer Annalen-Arbeit, welche die Ergebnisse zweier in der Münchner Akademie veröffentlichter Aufsätze zusammenfaßt und erweitert, habe ich die Keplerschen Ellipsen, die ein Elektron um einen Wasserstoffkern herum beschreibt, nicht nur ihrer Größe und Gestalt, sondern auch ihrer räumlichen Lage nach ‚gequantelt'. Um durch Quantenbedingungen gewisse Lagen der Bahnebene im Raume auszuzeichnen, ist allerdings erforderlich, daß durch irgendwelche physikalischen Umstände eine Bezugsrichtung oder Bezugsebene im Raum gegeben ist, gegen welche die Lage der Bahnebene orientiert ist. A. a. O. habe ich mich beschränkt auf ein ‚magnetisches Feld der Stärke Null', welches durch seine Ebene senkrecht zu den magnetischen Kraftlinien eine solche Bezugsebene definiert, ohne im übrigen die Bewegung n des Elektrons zu beeinflussen."[29]

Führt man für das klassische magnetische Moment

$$\mu = \frac{1}{2} \cdot \frac{e}{m} \cdot L \quad \text{bzw.} \quad \mu = \frac{1}{2} \cdot \frac{e}{m} \cdot m \cdot \omega \cdot r^2$$

die Bohrsche Quantenbedingung $m \cdot w \cdot r^2 = n \cdot \frac{h}{2\pi}$ ein, so folgt für das magnetische Moment der gequantelten Bahn

$$\mu_{\text{Bohr}} = \frac{1}{2} \cdot \frac{e}{m} \cdot \frac{h}{2\pi}.$$

Die Gleichsetzung der Wirkung h mit dem Drehimpuls L ist zulässig, da beide von gleicher Dimension sind.

Gemäß der „Hypothese der Richtungsquantelung" sind nur solche Winkeleinstellungen α möglich, bei denen die Projektion des Bahndrehimpulses L auf die Feldrichtung des magnetischen Feldes B ein ganzzahliges Vielfaches von $\frac{h}{2\pi}$ ist $\left[\frac{h}{2\pi}, 2 \cdot \frac{h}{2\pi}, 3 \cdot \frac{h}{2\pi}, \ldots, m \cdot \frac{h}{2\pi}\right]$. Wenn der Bahndrehimpuls L den Betrag $l \cdot \frac{h}{2\pi}$ hat, dann gilt für seine Projektion auf die Feldrichtung des magnetischen Feldes

---

[28] Arnold Sommerfeld
Zur Quantentheorie der Spektrallinien
Annalen der Physik 51, 28 f. (1916)

[29] Arnold Sommerfeld
Zur Theorie des Zeeman-Effektes der Wasserstofflinien, mit einem Anhang über den Stark-Effekt
Physikalische Zeitschrift 17, 491 (1916)

3.3 DIE HYPOTHESE DER RICHTUNGSQUANTELUNG VON DEBYE ...

$$\cos \alpha = \frac{m \cdot \frac{h}{2\pi}}{l \cdot \frac{h}{2\pi}} = \frac{m}{l}$$

Daraus folgt $m = 1 \cdot \cos \alpha$, wobei m die magnetische Quantenzahl ist. Die magnetische Quantenzahl m gibt die räumliche Orientierung der Bahnebene an. Man nennt sie daher auch Orientierungsquantenzahl. Die „ältere Quantentheorie" kennt somit die drei Quantenzahlen n, l und m:

Quantenzahl	Bedeutung	Werte
Hauptquantenzahl n	Nummer der Kreisbahn	$n = 1, 2, 3, 4 \ldots$
Nebenquantenzahl l	Nummer der Ellipsenbahn	$l = 0, 1, 2, 3, \ldots$ (n-1)
Magnetische oder Orientierungs quantenzahl m	Lage der Bahnebene im Raum	$m = -1, \ldots, -3, -2, -1, 0, 1, \ldots, +1$

Die durch die Richtungsquantelung geforderten Verhältnisse kann man sich folgendermaßen veranschaulichen: Bei gegebener Nebenquantenzahl l kann die Orientierungsquantenzahl m genau $2 \cdot l + 1$ verschiedene Werte annehmen. Diese werden durch die Zahlenfolge $-1, \ldots, -3, -2, -1, 0, +1, +2, +3, \ldots, +1$ dargestellt. Es gilt also

$$m = 2 \cdot l + 1.$$

Nebenquantenzahlen l	0	1	2	3	4
Unterschalen	s	p	d	f	g

Dem Buchstaben p ist die Nebenquantenzahl $l(l = 1)$ zugeordnet. Setzt man diese Nebenquantenzahl in die Formel $m = 2 \cdot l + 1$ ein, so erhält man für die Orientierungsquantenzahl $m = 3$. Das bedeutet, dass die Elektronenbahnen drei verschiedene Lagen im Atom annehmen können, nämlich $-1, 0, +1$. Das entspricht den Werten

$$\cos \alpha = \frac{m}{e}, \text{ also } -\frac{1}{1}, 0, +\frac{1}{1}.$$

Für die Unterschale 4f ergibt sich die Nebenquantenzahl $l = 7$. Es können also sieben unterschiedliche Elektronenbahnen eingenommen werden. Für die Orientierungsquantenzahl gelten die Werte $m = -3, -2, -1, 0, +1, +2, +3$. Aus $\cos \alpha = \frac{m}{e}$ ergeben sich dann die Werte $-\frac{3}{3}, -\frac{2}{3}, -\frac{1}{3}, 0, +\frac{1}{3}, +\frac{2}{3}, +\frac{3}{3}$.

Die „Hypothese der Richtungsquantelung" führte, wie wir in den vorangehenden Kapiteln gesehen haben, zu dem Ergebnis, dass sich die Atome gegen ein äußeres Magnetfeld nicht beliebig einstellen können, sondern es gibt nur eine bestimmte Anzahl quantenmäßig ausgezeichneter Orientierungsmöglichkeiten. Wie bereits in früheren Abschnitten erwähnt (z. B. Langevinsche Theorie), besteht ein funktionaler Zusammenhang zwischen der Änderung der Lage der Bahnebene und der Änderung des Energieniveaus des Elektrons. Ändert sich die Lage der Bahnebene, so ändert sich sprunghaft das Energieniveau des Elektrons, was sich durch eine entsprechende Aufspaltung der Spektrallinien zeigt, wenn man ein leuchtendes Gas in ein starkes Magnetfeld bringt (Zeeman-Effekt).

3.4 Quantentheorie und Magneton (1920)

Wilhelm Schütz hat in seiner Dissertation darauf hingewiesen, dass ein überzeugender, aber indirekter Beweis für die Richtungsquantelung im Magnetfeld (Abb. 3.2) durch die gemessenen Magnetonenzahlen und die Paulische Theorie des Paramagnetismus gegeben sei. Der in der *Physikalischen Zeitschrift* veröffentlichte Artikel „Quantentheorie und Magneton"[30] von Wolfgang Pauli, auf den Schütz Bezug nimmt, ist der Vortrag, den Pauli anlässlich der 86. Naturforscherversammlung in Bad Nauheim gehalten hat. Arnold Sommerfeld hat in seinem Aufsatz „Zur Theorie des Magnetons" bemerkt:

> „Bekanntlich hat W. Pauli zuerst den Gedanken durchgeführt, daß bei der Berechnung paramagnetischer Suszeptibilitäten die räumliche Quantelung zu berücksichtigen sei. Während die Langevinsche Theorie gleichmäßige Orientierung im Raume annimmt, gibt es bei räumlicher Quantelung nur diskrete von der Quantenzahl abhängige zulässige Orientierungen. Pauli vermutet, daß auf diese Weise die Weissschen Magnetonenzahlen auf kleine ganze Vielfache der quantentheoretischen Einheit (Bohrsches Magneton)
>
> $$M_1 = \frac{e}{2 \cdot m \cdot c} \cdot \frac{h}{2\pi}$$
>
> zurückgeführt werden können."[31]

Der Theoretiker Wolfgang Pauli (1900–1958) war von Anfang an – wenn auch nur indirekt – beteiligt. Das gilt auch für Erwin Madelung (1881–1972) und Wilhelm Lenz (1888–1957). Pauli schreibt in einer Postkarte vom 1. Januar 1922 an Walther Gerlach:[32]

---

[30] Wolfgang Pauli
Quantentheorie und Magneton
Physikalische Zeitschrift 21, 615 (1920)

[31] Arnold Sommerfeld
Zur Theorie des Magnetons
Zeitschrift für Physik 19, 221 (1923)

[32] Armin Hermann u. a. (Hrsg.)
Wolfgang Pauli, Band I: 1919–1929
New York/Heidelberg/Berlin (1979, Seite 54)

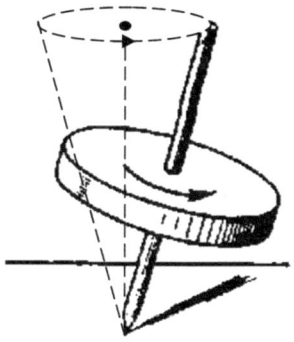

Präzessionsbewegung des Kreisels

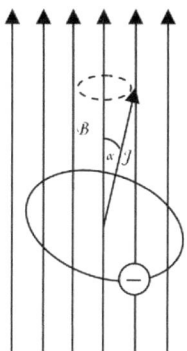

Analoges Modell zum Kreisel: Elektron im Magnetfeld

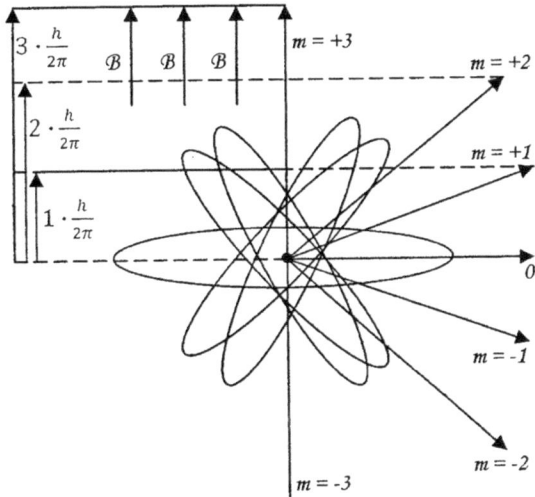

Abb. 3.2 Richtungsquantelung im Magnetfeld. Die Zeichnung oben links zeigt die Präzessionsbewegung des Kreisels. Die rechte Darstellung stellt ein analoges Modell zum mechanischen Kreisel dar, das Elektron im Magnetfeld. Das Bild unten zeigt die sieben räum-lichen Lagen der Bahnebene 4f (l=3). Die Pfeile geben die möglichen Richtungen an.

Lieber Herr Professor Gerlach!

Ich bin jetzt während der Weihnachtsferien in Wien und möchte gerne bei meiner Rückreise nach Göttingen auch Frankfurt berühren, um Sie und Prof. Madelung dort zu besuchen und mir auch das physikalische Institut anzusehen. Ich würde ca. am 8. auf ein bis zwei Tage nach Frankfurt kommen. Nun möchte ich Sie fragen, ob Stern um diese Zeit noch in Frankfurt sein wird und wissen Sie vielleicht, ob und wie lange Lenz während der Weihnachtsferien in Frankfurt ist?

Mit den besten Grüßen an Sie und alle Bekannten.

Ihr ergebener
Pauli.

Wilhelm Lenz wurde am 8. Februar 1888 in Frankfurt am Main geboren. Er ist, wie Wolfgang Pauli, ein Schüler Arnold Sommerfelds. Auf Sommerfelds Betreiben wurde er 1920 Professor für Theoretische Physik in Rostock. 1921 bekam er eine Professur für Theoretische Physik an der Universität Hamburg, und Otto Stern wurde sein Nachfolger in Rostock.[33] Wolfgang Pauli wurde 1922 sein Assistent. Lenz, Stern und Pauli bauten an der Universität Hamburg ein Zentrum für Atomphysik von Weltgeltung auf. In seinem Aufsatz „Quantentheorie und Magneton" unternimmt Pauli einen Vergleich zwischen dem Bohrschen und dem Weissschen Magneton und bezieht sich hierbei auf einen Aufsatz[34] von Pierre Weiss (1865–1940) aus dem Jahr 1911, um das Problem des Magnetons zu lösen, auf das schon Arnold Sommerfeld hingewiesen hatte.[35] Sommerfeld schreibt:

> „Als Abschluß dieses Kapitels wollen wir kurz ein wichtiges, aber noch sehr im Dunkel liegendes Problem der Physik betrachten, auf welches die räumliche Quantelung der Elektronenbahnen Licht zu werfen verspricht, das Problem des Magnetons. Daß jedem paramagnetischen Stoff (Suszeptibilität > 0) ein bestimmtes magnetisches Molekularmoment zukommt, ist eine alte Anschauung der Physiker, die insbesondere von Wilhelm Weber ausgebildet und durch die Langevinsche Theorie des Paramagnetismus sichergestellt wurde. Innerhalb der letzten Dezennien hat nun P. Weiss durch eine große Reihe eingehender Messungen nachzuweisen unternommen, daß dieses Moment nicht als beliebige Größe, sondern als ganzzahliges Vielfaches eines Elementarmomentes auftritt."[36]

Gleich zu Beginn seines Aufsatzes „Quantentheorie und Magneton" führt Pauli das Magneton als Eigenschaft des Atoms ein und leitet dann das Bohrsche Magneton als atomare Einheit ab. Das Bohrsche Magneton ergibt sich aus der Forderung Paulis, dass das gesamte Impulsmoment N der Elektronen eines Atoms oder Moleküls ein Vielfaches von $\frac{h}{2\pi}$ sein soll. Es soll also $N = n \cdot \frac{h}{2\pi}$ sein.

---

[33] Horst Schmidt-Böcking
Otto Stern (1888–1969)
Frankfurt am Main (2011, Seite 48)

[34] Pierre Weiss
Über die rationalen Verhältnisse der magnetischen Momente der Moleküle und das Magneton
Physikalische Zeitschrift XII, 935 (1911)

[35] Arnold Sommerfeld
Atombau und Spektrallinien
Braunschweig (1922, Seite 297 ff.)

[36] derselbe, ebenda, Seite 304

Das magnetische Moment μ erhält man, wenn man das Produkt der halben spezifischen Ladung η mit dem Impulsmoment N bildet. Es folgt dann.

$$M = \frac{1}{2} \cdot \eta \cdot N = \frac{n \cdot \eta \cdot h}{4 \cdot \pi} \text{ d.h. mit } \eta = \frac{e}{m}$$

Alle magnetischen Momente μ pro Mol bzw. Grammatom müssen somit Vielfache des Bohrschen Magnetons sein. Dies soll für alle Substanzen gelten. Das Bohrsche Magneton nimmt daher folgende Gestalt an:

$$\mu_{\text{Bohr}} = \frac{1}{2} \cdot \frac{e}{m} \cdot \frac{h}{2\pi}$$

Pauli gibt den numerischen Wert des Bohrschen Magnetons mit 5584 CGS-Einheiten an. Auch Pierre Weiss war durch seine Versuche zu dem Ergebnis gelangt, dass alle magnetischen Momente Vielfache einer bestimmten Einheit sind. Den Betrag des Weissschen Magnetons gab er mit 1123,5 CGS-Einheiten an. Das Weissche Magneton ist also annähernd fünfmal kleiner als das Bohrsche Magneton. Dem Weissschen Magneton kommt aber nach Pauli keine Realität zu. Er nennt dafür folgende Gründe:

„Erstens haben sich Unterschreitungen des Bohrschen Magnetons nur bei ferromagnetischen festen Körpern und tiefen Temperaturen gezeigt. Gerade in diesem Fall sind solche Unterschreitungen aber leicht verständlich, wenn man entgegen Weiß annimmt, daß bei der Sättigungsmagnetisierung die magnetischen Achsen im Gitter nicht alle parallel gerichtet sind. Zweitens treten in Lösungen oft sehr große Abweichungen von der Ganzzahligkeit auf, und drittens scheint die Meßgenauigkeit nicht genügend groß zu sein, um die Ganzzahligkeit der Magnetonenzahl sicher nachzuweisen, wenn diese, wie bei den meisten Substanzen, Werte zwischen 10 und 30 annimmt."[37]

3.5 Der Landésche g-Faktor (1921)

Alfred Landé (1888–1976) publizierte 1921 zwei Artikel über den anomalen Zeeman-Effekt in der *Zeitschrift für Physik*[38], die von großer Bedeutung für die Weiterentwicklung der Quantentheorie und für die Bestätigung der

---

[37] Wolfgang Pauli
Quantentheorie und Magneton
Physikalische Zeitschrift XXI, 615 (1920)

[38] Alfred Landé
Über den anomalen Zeemaneffekt (Teil I)
Zeitschrift für Physik 5, 231 (1921)
derselbe
Über den anomalen Zeemaneffekt (Teil II)
Zeitschrift für Physik 7, 398 (1921)

Hypothese der Richtungsquantelung waren. Landé, der seit 1919 als Privatdozent im Institut für Theoretische Physik in Frankfurt am Main war und von Dezember 1920 bis April 1921 hier als Mitarbeiter Max Borns arbeitete, hat in seinen Arbeiten eine Deutung der Multiplettstruktur des Zeeman-Effektes gegeben, durch die man den anomalen Zeeman-Effekt erklären konnte.

In den vorangehenden Abschnitten, wurde dargestellt welche Bedeutung der normale Zeeman-Effekt, sowohl klassisch physikalisch als auch quantentheoretisch interpretiert, für die Entwicklung der Physik hatte. Der normale Zeeman-Effekt tritt aber eher selten auf. Er ist als eine Ausnahme anzusehen und nicht die Regel. Wie gezeigt wurde, war er aber für die theoretischen Ansätze und Theorien zum Zeeman-Effekt von großer Bedeutung. Wesentlich häufiger tritt der anomale Zeeman-Effekt bei Serienlinien auf, dessen Deutung in der Zeit vor der Entwicklung der Quantenmechanik ein großes Problem darstellte.

Karl Wilhelm Meissner (1891–1959), Professor für Experimentalphysik an der Universität Frankfurt am Main von 1925 bis 1937, hat in seinem Büchlein über Spektroskopie Folgendes zum Bohrschen Atommodell ausgeführt:

„Das Bohrsche Modell gibt folgende Erklärung des Zeemaneffektes:

Jede Spektrallinie ist darstellbar als Differenz zweier Terme, die im Atommodell des Leuchtelektrons durch die Ablösungsarbeiten aus dem Atomverband ihre Deutung fanden [...]. Auf die gleiche Weise ist auch das Entstehen jeder Zeemankomponente zu erklären. Das Auftreten neuer Linien muß seinen Grund im Entstehen neuer ‚Zeemanterme', also neuer ‚Zeemanenergieniveaus' haben.

Werden die ohne Feld vorhandenen Zustandsenergien E_1 und E_2 des Anfangs- und Endzustandes um ΔE_1 und ΔE_2 durch das Feld geändert, so erhalten wir als neue Schwingungszahl

$$v + \Delta v = \frac{E_1 + \Delta E_1}{h} - \frac{E_2 + \Delta E_2}{h}$$

$$v + \Delta v = \frac{E_1 + E_2}{h} - \frac{\Delta E_1 + \Delta E_2}{h}$$

und als Zeemanverschiebung

$$\Delta v = \frac{\Delta E_1 - \Delta E_2}{h}.$$

Wie kommen nun die Zusatzenergien zustande?"[39]

---

[39] Karl Wilhelm Meißner
Spektroskopie
Berlin/Leipzig (1935, Seite 152)

Alfred Landé hat gleich zu Beginn seiner ersten Arbeit zum anomalen Zeeman-Effekt dargelegt, dass er den Bau der anomalen Zeeman-Typen vom Standpunkt des Kombinationsprinzips und der Quantentheorie lösen wolle. Das Kombinationsprinzip wurde von dem Schweizer Physiker und Mathematiker Walter Ritz (1878–1909) 1908 formuliert. Es hat folgenden Inhalt:

> „Durch additive oder subtraktive Kombination, sei es der Serienformeln selbst, sei es der in dieselben eingehenden Konstanten, werden Formeln gebildet, die gewisse neu entdeckte Linien vollständig aus den früher bekannten zu berechnen gestatten."[40]

Landé geht dann so vor, dass „jede einzelne magnetische Zerlegungskomponente einem bestimmten Übergange von einem Quantenzustand des Atoms in einen anderen Quantenzustand zugeordnet wird bzw. aus zwei magnetischen Termen kombiniert wird"[41]. Er bezieht auch gleich zu Beginn die Richtungsquantelung in seine Überlegungen mit ein. Er schreibt:

> „Wir müssen ferner an die Debye-Sommerfeldsche Theorie des normalen Zeemaneffekts erinnern.
> Ist n die azimutale Quantenzahl, so kann die Drehachse des Atoms nur solche Winkel Θ mit der Feldrichtung H bilden, daß
>
> $$m = n \cdot \cos\theta = \text{ganze Zahl}, |m| \leq n$$
>
> wird (Sommerfelds räumliche Quantelung). Die zu diesen Stellungen gehörigen magnetischen Störungsenergien E sind
>
> $$E = m \cdot hw_0, \text{ WO}, w_0 = \frac{e}{\mu} \cdot \frac{H}{4 \cdot \pi \cdot C}.$$

"[42]

Die azimutale Quantenzahl ist hier als die Nebenquantenzahl n und m als die magnetische oder Orientierungsquantenzahl zu verstehen.

Die Zusatzenergien kommen nun so zustande, dass durch die umlaufenden Elektronen das Atom einen Bahndrehimpuls J erhält. Das externe Magnetfeld verursacht eine Larmor-Präzession der Größe

$$v_L = \frac{e}{4 \cdot \pi \cdot m_0 \cdot c} \cdot \vec{H}$$

---

[40] Arnold Sommerfeld
Atombau und Spektrallinien
Braunschweig (1922, Seite 252)

[41] Alfred Landé
Über den anomalen Zeemaneffekt (Teil I)
Zeitschrift für Physik 5, 231 (1921)

[42] derselbe, ebenda, Seite 232 f.

Mit dieser Larmor-Präzession ist folgende Zusatzenergie verbunden:

$$\Delta E = 2 \cdot \pi \cdot v_L \cdot L \cdot \cos\theta = 2 \cdot \pi \cdot v_L \cdot M$$

wobei $M = m \cdot h/(2\pi)$ 1 die Komponente des Bahndrehimpulses L in der Feldrichtung H ist. Gemäß der Hypothese der Richtungsquantelung von Sommerfeld und Debye sollen sowohl M als auch L Vielfache von $h/(2\pi)$ sein. Es gilt also $L = l \cdot h/(2\pi)$ und $M = m \cdot h/(2\pi)$, was nur für bestimmte Einstellungen von L möglich ist, nämlich für die Einstellwinkel Θ, die Richtungsquantelung:

$$\cos\theta = \frac{M}{L} = \frac{m}{e}$$

Für die verschiedenen Einstellungen nimmt die Orientierungsquantenzahl m die Werte $1, 1-1, 1-2, ..., -(1-1), -1$ an.

Die magnetische Zusatzenergie ergibt sich somit als:

$$\Delta E = 2 \cdot \pi \cdot v_L \cdot \frac{h}{2\pi} \cdot m = v_L \cdot m \cdot h$$

Das Bohr-Sommerfeldsche Atommodell erklärt nur den normalen Zeeman-Effekt. Der anomale Zeeman-Effekt wie auch der Paschen-Back-Effekt bleiben ungeklärt. Eine Erklärung dieser Effekte ist erst durch die Betrachtung der Einwirkung des Magnetfeldes auf die Einzelkomponenten L und S des Gesamtdrehimpulses $J = L + S$ möglich, wobei L der Bahndrehimpuls des Elektrons und S der Eigendrehimpuls des Elektrons sind. Es ergibt sich dann für die magnetische Zusatzenergie ΔE der Ausdruck anstelle von

$$\Delta E = 2 \cdot \pi \cdot v_L \cdot \frac{h}{2\pi} \cdot m = v_L \cdot m \cdot h$$

die Beziehung

$$\Delta E = 2 \cdot \pi \cdot v_L \cdot \frac{h}{2\pi} \cdot m = v_L \cdot m \cdot h \cdot g.$$

Der Landésche g-Faktor ist eine für jede Termart charakteristische Zahl. Der g-Faktor ergibt sich aus den den Term kennzeichnenden Quantenzahlen L, S und J. Der Landésche g-Faktor lautet:

$$g(L, S, J) = \frac{3J(J+1) + S(S+1) - L(L+1)}{2J(J+1)}$$

Alfred Landé hatte 1921 alles zur Erklärung des anomalen Zeeman-Effektes und der Richtungsquantelung in seinen Veröffentlichungen erwähnt. Es ist für Landé sehr bedauerlich, dass er nicht mehr in die Forschungen und

Diskussionen im Umkreis von Stern, Gerlach und Born eingebunden war. Werner Heisenberg hat richtig bemerkt, dass Wissenschaft im Gespräch entsteht. Das war hier offensichtlich nicht der Fall. Für die Frankfurter Universität war der Weggang von Alfred Landé ebenso tragisch wie der Weggang von Otto Stern. Max Born hat Landé als einen bescheidenen und introvertierten jungen Mann geschildert, der eine völlig andere methodische Herangehensweise als Theoretiker hatte als Born. Auch dies führte dazu, dass er zu wenig beachtet wurde. Max Born schreibt in seinen Erinnerungen:

> „Als ich in Frankfurt war, gehörte er einige Monate lang meiner Abteilung an; er hatte einen Platz an meinem großen Schreibtisch, gegenüber von mir, und arbeitete ruhig an seinen eigenen Problemen. Ich habe ihn in meinem Bericht über meine Frankfurter Zeit nicht erwähnt, weil er scheu und zurückhaltend war und kaum an den Diskussionen zwischen Stern, Gerlach und mir teilnahm. In Wirklichkeit machte er während jener Zeit eine wichtige Entdeckung, die wesentlich zur Entwicklung der Quantentheorie beitrug: Mit schier unendlicher Geduld fand er durch numerische Berechnungen aus den empirischen Befunden Gesetze, die für die magnetische Aufsplittung der Spektrallinien gelten, den sogenannten anomalen Zeeman-Effekt. Diese Gesetze werden durch einige Formeln ausgedrückt, die man zu Recht Landésche-Faktoren nennt. Derartiges empirisches Vorgehen war mir fremd, und obwohl ich seine Geschicklichkeit, mit Zahlen umzugehen, bewunderte, besaß ich doch kein wirkliches Interesse an seiner Arbeitsweise. Später wurden Landés Faktoren aus der Quantenmechanik abgeleitet und waren eine der entscheidendsten Bestätigungen dafür."[43]

Die Entdeckung Landés mag auch nicht richtig zur Geltung gekommen sein, weil er mit Ernst Back (1881–1959) in einen Prioritätsstreit geriet, in dem Sommerfeld einseitig Partei für Back ergriff und der Meinung war, dass Landé sich nicht richtig verhalten habe.[44] Der Streit um die Publikation seiner Forschungsergebnisse zum Zeeman-Effekt vor den Arbeiten von Back wurde dann zur Zufriedenheit beider Physiker beigelegt, und Landé erhielt 1922 auf Betreiben von Friedrich Paschen (1865–1947) eine Professur in Tübingen.

Landé schrieb in seiner ersten Publikation im ersten Satz seiner Veröffentlichung zum anomalen Zeeman-Effekt: „Die komplizierten Typen des anomalen Zeemaneffekts sind in neuerer Zeit sichergestellt worden besonders durch die

---

[43] Max Born
  Mein Leben: Die Erinnerungen des Nobelpreisträgers
  München (1975, Seite 346.)
[44] Paul Forman
  Alfred Landé and the anomalous Zeeman Effect, 1919–1921
  Historical Studies in the Physical Sciences, Vol. 2, 1970, 153–261

schönen Untersuchungen von E. Back[45] im Tübinger Institut, welche Sommerfeld[46] publizierte." Sommerfeld hat in der 2. Auflage seines Buches *Atombau und Spektrallinien* von 1922 die Leistung Landés ausdrücklich anerkannt.[47]

Insgesamt kann man sagen, dass die Physiker 1921/22 schon sehr viel wussten, das für die Hypothese der Richtungsquantelung sprach:

1. Die Theorie des Stark-Effektes von Karl Schwarzschild[48] und Paul S. Epstein[49] war seit 1916 bekannt und konnte als heuristisches Prinzip für eine Theorie mit einem Magnetfeld dienen.
2. Das gilt auch für die 1916 aufgestellte Hypothese der Richtungsquantelung von Arnold Sommerfeld, die nach den Ergebnissen des Zeeman-Effektes als sehr wahrscheinlich anzusehen war.
3. Pauli hatte gezeigt, dass das Bohrsche Magneton Realität beanspruchen kann.
4. Alfred Landé hatte das Problem des anomalen Zeeman-Effektes durch die Einführung des g-Faktors gelöst.
5. Die Versuche, die am Kaiser-Wilhelm-Institut für physikalische Chemie und Elektrochemie von Hartmut Kallman und Fritz Reiche[50] mit Molekularstrahlen in inhomogenen elektrischen Feldern durchgeführt wurden und über die Otto Stern informiert war, waren im Gange.

So standen die Dinge, bevor Otto Stern seinen programmatischen Artikel zur experimentellen Prüfung der Richtungsquantelung veröffentlichte.

---

[45] Ernst Back, Die Naturwissenschaft 9, 199 (1921)

[46] Arnold Sommerfeld, Ann.d.Phys. 63, 221 (1920) und Atombau und Spektrallinien, 2. Aufl. Seite 541

[47] derselbe, Atombau und Spektrallinien, 2. Aufl., Seite 482

[48] Karl Schwarzschild, a. a. O.

[49] Paul S. Epstein, a. a. O.

[50] Hartmut Kallmann und Fritz Reiche
Über den Durchgang bewegter Moleküle durch inhomogene Kraftfelder
Zeitschrift für Physik 7, 249 (1921)

KAPITEL 4

Genese und Entwicklung des Stern-Gerlach-Versuches (1920–1927)

4.1 Die Vorphase des Stern-Gerlach-Versuches (1920)

Mit dem Jahr 1920 beginnen die vorbereitenden Experimente zum Stern-Gerlach-Versuch. In den folgenden Versuchen wurden erstmals Grundgrößen der kinetischen Gastheorie direkt gemessen. Es wird in diesem Kapitel darum gehen, die aufgeführten Arbeiten zu analysieren:

1. Otto Stern
   Eine direkte Messung der thermischen Molekulargeschwindigkeit (Vorläufige Mitteilung)
   Zeitschrift für Physik 2, 49–56 (1920)
   Otto Stern
   Nachtrag zu meiner Arbeit „Eine direkte Messung der thermischen Molekulargeschwindigkeit"
   Zeitschrift für Physik 3, 417–421 (1920)
   Otto Stern
   Eine direkte Messung der thermischen Molekulargeschwindigkeit
   Physikalische Zeitschrift 21, 582 (1920) und Diskussion
2. Max Born und Elisabeth Bormann
   Eine direkte Messung der freien Weglänge neutraler Atome
   Physikalische Zeitschrift 21, 578–581 (1920) und Diskussion

Diese Arbeiten sollen nun detailliert untersucht werden, um die Frage zu beantworten, warum es nötig war, thermische Molekulargeschwindigkeit und freie Weglänge zu bestimmen.

4.1.1 Die direkte Messung der thermischen Molekulargeschwindigkeit durch Otto Stern

Im Jahre 1920 ist es Otto Stern zum ersten Mal gelungen, die Molekulargeschwindigkeit direkt zu messen. Clemens Schaefer (1878–1968) hat hierzu in seiner *Einführung in die theoretische Physik* vermerkt:

> „Die Methode beruht auf der experimentellen Feststellung Dunoyers, daß ein bis zum Schmelzpunkt erhitzter Metalldraht (z. B. Silberdraht oder, was technisch bequemer ist, versilberter Pt-Draht) im Vakuum verdampft, d. h. Atome gleichmäßig nach allen Seiten aussendet. Da Silber einatomig ist, so sind hier Atom und Molekül identisch. Man kann also auf diese Weise Atom- und Molekularstrahlen erzeugen. Stellt man in den Strahlengang eine kalte Metallplatte, so bleiben die sie treffenden Atome oder Moleküle daran haften, wie Knudsen festgestellt hat: Der Dampf „kondensiert" sich an der kalten Metallplatte. Auf diese beiden Tatsachen stützt sich nun die Sternsche Methode."[1]

Sterns Abhandlung zeigt einen direkten Weg zur experimentellen Messung der thermischen Molekulargeschwindigkeit auf. Sie ist als eine vorläufige Mitteilung konzipiert, die mit der Feststellung beginnt, dass sowohl die kinetische Gastheorie als auch die Molekulartheorie von der Hypothese ausgehen, dass sich Moleküle in einer ständigen Bewegung befinden. Diese Hypothese könne kaum bezweifelt werden, da bereits viele ihrer Folgerungen durch Experimente ihre Bestätigung gefunden hätten. Die hypothetische Geschwindigkeit v war noch nie direkt gemessen worden. Sie lässt sich aber aus der mittleren kinetischen Energie eines Moleküls berechnen. Geht man vom Gleichverteilungssatz

$$\frac{1}{2} \cdot m \cdot v = \frac{3}{2} \cdot k \cdot T$$

aus, so folgt hieraus für die mittlere Geschwindigkeit des Moleküls

$$v = \sqrt{\frac{3 \cdot k \cdot T}{m}},$$

wenn m die Molekülmasse, v die mittlere Geschwindigkeit des Moleküls, k die Boltzmann-Konstante, T die absolute Temperatur und ist.

Die direkte Messung der thermischen Molekulargeschwindigkeit ist Sterns erklärte experimentelle Zielsetzung. Zur direkten Messung der thermischen Molekulargeschwindigkeit entwickelt er folgende Idee:

Es sei V ein Gefäß, in dem ein Hochvakuum vorhanden ist. In diesem Gefäß befinde sich ein kleinerer mit Gas gefüllter Behälter G, in dessen Wand

---

[1] Clemens Schaefer, Einführung in die theoretische Physik, 2. Band, Berlin 1958, Seite 388.

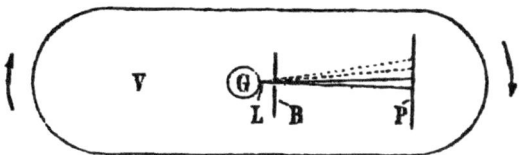

Abb. 4.1 Molekularstrahlapparat in Rotation. V = Gefäß (evakuiert), L = Loch, P = Auffangplatte, B = Blende, G = Glasgefäß

ein feines Loch L gebohrt ist (Abb. 4.1). Aus diesem Loch strömen nun die Gasmoleküle mit einer Geschwindigkeit, die abhängig von der Temperatur in G ist, geradlinig in das evakuierte Gefäß V. Durch eine in einem bestimmten Abstand vor dem Loch L angebrachte kreisförmige Blende B wird ein dünner kegelförmiger Molekularstrahl ausgeblendet, der auf die Auffangplatte P trifft. Dort kondensieren die auftreffenden Moleküle, sodass schließlich ein kreisförmiger Fleck entsteht. Stern vermerkt, dass diese Methode der Molekularstrahlerzeugung zuerst von dem französischen Physiker Louis Dunoyer angewendet worden sei.[2]

Die ganze Apparatur werde nun in schnelle Rotation versetzt, wobei die Drehachse senkrecht zum Molekularstrahl durch L gehen möge. Der Fleck verschiebt sich dann auf der Auffangplatte leicht entgegen der Rotationsrichtung, da die von L ausströmenden Moleküle Zeit benötigen, um von L nach P zu kommen. In dieser Zeit hat sich die Auffangplatte bereits um eine kleine Strecke weiterbewegt. Die Moleküle treffen daher auf einer weiter zurückliegenden Stelle von P auf. Um die Länge s dieser Strecke zu berechnen, geht man von l als der Entfernung zwischen L und P aus. Ein Molekül mit der Geschwindigkeit v braucht dann die Zeit $\tau = l/v$, um diese Strecke zu überwinden. Nimmt man an, dass der Apparat ν Umdrehungen pro Sekunde macht, so legt die Platte in der Sekunde den Weg $s = 2 \cdot \pi \cdot l \cdot \nu$ und in der Zeit τ den Weg $s = 2 \cdot \pi \cdot l \cdot \nu \cdot \tau = 2 \cdot \pi \cdot \nu \cdot l^2/v$ zurück. Dies ist genau der Betrag, um den sich der Fleck auf der Auffangplatte bei der Rotation verschiebt.

Da die Moleküle nach Maxwell alle möglichen Geschwindigkeiten besitzen, kann man auch sagen, dass um diesen errechneten Betrag der Fleck zu einem Band auseinandergezogen wird, wobei die Intensität an den verschiedenen Stellen ein direktes Maß für die Häufigkeit der entsprechenden Moleculargeschwindigkeiten ist. Eine kurze Rechnung führt zu folgendem Ergebnis: Setzt man für $\nu = 50$ (als Tourenzahl für kleine Motoren) und l = 10 cm, so wird für v = 500 m/s = 5 · 10^4 cm/s die Verschiebung s = 6 mm. Stern nennt dies einen unerwartet hohen Betrag.

---

[2] Louis Dunoyer, Sur la réalisation d'un rayonnement matériel d'origine purement thermique. Cinétique
    expérimentale. Le Radium 8, 142–146 (1911).

Er schlägt noch einen zweiten Weg vor, um diese physikalische Erscheinung zu berechnen. Er geht hierzu davon aus, dass der Beobachter die Rotationsbewegung des Apparates mitmacht. In dem mitrotierenden Koordinatensystem erfährt jedes Molekül eine Coriolis-Beschleunigung senkrecht zur Drehachse und zur Molekülgeschwindigkeit vom Betrag $g = 4 \cdot \pi \cdot v \cdot V$. Führt man die Berechnung in erster Näherung, unter Vernachlässigung der Zentrifugal- und der Coriolis-Beschleunigung, was bei einem Fehler von 1 % erlaubt ist, durch, so besitzt jedes Molekül eine Bahn in Form einer Wurfparabel, was sich ausdrücken lässt durch:

$$s = \frac{1}{2} \cdot g \cdot t^2 = \frac{1}{2} \cdot 4 \cdot \pi \cdot v \cdot V \cdot t = 2 \cdot \pi \cdot v \cdot V \cdot t^2$$

Mit $t == \frac{l}{V}$ erhält man:

$$S = 2 \cdot \pi \cdot v \cdot V \cdot \frac{l^2}{V^2} = \frac{2 \cdot \pi \cdot v \cdot l^2}{V}$$

Dieses Ergebnis ist mit der ersten Ableitung äquivalent. Stern weist ausdrücklich darauf hin, dass es keine Rolle spielt, ob die Drehachse durch L geht oder nicht, da in den Ausdruck für die Coriolis-Beschleunigung nur die Geschwindigkeit, aber keine Koordinaten des Moleküls eingehen. Es wird bei beiden Ableitungen auch deutlich, dass es nur auf die Relativgeschwindigkeit von L und P ankommt. Bei beiden Ableitungen blieb unberücksichtigt, dass die Blende B einen endlichen Abstand von L hat. Bezeichnet man mit l_1 die Entfernung von L und P und mit l_2 die Entfernung von B nach P, so gilt die für kleine Werte von s gültige Formel $s = \frac{2 \cdot \pi \cdot v}{V} \cdot l_1 \cdot l_2$, wobei diese Formel für $l_1 = l_2 = l$ in die Formel

$$s = \frac{2 \cdot \pi \cdot v \cdot l^2}{V}$$

übergeht.

Es folgt nun die Besprechung der Versuchsanordnung, die einige technische Veränderungen gegenüber der bereits dargestellten Idee des Versuches enthält, aber an der Grundidee des Experimentes festhält.

Eine Strahlenquelle L, eine Blende B und eine Auffangplatte P befinden sich auf einem Messingrahmen (7 cm hoch, 12 cm lang), der auf einer Achse A, die aus einem Stahlrohr (0,6 mm äußerer Durchmesser) besteht, sitzt. Die Achse wird luftdicht durch den Boden des feststehenden und ständig evakuierten Gefäßes V geführt und mit einem Elektromotor verbunden. Es wurde ein kleiner Ventilatormotor verwendet, dessen Achse durch ein kurzes Stück Vakuumschlauch mit dem unteren Ende der Achse A verbunden wird, während das untere Ende der Achse des Motors durch eine biegsame Welle mit einem Tourenzähler verbunden ist. Die Stromzuführung zu dem Platindraht L geschieht durch die Schleifringe Sr. Von dem oberen Schleifring (isoliert auf der Achse aufgesetzt), geht der Strom durch den isoliert durch das Innere der Achse geführten Draht d zu der Feder F und zum unteren Ende des Platindrahtes L, während von dem unteren Schleifring der Strom direkt durch die Achse und den Rahmen zum oberen Ende des Platindrahtes L führt.

Im Gegensatz zu der in Abb. 4.1 skizzierten Idee des Versuches wird nun keine punktförmige Strahlenquelle in Form eines kleinen Gasbehälters verwendet, sondern ein 6 cm langer und 0,4 mm breiter versilberter (Dicke der Versilberung 0,02 mm) Platindraht L (Abb. 4.2). Die Verwendung von Silber ist u. a. deshalb von Vorteil, weil der Versuch bei Zimmertemperatur ausgeführt werden kann und die Silberatome beim Aufprall auf einer Oberfläche sofort kondensieren. Die Spalten S_1 und S_2 blenden beidseitig schmale Bündel von Silberatomstrahlen aus, die auf die am Ende des Rahmens R angebrachten Auffangplatten P fallen und eine feine Silberlinie erzeugen. Erfolgt keine Rotation, so kommt die Silberlinie mit dem von dem Spalt auf die Auffangplatte geworfenen Lichtbild des Platindrahtes L zur Deckung.

Rotiert der Rahmen, so verschiebt sich diese Silberlinie nach dem Rotationssinn in der einen oder anderen Richtung. Um der Silberlinie eine genügende Intensität (Dicke) zu verleihen, wurde der Strahlenquelle eine linienförmige Form gegeben, die unterschiedlich lange Wege zurücklegt. Dieser Fehler lässt sich aber durch geeignete Dimensionierung der Glühdrahtlänge und des Plattenabstandes in Grenzen halten.

Der Platindraht wurde an seinem oberen Ende mit einer Klemmschraube festgeklemmt, während sein unteres Ende in ein ausgebohrtes Messingklötzchen eingelötet wurde, das durch eine isoliert am Rahmen befestigte Blattfeder F heruntergedrückt wird. Der Draht wird dadurch immer in einem gespannten Zustand gehalten.

Um sicherzustellen, dass der Platindraht durch die Rotation nicht verrutscht und damit seine Lage so verändert, dass dadurch der Fortgang des Experimentes negativ beeinflusst wird, wird auf beiden Seiten des Drahtes in einem Abstand von 8 mm ein Spalt S_1 (4 cm lang; 0,2 mm breit) befestigt, sodass das vom Spalt S_1 erzeugte Bild des Drahtes nicht auf den Spalt S_2, sondern danebenfällt. Bei der Rotation des Rahmens nehmen die Moleküle nicht genau von der Mitte ihren Ausgang, sondern etwas seitlich davon (Abb. 4.3). Der Platindraht P wurde daher in seinem Mittelteil in einer Länge von 3,5 cm auf eine Breite von 0,6 mm ausgewalzt.

Auf den Auffangplatten P (poliertes Messing) bilden die auftreffenden Silberatome eine ca. 0,4 mm breite bräunliche Linie. Die Mitte dieser Silberlinie konnte durch eine in die Messingplatte eingeritzte Skala mit 0,5 mm Teilstrichabstand auf ca. 1/10 bis 1/20 mm genau abgelesen werden.

Der Rahmen befindet sich in einem evakuierten Raum V, der aus einer Glasglocke G (35 cm Höhe; 24 cm innerer Durchmesser) besteht, die auf eine quadratische Eisenplatte E (35 cm Seitenlänge; 1 cm breit) aufgeschliffen ist. Zur Abdichtung der Glasglocke wurde Ramsay-Fett verwendet. Am oberen Glasfortsatz der Glocke (Glockenhals) führt ein etwa

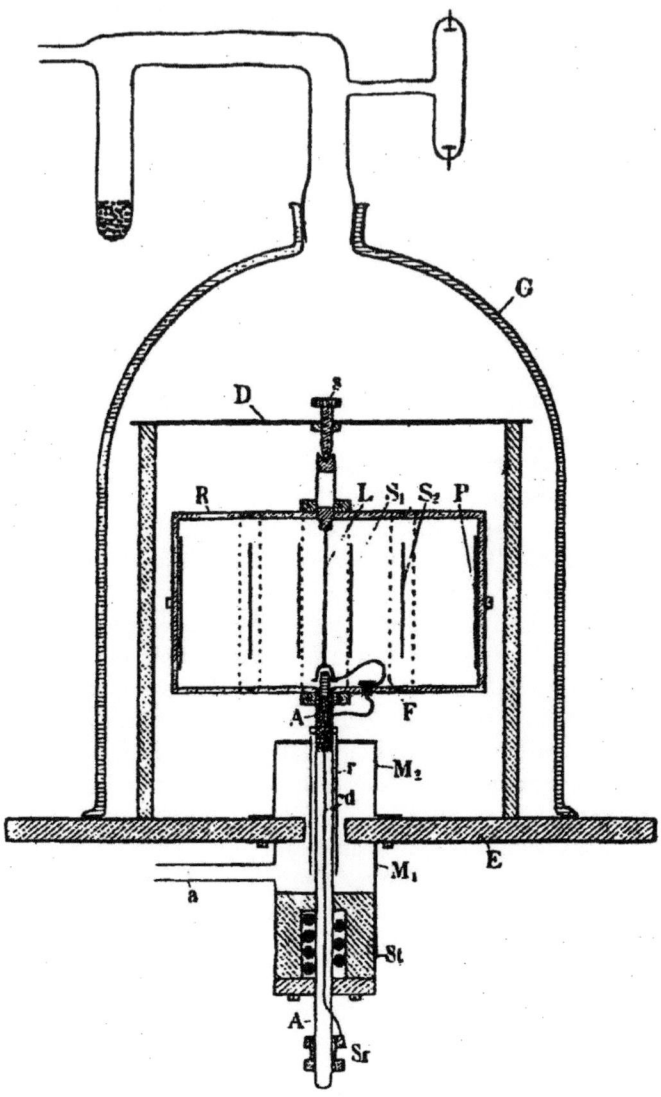

Abb. 4.2 Molekularstrahlapparat. L = Strahlenquelle, R = Rahmen, P = Auffangplatte, B = Blende, A = Achse, Sr = Schleifringe, d = Draht, St = Stopfbüchse, G = Glasglocke, M_1, M_2 = Messingrohr, S_1, S_2 = Spalten, F = Feder (Blattfeder), K = Pumpe, E = Eisenplatte, D = Dreifuß, s = Messingschraube, a = Ansatzrohr

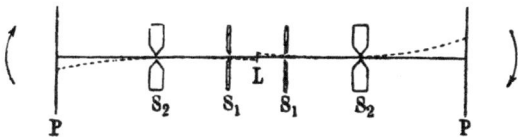

Abb. 4.3 Molekularstrahlapparatur in Rotation (Draufsicht). L = Strahlenquelle, S_1, S_2 = Spalten, P = Auffangplatte

2 cm weites Glasrohr zu einem Behälter mit Kokosnusskohle. Von dort führt ein ca. 1 cm weites Rohr zu einer Kondensationspumpe K (Firma Hauff & Buest, Berlin). Als Vorpumpe wird eine rotierende Quecksilber Gaede-Pumpe verwendet. Es ist außerdem ein Dreifuß D auf die Eisenplatte E geschraubt, der eine verstellbare Messingschraube s mit einer Stahlspitze trägt, die als Lager für das obere Ende der Achse Verwendung findet.

Die luftdichte Durchführung der Achse in das evakuierte Gefäß gelang durch die Herstellung eines Vorvakuums. Dies wurde technisch folgendermaßen verwirklicht: An das 4 cm lange Messingrohr M_1, das sich an der Unterseite der Eisenplatte E befindet, ist eine Stopfbüchse St eingelötet, in deren Innenraum eine gefettete Asbestschnur As eingepresst ist und über deren unteren Teil ein mit Fett gefülltes Gefäß geschoben ist. Von dem Messingrohr M_1 führte das Ansatzrohr a direkt zur Vorpumpe (Gaede-Pumpe) (Abb. 4.4).

Das Messingrohr M_2, das sich auf der Oberseite der Eisenplatte E befindet, ist oben durch eine Messingplatte verschlossen, die das die Achse A umschließende, aber nicht berührende Messingrohr r trägt. Der durch die Messingrohre M_1 und M_2 gebildete Raum wurde durch die Vorpumpe in einen Vakuumzustand gebracht, in dem ein Vorvakuum von 10^{-2}–10^{-3} mm besteht. Luft kann nun aus diesem Raum nur noch durch den Zwischenraum zwischen der Achse A und dem Rohr r in das evakuierte Gefäß V gelangen. Die auf diesem Wege eindringende Luftmenge ist aber sehr gering, sodass es gelingt, im Gefäß V ein Vakuum von ca. 10^{-4} mm aufrechtzuerhalten. Die Prüfung des Vakuums geschieht durch ein Geisslerrohr im Vorvakuum und im evakuierten Gefäß V (Hochvakuum).

Die Durchführung der Versuche begann damit, dass durch mehrstündiges Pumpen das für die Versuche notwendige Vakuum von ca. 10^{-4} mm hergestellt wurde. Dazu wurde zuerst die Kokosnusskohle erhitzt und dann mit flüssiger Luft oder fester Kohlensäure und Äther gekühlt. Dann wurde der Platindraht L vorgeglüht und der Elektromotor angelassen und auf die erforderliche Tourenzahl gebracht. Schließlich wurde der Platindraht L durch Anlegen eines Stromes von 5 bis 6 A bis zum Schmelzen des Silbers geglüht. Das Silber verdampft in wenigen Minuten. In dieser Zeit unterliegen sowohl das Vakuum als auch die Tourenzahl einer beständigen Kontrolle. Die Tourenzahl betrug bei den meisten Versuchen 1500 Umdrehungen pro Minute, als $\nu = 25$ Umdrehungen pro Sekunde. Die auf den Auffangplatten

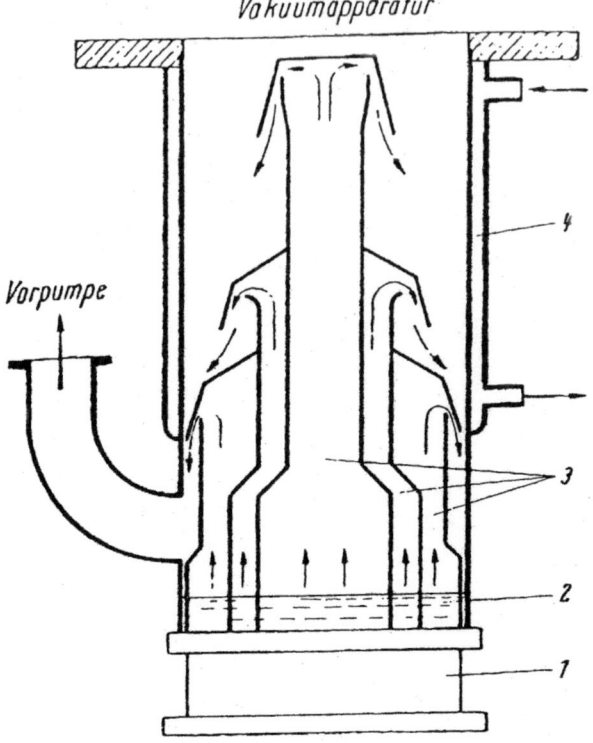

Abb. 4.4 Schema einer Diffusionspumpe (Gaede-Hg-Pumpe, 1913) nach Wolfgang Gaede (1879–1945)

P entstehenden Silberlinien sind schwächer als die ohne Rotation erzeugten und um ca. 0,4 mm gegen diese verschoben. Die Verschiebung ergab sich in der theoretisch erwarteten Richtung. Bei Umkehrung des Rotationssinnes kehrte sich auch, wie zu erwarten, die Richtung um. Stern weist darauf hin, dass zur Erhöhung der Messgenauigkeit die Abstände zwischen den Silberlinien bestimmt wurden, die bei verschiedenen Versuchen mit gleicher Tourenzahl (1500) unterschiedliche Drehrichtung besitzen. Er erhielt für die Abstände 0,7 bis 0,8 mm die Ablenkung s = 0,35–0,40 mm. Die Ablenkung errechnet man aus

$$(1)\ V = \frac{2 \cdot \pi \cdot v \cdot l_1 \cdot l_2}{S}$$

wenn $l = l_1 = l_2$

$$(2)\ s = \frac{2 \cdot \pi \cdot v \cdot l^2}{V}$$

Für die Silberatome ergibt sich dann aus (1) eine Geschwindigkeit v von 560 bis 640 m/s, also im Mittel eine Geschwindigkeit von 600 m/s. Nach der kinetischen Gastheorie wird bei 961 °C, dem Schmelzpunkt des Silbers, ein Wert von 534 m/s erwartet. Stern weist darauf hin, dass die Übereinstimmung innerhalb der 10 bis 15 % betragenden Messgenauigkeit sei. Eine exakte Rechnung, die er in dieser Arbeit nur andeutet, liefert das gleiche Ergebnis.

Am Ende seiner Abhandlung zieht Stern eine Bilanz dieser Versuche, die folgendermaßen zusammengefasst werden kann:

1. Die Methode der Messung der thermischen Molekulargeschwindigkeit ist auch eine neue Methode der Molekular- und Atomgewichtsbestimmung.
2. Gelingt es, den Genauigkeitsgrad dieser Methode zu steigern, so lassen sich mit ihr auch Isotope nachweisen.
3. Mit dem beschriebenen Molekularstrahlapparat liegt ein „Molekülspektrograf" vor, der bei genügender Dispersion für jede Molekül- oder Atomart eine Linie zeigt.
4. Die Methode gestattet es erstmalig, Moleküle von einheitlicher Geschwindigkeit herzustellen.

Einige Monate nach der Veröffentlichung dieser wichtigen Abhandlung hat Otto Stern einen Nachtrag zu seiner Arbeit „Eine direkte Messung der thermischen Molekulargeschwindigkeit"[3] verfasst, in dem er auf die Kritik an dieser Arbeit eingegangen und eine vollständige Klärung herbeigeführt hat. Insbesondere ist er auf Einwände seines ehemaligen Lehrers und Freundes Albert Einstein eingegangen, die Stern aber für berechtigt hielt. Er schreibt:

„In der kürzlich hier erschienenen oben genannten Mitteilung habe ich über Versuche berichtet, bei denen die Geschwindigkeit der von einer Oberfläche geschmolzenen Silbers im Vakuum ausgestrahlten Atome gemessen und zu etwa 600 m/sec bestimmt wurde. Diese Zahl stimmt innerhalb der Messgenauigkeit mit dem Werte überein, der sich aus der kinetischen Gastheorie für die mittlere Geschwindigkeit von Silberatomen von der Temperatur des geschmolzenen Silbers ergibt. Nun sind aber gegen diese Annahme von verschiedenen Seiten Einwände erhoben worden, von denen einer, der von Herrn Einstein herrührt, berechtigt ist."[4]

Das Sternsche Experiment zur direkten Messung der thermischen Molekulargeschwindigkeit war für die weitere Entwicklung der Physik deshalb von

---

[3] Otto Stern
Nachtrag zu meiner Arbeit: „Eine direkte Messung der thermischen Molekulargeschwindigkeit"
Zeitschrift für Physik 3, 417–421 (1920).

[4] Otto Stern, a. a. O., Seite 417.

großer Bedeutung, weil die Physiker durch die Maxwellschen Berechnungen die Geschwindigkeitsverteilung der einzelnen Moleküle kannten, aber kein Physiker konnte vor dem Experiment von Otto Stern diese Rechnungen experimentell überprüfen.

4.1.2 Die direkte Messung der freien Weglänge neutraler Atome durch Max Born und Elisabeth Bormann

Der Titel der Arbeit von Born und Bormann ist etwas irreführend. Es wird von der direkten Messung der freien Weglänge gesprochen. Hierzu muss man Folgendes wissen:

> „Die Strecke, die ein Molekül zwischen zwei Zusammenstößen zurücklegt, nennt man nach Clausius seine „freie Weglänge"; wir können natürlich nur ihren Mittelwert, die sogenannte „mittlere freie Weglänge", feststellen."[5]

Nachdem Otto Stern die direkte Messung der thermischen Molekulargeschwindigkeit von Silberatomen gelungen war, gingen nun Max Born und die junge Experimentalphysikerin Elisabeth Bormann daran, die mittlere freie Weglänge neutraler Atome durch direkte Messung zu bestimmen. Born schreibt:

> „Herr O. Stern hat die mittlere Geschwindigkeit der Teilchen, die aus erhitztem Silber bei höchstem Vakuum austreten, direkt gemessen und dadurch bewiesen, daß es einzelne Silberatome sind. Dieser Befund legt es nahe, solche Molekularstrahlen von Silber zur Sichtbarmachung und Messung der freien Weglänge zu benutzen. Wir haben orientierende Versuche in dieser Richtung angestellt, über die ich hier berichten will."[6]

Auch bei diesem Versuch wird wieder, wie bei der Sternschen Methode zur Bestimmung der Molekulargeschwindigkeit, die Molekularstrahlmethode verwendet, die auf der Erzeugung eines Molekularstrahles an hocherhitztem Metall im Vakuum beruht. Eine direkte Bestimmung der mittleren freien Weglänge war bis zu diesem Versuch noch nicht unternommen worden. Es war also ein durchaus kühnes Unterfangen, an das sich Max Born und Elisabeth Bormann hier heranwagten.

Die „orientierenden Versuche" zur direkten Messung der freien Weglänge wurden mit folgendem Versuchsaufbau unternommen, der aus einem in einem Messingkasten eingebetteten Knudsen-Manometer, einem Quarzrohr, in dem sich ein Gestell aus Messing befindet und das ebenfalls in einen Messingkasten eingebettet ist, und einem elektrischen Öfchen besteht (Abb. 4.5). Das Knudsen-Manometer und das Quarzrohr mit dem Messinggestell

---

[5] Clemens Schaefer, Einführung in die theoretische Physik, 2. Band, 1. Teil, Berlin 1921, Seite 364.
[6] Max Born und Elisabeth Bormann, Eine direkte Messung der freien Weglänge neutraler Atome. Physikalische Zeitschrift 21, 578 (1920).

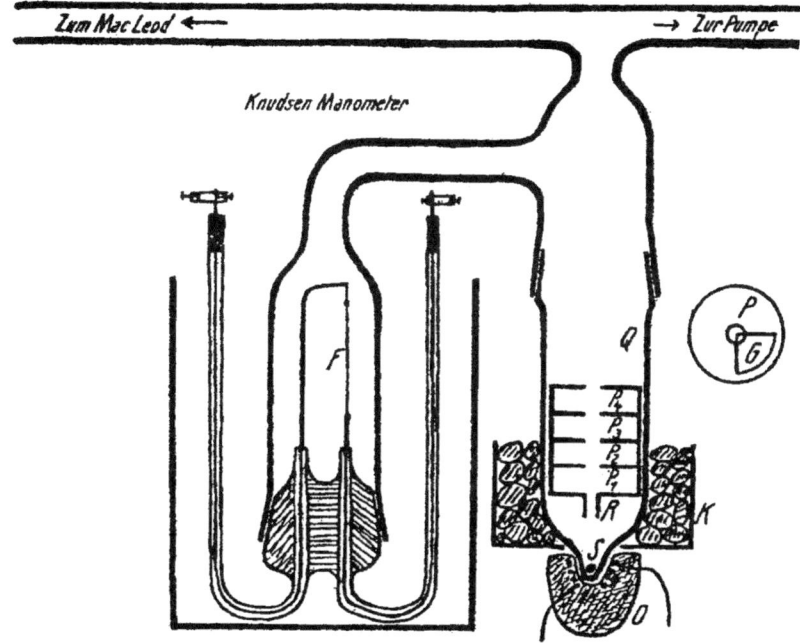

Abb. 4.5 Das Knudsen-Manometer und das Quarzrohr mit dem Messingrohr und den Plättchen

sind durch ein abgeschlossenes Glasgefäß verbunden, an dem sich ein Glasrohr befindet, das jeweils zu einem Mac-Leod-Manometer und zu einer Volmerschen Quecksilber-Dampfstrahlpumpe führte. Der Kern des Versuchsaufbaues, „der eigentliche Apparat"[7], befindet sich in dem Quarzrohr, das einen Durchmesser von 3 cm besitzt.

Es ist ein kleines Messinggestell, das unten durch eine Platte abgeschlossen ist. Die Platte trägt ein Messingröhrchen R, das einen inneren Durchmesser von 3 mm besitzt. Darüber sind in einem Abstand von 1 cm jeweils vier kreisförmige Messingplatten, P_1, P_2, P_3 und P_4, angebracht.

„Jede Platte P hatte eine zentrale Durchbohrung von 5 mm Durchmesser und war so eingerichtet, daß ein Quadrant, der aus einer Glasscheibe von 15 mm Durchmesser und $1/2$ mm Dicke geschnitten war, in fixierter Lage darauf gelegt werden konnte; die Spitze des Quadranten erreichte so die Mitte des durch das Röhrchen R austretenden Silberstrahls und diente gewissermaßen als Sonde zur Messung der Strahlintensität."[8]

Das Quarzrohr mit dem Messinggestell befindet sich in einem Messingkasten K, sodass eine Kühlung durch feste Kohlensäure möglich ist. Das

---

[7] derselbe, a. a. O., Seite 578.
[8] derselbe, a. a. O., Seite 579.

Abb. 4.6 Messingplatte P mit Glasquadrant G

Quarzrohr geht etwas durch den Messingkasten hindurch und hat an seinem Ende einen spitzen Verlauf, der einige Silberkörnchen enthält. Durch einen kleinen elektrischen Ofen O werden diese Körner zu Silberdampf umgewandelt, der dann durch das Messinggestell nach oben steigt und so die Spitzen der Glasquadranten erreicht (Abb. 4.6).

Born und Bormann führten die Versuche zur Ermittlung der freien Weglänge in folgenden Schritten durch:

1. Das evakuierte Quarzrohr wurde zunächst längere Zeit stark erhitzt, um die adsorbierten Gase aus dem Silber und dem Messinggestell herauszubekommen.
2. Mithilfe der flüssigen Luft und der festen Kohlensäure wurde das höchstmögliche Vakuum hergestellt.
3. Mit dem elektrischen Öfchen wurde das Silber so lange erhitzt, bis Silberdampf entstand und ein Silberdampfstrahl aus dem Röhrchen R austrat. Auf dem untersten Glasquadranten der Platte P_1 bildete sich bald daraufhin ein Silberniederschlag, ebenso auf den anderen Glasquadranten der übrigen Platten. Sobald der Glasquadrant auf Platte P_4 einen deutlich sichtbaren Silberniederschlag hatte, wurde das Heizen beendet. Es wurde nun trockene Luft eingelassen. Das Quarzrohr wurde dann entfernt, und die vier Glasquadranten wurden einer Untersuchung unterzogen.
4. Der Versuch wurde dann wiederholt. Mit einem Hahn wurde jetzt der Apparat von der Pumpe abgeschaltet und mithilfe der Luftschleuse ein bestimmter Druck erzeugt. Dieser Druck wurde mithilfe des Knudsen-Manometers konstant gehalten, sodass der Beobachter am Galvanometer durch kurzes Öffnen des zur Pumpe führenden Hahnes den Druck erniedrigte, sobald er am Ausschlag des Galvanometers die Abgabe von Gasen aus den erhitzten Teilen des Apparates bemerkte. Der Druck wurde vor und nach dem Heizen des Ofens O mit dem Mac-Leod-Manometer gemessen.

Die Ergebnisse der Versuche sind in Abb. 4.7 dargestellt. Versuch Nr. 7 zeigt die bei höchstem Vakuum ($p=0$) bestrahlten vier Glasquadranten. Versuch

Abb. 4.7 Glasquadranten mit unterschiedlicher Schwärzung

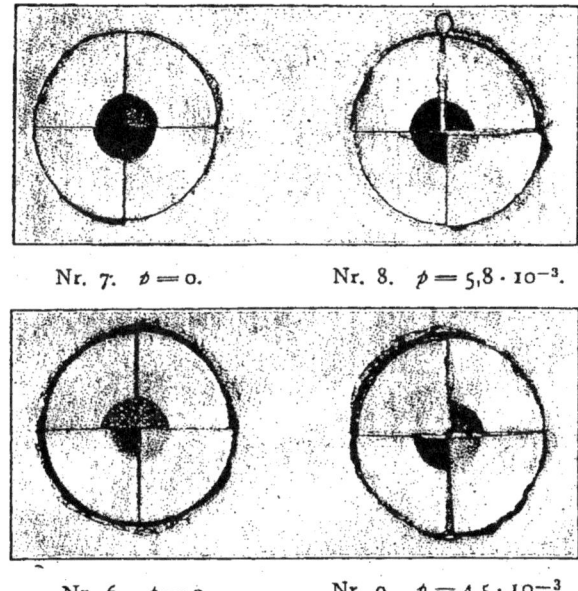

Nr. 8 zeigt die Glasquadranten bei einem Druck von $p = 5{,}8 \cdot 10^{-3}$ mm. Es ist bei $p=0$ eine geringe Abnahme der Schwärzung im rechten oberen Glasquadranten von Figur 2 zu sehen, während man für $p = 5{,}8 \cdot 10^{-3}$ mm in Versuch Nr. 8 eine wesentlich deutlichere Abnahme der Schwärzung am Glasquadranten unten rechts feststellen kann. Figur 3 zeigt als Ergebnis bei Versuch Nr. 6 eine Abnahme der Schwärzung im rechten unteren Glasquadranten (für $p=0$) und bei Versuch Nr. 9 eine Abnahme der Schwärzung im oberen linken Glasquadranten (für $p = 5{,}8 \cdot 10^{-3}$ mm).

Clemens Schaefer hat die prinzipielle Vorgehensweise bei diesem Versuch in vereinfachter Form folgendermaßen zusammengefasst. Er beginnt mit der Schilderung des Silberkügelchen S, das durch einen elektrischen Ofen auf die Schmelztemperatur erhitzt wird: „Es sendet dann Silbermoleküle nach allen Seiten aus, von denen durch das Loch der Blende BB ein geometrisch scharf begrenzter Strahl ausgeblendet wird. Im Abstande l von der Strahlungsquelle S befindet sich eine Auffangplatte P_1 aus Glas, an der sich die Silbermoleküle kondensieren; in einem zweiten Versuch kann P_1 beseitigt und in der größeren Entfernung (l+l') durch eine andere Auffangplatte P_2 ersetzt werden. Die ganze Anordnung ist in ein evakuierbares Gefäß G eingeschlossen. Ist das Vakuum vollkommen, so finden keine Zusammenstöße von Silbermolekülen mit Luftmolekülen statt: alle Silbermoleküle kondensieren sich entweder auf P_1 oder P_2, je nach dem, welche Platte im Strahlengange sich befindet. Haben wir dagegen einen von Null verschiedenen Luftdruck, so kommen nicht alle von S ausgehenden Moleküle auf P_1 an und noch weniger auf P_2, da auf den Wegen l bzw. (l+l')

Zusammenstöße stattfinden, die die Zahl der ankommenden Moleküle nach dem Gesetz der Gleichung

$$N_c = N_{0,c} e^{-\frac{l}{\lambda}}$$

vermindern. Die Dicken D_1 und D_2 der auf P_1 und P_2 niedergeschlagenen Schicht Silber sind natürlich proportional der Zahl der ankommenden Silbermoleküle. [...] Tatsächlich gestaltet sich die Ausführung des Versuchs etwas komplizierter, da man kein vollständiges Vakuum herstellen kann; man muß zwei Parallelversuche bei zwei verschiedenen Drucken anstellen."[9]

Born und Bormann haben den Versuch folgendermaßen rechnerisch ausgewertet: Es sei D_{10} die Silberschichtdicke auf der ersten Platte P_1 bei höchstem Vakuum. Für die Silberschichtdicke bei der mittleren freien Weglänge gilt dann $D_1 = D_{10} e^{-\frac{z_1}{\lambda}}$, wobei z_1 der Abstand der Platte von der Strahlenquelle ist. Für die zweite Platte P_2 gilt dann:

$$D_2 = D_{20} e^{-\frac{z_2}{\lambda}}$$

Durch Umformen folgt hieraus:

$$\lambda = \frac{z_1 - z_2}{\log \left[\frac{D_1}{D_2} \cdot \frac{D_{10}}{D_{20}} \right]}$$

Bei dem verwendeten Apparat (Messinggestell) war für je zwei aufeinanderfolgende Platten $z_2 - z_1 = 1$ cm. Für den Ausdruck

$$\frac{D_1}{D_2} \cdot \frac{D_{10}}{D_{20}}$$

fanden Born und Bormann bei den beiden Figuren 2 und 3 die Werte 1,8 bzw. 1,5. Für den Druck ergibt sich dann:

$$p = \frac{5{,}8 \cdot 10^{-3}}{\lambda} = 1{,}7 \,\text{cm}$$

$$p \cdot \lambda = 9{,}9 \times 10^{-3}$$

für $$p = \frac{4{,}5 \cdot 10^{-3}}{\lambda} = 2{,}4 \,\text{cm}$$

$$p \cdot \lambda = 10{,}8 \times 10^{-3}$$

---

[9] Clemens Schaefer, Einführung in die theoretische Physik, 2. Band, Berlin 1958, Seite 414 f.

4.1 DIE VORPHASE DES STERN-GERLACH-VERSUCHES (1920)

λ kann nun in Beziehung zu dem Molekularabstand σ, d. h. der Entfernung der Mittelpunkte eines Silberatoms und einer Luftmolekel (Luftmolekül) im Augenblicke der Berührung gesetzt werden. Born und Bormann schreiben: „Es ist leicht zu zeigen, daß hier der Maxwellsche Ausdruck für die freie Weglänge"[10] in Strenge gültig ist, nämlich die Formel:

$$\frac{1}{\lambda} = \pi \cdot N' \cdot \sigma^2 \sqrt{1 + (m \cdot T') \cdot (m \cdot T')}$$

N' ist die Anzahl der Luftmolekeln in der Volumeneinheit, m' ist ihr Molekulargewicht und T' ihre absolute Temperatur; m und T sind die entsprechenden Größen für den Silberdampf.

Für N' gilt $N' = 3,56 \cdot 10^{16}\, p$, wenn der Druck in mm Hg gemessen wird. Setzen wir ferner für

Luft $m' = 30$, $T' = 300$,

schmelzendes Silber $m = 108$, $T = 1300$,

so ergibt sich $\sqrt{1 + (m \cdot T') \cdot (m \cdot T')} = 1{,}35$.

$\sqrt{1 + (m \cdot T') \cdot (m' \cdot T)}$ ist ein Näherungsausdruck für $\sqrt{2}$, sodass sich der etwas komplizierte Ausdruck von Born und Bormann $\frac{1}{\lambda} = \pi \cdot N' \cdot \sigma^2 \cdot \sqrt{1 + (m \cdot T') \cdot (m' \cdot T)}$ auch $\frac{1}{\lambda} = \pi \cdot N' \cdot \sigma^2 \cdot \sqrt{2}$ schreiben lässt. Formt man diesen Ausdruck noch etwas um, so ergibt sich

$$\lambda = \frac{1}{\pi \cdot N' \cdot \sigma^2 \cdot \sqrt{2}}$$

Es ist der gebräuchliche Ausdruck für die mittlere freie Weglänge λ, wobei σ der Minimalabstand der Moleküle ist. Setzt man die entsprechenden Werte ein, so ergibt sich für

$$\sigma^2 = 6{,}6 \cdot 10^{-16}$$

also $\sigma = 2{,}6 \cdot 10^{-8}$ cm für den Minimalabstand der Moleküle. Born und Bormann beenden ihre Arbeit mit den Worten:

„*Die Methode führt also zur richtigen Größenordnung. Wir glauben, daß sie sich zu einem exakten Meßverfahren ausgestalten läßt.* Hierzu ist in der Hauptsache nur eine genaue Bestimmung der relativen Dicken dünner Silberschichten erforderlich. Wir wollen mit Hilfe der Molekularstrahlen die Abstände σ für verschiedene, strahlende Materie in verschiedenen Gasen zu bestimmen versuchen; ferner scheint es uns möglich, durch Messung der abgelenkten Strahlung Schlüsse auf das Kraftgesetz zu ziehen, das beim Zusammenstoß wirksam ist. *Die Elementarprozesse der kinetischen Gastheorie werden so der direkten Beobachtung zugänglich.*"[11]

---

[10] J.H. Jeans, The Dynamical Theory of Gases, Cambridge 1904, Seite 233.
[11] Max Born und Elisabeth Bormann, a. a. O., Seite 581.

Ob die von Max Born und Elisabeth Bormann erfundene Methode zur Bestimmung der freien Weglänge weiterentwickelt wurde, konnte ich nicht ermitteln. Oskar Höfling gibt folgendes Verfahren an:

> „Es gibt verschiedene Möglichkeiten, um die Größe λ experimentell zu ermitteln. Eine direkte Methode zur Bestimmung von λ besteht darin, daß man einen durch eine Stickstoffatmosphäre geschossenen Strahl von Quecksilberatomen an verschiedenen Stellen auf einem Schirm auffängt und die Abhängigkeit des Niederschlages von dem im Stickstoff zurückgelegten Weg untersucht. Die Stärke des Niederschlages wird durch die seitliche Ablenkung von Quecksilberatomen, die wesentlich von der mittleren freien Weglänge abhängt und deshalb eine Berechnungsmöglichkeit von λ ergibt, verringert."[12]

4.2 Phase 1: Otto Sterns programmatischer Artikel von 1921

Nachdem durch die Versuche von Otto Stern und Max Born sowie seiner Mitarbeiterin Elisabeth Bormann in einer Vorphase der Entwicklung des Stern-Gerlach-Versuches wichtige Grundgrößen der kinetischen Gastheorie erstmals direkt gemessen worden waren, beginnt nun das eigentliche Stadium der Planung des Stern-Gerlach-Versuches. Wir haben diese erste Phase der Entwicklung in Otto Sterns programmatischem Artikel vom August 1921 „Ein Weg zur experimentellen Prüfung der Richtungsquantelung im Magnetfeld"[13] zu erblicken. Den Ausgangspunkt von Sterns Überlegungen zur Richtungsquantelung bilden die theoretischen Arbeiten zur Quantentheorie von Arnold Sommerfeld und Peter Debye. Ausdrücklich erwähnt er Sommerfelds berühmtes Buch *Atombau und Spektrallinien* – die Bibel der Atomphysiker –, das 1921 in 2. Auflage (1. Auflage 1919) vorlag.

Den unmittelbaren Anlass zu Sterns Veröffentlichung gab der Artikel „Über den Durchgang bewegter Moleküle durch inhomogene Kraftfelder" von Hartmut Kallmann und Fritz Reiche vom Juli 1921 in der *Zeitschrift für Physik*, dessen Korrekturfassung Stern bereits vorgelegen hatte. Er hat zu dieser Veröffentlichung bemerkt:

> „Herr W. Gerlach und ich sind seit einiger Zeit mit der Ausführung dieses Versuches beschäftigt. Den Anlaß zur vorliegenden Veröffentlichung gibt die bevorstehende Publikation einer Arbeit der Herren Kallmann und Reiche über die Ablenkung von elektrischen Dipolmolekülen in einem inhomogenen elektrischen Feld. Wie ich aus den mir freundlichst übersandten Korrekturen ersehe, ergänzen sich unsere Überlegungen gerade gegenseitig, da die Herren Kallmann und Reiche ausschließlich den bei elektrischen Dipolmolekülen wohl

---

[12] Oskar Höfling, Physik, 11. Aufl., Bonn 1976, Seite 308.

[13] Otto Stern, Ein Weg zur experimentellen Prüfung der Richtungsquantelung im Magnetfeld. Zeitschrift für Physik 7, 249–253 (1921).

meist realisierten Fall behandeln, daß der Vektor des elektrischen Momentes senkrecht auf dem des Impulsmomentes steht, während ich mich auf den beim magnetischen Atom realisierten Fall beschränkt habe, daß diese beiden Vektoren die gleiche Richtung haben."[14]

Während die Untersuchungen von Kallmann und Reiche sich auf die Ablenkung von elektrischen Dipolmolekülen in einem inhomogenen elektrischen Feld beziehen, untersuchten Stern und Gerlach die Verhältnisse im inhomogenen magnetischen Feld. Ihre Publikation war für Stern von großer Bedeutung, was im Folgenden kurz gezeigt werden soll.

4.2.1 Hartmut Kallmann und Fritz Reiche (Berlin): Über den Durchgang bewegter Moleküle durch inhomogene Kraftfelder (28. Juli 1921)

Als Hartmut Kallmann (1896–1975) und Fritz Reiche (1883–1969) ihren Artikel publizierten, wurde im Kaiser-Wilhelm-Institut für physikalische Chemie und Elektrochemie in Berlin mit einer neuen Methode zum Nachweis der Dipole experimentiert. Diese Experimente waren durch die Frage nach dem Wesen und der Größe veranlasst, mit denen Gasmoleküle aufeinander wirken[15].

Es wurden hauptsächlich zwei Fälle unterschieden:

1. Die Einzelmoleküle bilden einen elektrischen Dipol mit einem konstanten elektrischen Moment.
2. Die Moleküle besitzen kein elektrisches Moment, sondern das elektrische Moment wird erst durch das Feld der Nachbarmoleküle in ihnen erzeugt.

Der Nachweis, dass ein Molekül ein konstantes Moment hat, lässt sich aus der Dispersions- und Absorptionskurve im langwelligen Gebiete erbringen, seine Größe aus dem Temperaturverlauf der Dielektrizitätskonstante bestimmen. Debye hatte in seiner Theorie der Temperaturabhängigkeit der Dielektrizitätskonstante ε (Theorie der molekularen Dipole) festgestellt, dass ein elektrisches Feld die vorher regellos orientierten Dipolmomente m_e vorhandener polarer Moleküle auszurichten sucht. Dieser Einstellung in Feldrichtung wirkt die Wärmebewegung der Moleküle, infolge der Stöße der Photonen umso stärker entgegen, je höher die Temperatur ist. Es stellt sich aber bei jeder Temperatur ein Gleichgewichtszustand ein, der durch eine Orientierungspolarisation gekennzeichnet ist, deren Polarisierbarkeit

---

[14] derselbe, ebenda, Seite 250.
[15] Hartmut Kallmann und Fritz Reiche. Über den Durchgang bewegter Moleküle durch inhomogene Kraftfelder. Zeitschrift für Physik 6, 352 (1921).

umgekehrt proportional zur absoluten Temperatur T ist. Es gilt die Debyesche Gleichung; mit ihrer Hilfe können aus dem Temperaturverlauf der Dielektrizitätskonstanten die Dipolmomente polarer Moleküle ermittelt werden[16]. Die neue Methode zum Nachweis der Dipole kann folgendermaßen beschrieben werden:

Ein Molekülstrahl wird durch ein inhomogenes elektrisches Feld geschickt. Die Moleküle, die einen Dipol besitzen, werden dann aus ihrer Bahn abgelenkt. Die Größe der Ablenkung und die Anzahl der abgelenkten Moleküle hängen außer von der Größe des elektrischen Momentes im Wesentlichen von der Drehbewegung des Moleküls ab. Um aus den gemessenen Ablenkungen quantitative Schlüsse auf molekulare Größen ziehen zu können, muss man diese Eigendrehung der Moleküle berücksichtigen[17].

Die Leistung von Kallmann und Reiche ist darin zu erblicken, dass sie in ihrer Arbeit eine Theorie der Bewegung eines Dipols in einem inhomogenen elektrischen Feld gegeben haben. Die Autoren haben sich dabei auf den Fall beschränkt, dass das Dipolmolekül angenähert als starre Hantel betrachtet werden darf und dass die Achse des elektrischen Momentes mit der Hantelachse zusammenfällt.

Stern ist auf die Fragestellung von Kallmann und Reiche in einem Absatz seiner Arbeit eingegangen und hat herausgearbeitet, worin die Unterschiede und Ergänzungen in seiner Publikationen zu sehen sind. Stern schreibt:

„[...] ergänzen sich unsere Überlegungen gerade gegenseitig, da die Herren Kallmann und Reiche ausschließlich den bei elektrischen Dipolmolekülen wohl meist realisierten Fall behandeln, daß der Vektor des elektrischen Momentes steht, während ich mich auf den beim magnetischen Atom realisierten Fall beschränkt habe, daß diese beiden Vektoren die gleiche Richtung haben.[18]

4.2.2 Otto Stern (Frankfurt am Main): Ein Weg zur experimentellen Prüfung der Richtungsquantelung im Magnetfeld (26. August 1921)

Durch den Stern-Gerlach-Versuch wurde, so liest man es heute in den Physiklehrbüchern, eine Entscheidung zwischen der Klassischen Physik und der Quantentheorie zugunsten der Quantentheorie herbeigeführt, der Stern-Gerlach-Versuch war somit ein Experimentum Crucis. „Ob nun die quantentheoretische oder die klassische Auffassung zutrifft, läßt sich durch ein prinzipiell ganz einfaches Experiment entscheiden", schreibt Otto Stern[19].

Aber waren die Dinge damals wirklich so klar? In der Tat waren führende Quantenphysiker von diesem Experiment begeistert. Dem steht gegenüber, dass einer der Hauptakteure, Otto Stern, offenbar nicht so felsenfest von

---

[16] derselbe, ebenda, Seite 352.
[17] derselbe, a. a. O., Seite 352.
[18] Otto Stern, a. a. O., Seite 250.
[19] derselbe, ebenda., Seite 250.

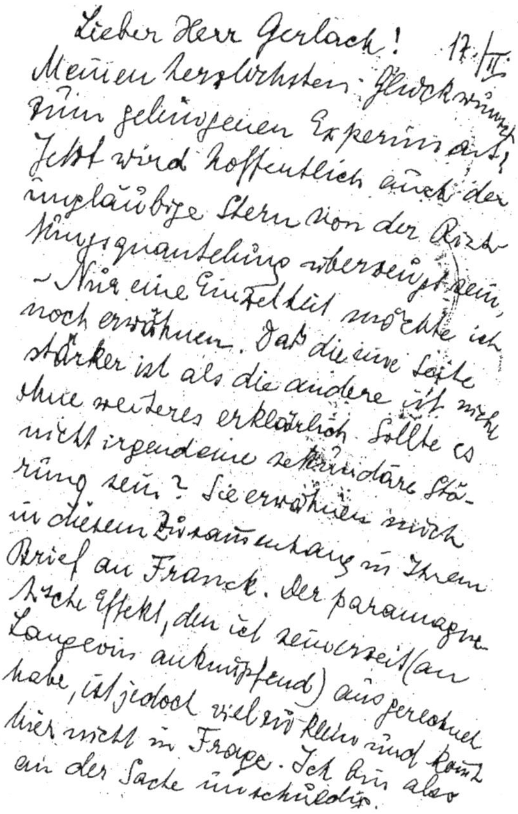
Lieber Herr Gerlach! 17./II.
Meinen herzlichsten Glückwunsch zum gelungenen Experiment! Jetzt wird hoffentlich auch der ungläubige Stern von der Richtungsquantelung überzeugt sein. – Nur eine Einzelheit möchte ich noch erwähnen. Daß die eine Seite stärker ist als die andere ist mir ohne weiteres erklärlich. Sollte es nicht irgendeine sekundäre Störung sein? Sie erwähnen auch in diesem Zusammenhang in Ihrem Brief an Franck. Der paramagnetische Effekt, den ich seinerzeit (an Langevin anknüpfend) ausgerechnet habe, ist jedoch viel zu klein und kommt hier nicht in Frage. Ich bin also an der Sache unschuldig.

Abb. 4.8 Postkarte von Wolfgang Pauli an Walther Gerlach vom 17. Februar 1922

einer quantentheoretischen Deutung des Experimentes überzeugt war, was auch in der Antwort Paulis auf die Postkarte von Walther Gerlach vom 17. Februar 1922 (Abb. 4.8) zum Ausdruck kommt: „Jetzt wird hoffentlich auch der ungläubige Stern von der Richtungsquantelung überzeugt sein.“ Warum war der Molekulartheoretiker Stern skeptisch? Er stand damals keineswegs allein, auch Peter Debye glaubte nicht an einen Quanteneffekt.

4.2.2.1 Sterns erster Effekt: Der magnetooptische Einstell-Effekt

Otto Stern hat in seiner programmatischen Arbeit zur experimentellen Prüfung der Richtungsquantelung im inhomogenen Magnetfeld, neben dem Grundlagenexperiment zur Quantentheorie, dem später Stern-Gerlach-Effekt genannten Experiment, einen weiteren Effekt beschrieben, auf den es im Folgenden einzugehen gilt. Stern schreibt:

> „Wenn wir einen Lichtstrahl senkrecht zu H in das Wasserstoffatomgas schicken, so wird der parallel zu H schwingende elektrische Lichtvektor, der die Elektronen aus ihrer Bahnebene herauszieht, eine ganz andere Fortpflanzungsgeschwindigkeit haben als der senkrecht zu H schwingende, der die

Elektronen in ihrer Bahnebene verschiebt. Das Gas müßte also starke Doppelbrechung zeigen, und zwar müßte der Betrag der Doppelbrechung unabhängig sein von der Stärke des Magnetfeldes. Auch bei komplizierten einquantigen, ja sogar mehrquantigen Atomen müßte, wie sich leicht übersehen läßt, ein solcher Effekt eintreten, und ebenso ändert die Berücksichtigung der Wechselwirkung der Atome bei nicht allzu dichten Gasen nichts Wesentliches. Ein derartiger Effekt ist aber bisher noch nie beobachtet worden, obwohl er bei den zahlreichen auf diesem Gebiete unternommenen Experimentaluntersuchungen zweifellos hätte gefunden werden müssen."[20]

Walther Gerlach hat sich zu diesem Effekt in seinem Buch *Materie, Elektrizität, Energie* wie folgt geäußert:

„Es sei noch die Frage behandelt, ob es andere physikalische Erscheinungen gibt, welche durch die Einstellung der Atome modifiziert werden. In erster Linie ist hier an optische Phänomene zu denken. Nehmen wir an, daß ein Atomgas in einem magnetischen Felde sich befindet und daß die Atome alle ein magnetisches Moment von einer Bohrschen Einheit haben. Dann heißt das im Sinne unserer Deutung des Atomstrahlversuches, daß sämtliche Elektronenbahnen senkrecht zu den Kraftlinien verlaufen. Wird nun ein Lichtstrahl senkrecht zu den Kraftlinien durch ein magnetisiertes Gas geschickt, so daß der elektrische Vektor des Lichtes einmal parallel zu den Elektronenbahnen schwingt, das andere Mal senkrecht zur Bahnebene, so ist eine verschiedene Fortpflanzungsgeschwindigkeit dieser beiden Strahlen zu erwarten, m. a. W. eine magnetische Doppelbrechung, deren Größe unabhängig von der speziellen Art der Atome sein muß, wenn diese nur magnetisch äquivalent sind. Man hat in den letzten Jahren sehr umfangreiche Untersuchungen über die Existenz eines solchen Effektes angestellt. Aber es ist selbst mit den empfindlichsten Anordnungen nicht gelungen, auch nur ein Anzeichen einer solchen Doppelbrechung zu finden. Besonders ausführliche Versuche hierüber hat vor kurzem W. Schütz veröffentlicht (Zeitschrift für Physik 1926)."[21]

Damit steht das Problem der Nachweisbarkeit der transversalen magneto-optischen Doppelbrechung in Gasen und Dämpfen bzw. der Nachweisbarkeit der optischen Richtungseinstellung der Atome im Magnetfeld im Raum. Um die offene Frage zu klären und den theoretischen Hintergrund des Stern-Gerlach-Effektes darzustellen, ist es nötig, auf die Dissertationen von Wilhelm Schütz (1900–1972) und Andries Cilliers (1898–1980) einzugehen (Abb. 4.9).

Wie bereits in Kap. 2 gezeigt wurde, waren die Auffassungen und Erwartungen der an diesem Experiment beteiligten Physiker ganz unterschiedlich, was den Ausgang des Experimentes zur Richtungsquantelung

---

[20] Otto Stern, ebenda, Seite 250.
[21] Walther Gerlach, Materie, Elektrizität, Energie. Dresden, 2. Aufl. 1926, Seite 89.

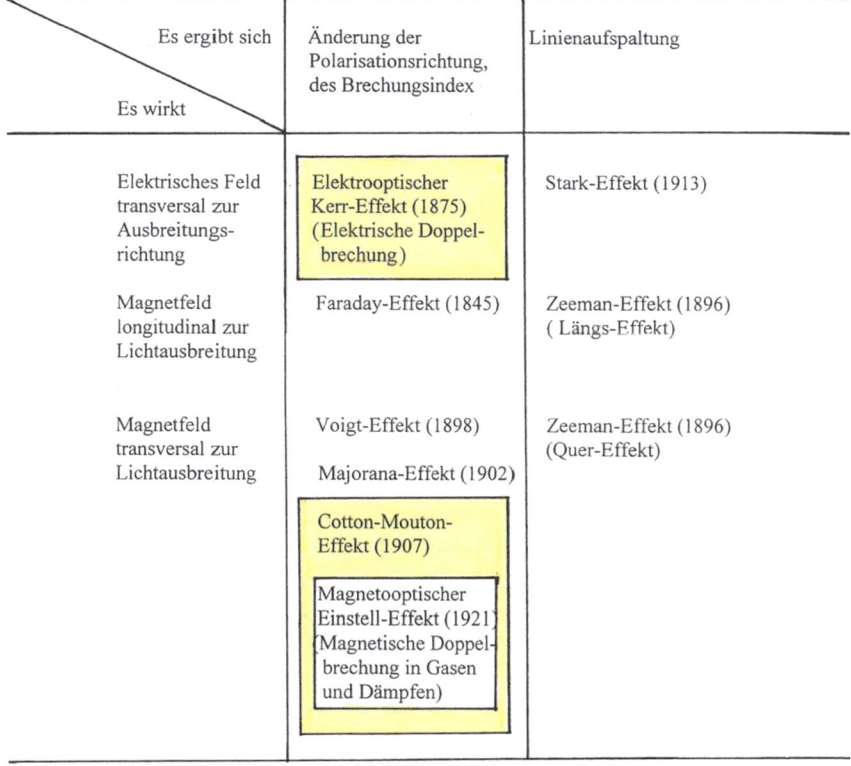

Abb. 4.9 Die wichtigsten elektrooptischen und magnetooptischen Effekte. In den gelben Kästen sind die analogen elektrooptischen und magnetooptischen Effekte und im weißen Kasten der magnetooptische Einstell-Effekt (Sterns erster Effekt) zu sehen

angeht. Um über diesen Effekt die notwendige Klarheit zu erlangen, wurde Wilhelm Schütz von Stern und Gerlach zu entsprechenden Experimenten veranlasst, die dann in seiner Dissertation ihren Niederschlag fanden.

In seinem Promotionsgutachten vom 19. Juli 1923 schreibt Gerlach:

„Der direkte Nachweis der sogenannten räumlichen Quantelung im Magnetfeld von Atomen mit magnetischem Moment in ihrer unmittelbaren Form, nämlich der Einstellung der Momentachsen in die Richtung des äußeren Feldes, führte zu der Frage, ob diese Einstellung sich auch bei magnetooptischen Effekten nachweisen läßt, deren moderne theoretische Behandlung gerade auf der Richtungsquantelung aufgebaut wird."[22]

---

[22] Promotionsgutachten von Walther Gerlach zur Dissertation von Wilhelm Schütz vom 19. Juli 1923, Universitätsarchiv der Johann Wolfgang Goethe-Universität.

Schütz wurde zu diesen Versuchen von Gerlach und Stern angeregt, worüber er sich in einem Vortrag vor der Deutschen Physikalischen Gesellschaft am 16. Dezember 1926 in Tübingen geäußert hat:

> „Die eigenen Versuche des Verfassers sind bereits vor reichlich drei Jahren auf Veranlassung der Herren Professoren Gerlach und Stern ausgeführt worden und bilden einen Teil seiner Dissertation [W. Schütz, Diss. Frankfurt 1923 (ungedruckt)]. Trotz ihres für den optischen Nachweis der Richtungsquantelung negativen Ergebnisses sei es gestattet, darauf zurückzukommen, da sie unter definierten reproduzierbaren physikalischen Bedingungen angestellt wurden und einen Anhaltspunkt geben, in welchem Umfang und mit welcher Sicherheit sich die Verschärfung des Korrespondenzprinzips in dieser Richtung auf direkte experimentelle Erfahrung stützen kann. [Anm. b. d. Korrektur: Während der Drucklegung dieser Arbeit erhielt der Verfasser Kenntnis von einer Veröffentlichung R. Frasers, Phil. Mag. 1, 885, 1926, die über den gleichen negativen Erfolg bei ähnlichen Versuchen im longitudinalen Felde berichtet.]"[23]

Niels Bohr ist in seinem grundlegenden Artikel „Über die Anwendung der Quantentheorie auf den Atombau I – Die Grundpostulate der Quantentheorie" auf das Problem eingegangen. Auf Seite 148 f. schreibt er (§ 4 Korrespondenzprinzip und Konstitution der Strahlung):

> „In diesem Zusammenhang möchte es von Interesse sein, darauf aufmerksam zu machen, daß wir trotz der engen Verknüpfung zwischen Strahlung und Bewegung, auch bei der Frage der Polarisation, doch darauf vorbereitet sein müssen, bei gewissen Punkten auf ausgesprochene Abweichungen von der klassischen Theorie zu stoßen. Ebenso wie die Postulate der Quantentheorie bewirken, daß wir bei Atomsystemen überhaupt scharfe Spektrallinien erwarten dürfen, haben die eigentümlichen Stabilitätsverhältnisse der stationären Zustände und der Charakter der Strahlung beim Übergangsprozesse zur Folge, daß wir in gewissen Fällen eine diskontinuierliche Änderung der Polarisation erwarten können, wo die klassische Theorie dies nicht verlangen würde. Ein charakteristisches Beispiel hierfür bekommen wir, wenn wir ein abgeschlossenes Atomsystem in ein magnetisches oder elektrisches Feld bringen. Während nach der klassischen Theorie jede Orientierung des Atoms als ganzes in bezug auf das Feld in erster Annäherung gleichberechtigt sein wird, wird dies in der Quantentheorie anders sein, da, wie wir erwähnten, die von den säkularen Störungen stammenden, hinzukommenden neuen Perioden der Bewegung besondere Bedingungen für die stationären Zustände verlangen werden. Außer der charakteristischen Polarisation der verschiedenen Komponenten, in denen die einzelnen Linien zerlegt werden, müssen wir im Gegensatz zu der klassischen

---

[23] Wilhelm Schütz.
Experimentelle Beiträge zur Frage des optischen Nachweises der Richtungseinstellung der Atome im Magnetfeld.
Zeitschrift für Physik 38, 854 (1926).

Theorie darauf vorbereitet sein, daß das gesamte Licht der Komponenten schon bei sehr schwachen Feldern einen charakteristischen Polarisationszustand relativ zur Feldachse aufweisen kann. Der Umstand, daß eine solche Wirkung von verschiedenen Beobachtern konstatiert zu sein scheint, möchte daher als eine Stütze der Annahmen der Quantentheorie betrachtet werden können, die von ähnlicher Art ist wie die Tatsache, daß man überhaupt scharfe Spektrallinien beobachtet."[24]

Auch Werner Heisenberg ist in seinem 1924 erschienen Aufsatz „Über eine Anwendung des Korrespondenzprinzips auf die Frage nach der Polarisation des Fluoreszenzlichtes" auf diesen Effekt eingegangen. Er schreibt:

„So kommen wir zu einer zweiten oft besprochenen Möglichkeit, das Korrespondenzprinzip schärfer zu fassen, nämlich zum Problem der sogenannten spektroskopischen Stabilität. Spaltet eine Spektrallinie in einem schwachen elektrischen bzw. einem magnetischen Felde in eine Reihe parallel und senkrecht zum Felde polarisierter Komponenten auf – wir nehmen dabei an, daß die Bewegung des Elektrons in der Rosettenbahn keine durchgreifende Änderung, etwa wie das Wasserstoffatom im starken elektrischen Feld, erleidet –, so ist es in der klassischen Theorie selbstverständlich, daß die Linie im ganzen unpolarisiert bleibt. Denn während ohne äußeres Feld alle Richtungen der Atome im Raume gleich wahrscheinlich sind, werden beim Einschalten des Feldes die Atome in bestimmten ausgezeichneten Richtungen festgelegt und schon der Unterschied in der Statistik dieser beiden Fälle scheint zunächst eine Polarisation fast notwendig zu machen. *Trotzdem haben wir allen Grund anzunehmen, daß diese Polarisation nicht vorhanden ist und daß vielmehr die für die Strahlung maßgebenden virtuellen Oszillatoren der Quantentheorie Gesetzen gehorchen, nach denen die engste Analogie zwischen der klassischen Theorie und der Quantentheorie gewahrt bleibt.* Empirisch wird diese Meinung dadurch gestützt, daß eine Verschiedenheit der Intensität der senkrechten und parallelen Polarisation auch eine Verschiedenheit des Brechungsindex in der Richtung parallel und senkrecht zum Felde, also eine erhebliche von der Stärke des äußeren Feldes unabhängige Doppelbrechung [O. Stern, Ein Weg zur experimentellen Prüfung der Richtungsquantelung im Magnetfeld, ZS.f.Phys. 7, 249 (1922)] der betreffenden Substanz mit sich bringen würde. *Eine solche Doppelbrechung ist aber nicht beobachtet worden.* Auch scheint es theoretisch befriedigender, wenn in diesem Problem, in welchem kein grundsätzlicher Widerspruch zwischen Quantentheorie und klassischer Theorie besteht, die Analogie zwischen beiden Theorien auch so eng wie möglich durchgeführt werden kann. Diese Verschärfung des Korrespondenzprinzips ist aber in etwas höherem Grade hypothetisch als die zuerst besprochene, weil es

---

[24] Niels Bohr.
 Über die Anwendung der Quantentheorie auf den Atombau I. Die Grundpostulate der Quantentheorie.
 Zeitschrift für Physik 13, 117–165 (1923).

sich hier um ein statistisches Problem, um den Mittelwert über das Verhalten der virtuellen Oszillatoren vieler Atome handelt."[25]

Nachdem Wilhelm Schütz 1923 seine Dissertation über „Magnetooptische Untersuchungen in schwachen Magnetfeldern" abgeschlossen hatte, wurde der Südafrikaner Andries Charles Cilliers (1898–1980) von Walther Gerlach mit dem Thema „Eine Untersuchung über die Erzeugungsmöglichkeiten von Atomstrahlen verschiedener Elemente und deren Verhalten im inhomogenen Magnetfelde" betraut. Cilliers arbeitete seit Oktober 1923 mit Gerlach über Atomstrahlen und deren magnetische Eigenschaften zusammen. Seine Dissertation schloss er 1924 ab. Sie ist für die Rekonstruktion des Versuchsaufbaues des Stern-Gerlach-Effektes von großem Interesse.

Gehen wir noch einmal auf die Beschreibung von Sterns erstem Effekt ein. Er macht folgende Angaben:

„Wenn wir einen Lichtstrahl senkrecht zu H in das Wasserstoffatomgas schicken, so wird der parallel zu H schwingende elektrische Lichtvektor, der die Elektronen aus ihrer Bahnebene herauszieht, eine ganz andere Fortpflanzungsgeschwindigkeit haben als der senkrecht zu H schwingende, der die Elektronen in ihrer Bahnebene verschiebt. Das Gas müßte also starke Doppelbrechung zeigen, und zwar müßte der Betrag der Doppelbrechung unabhängig sein von der Stärke des Magnetfeldes. Auch bei komplizierten einquantigen, ja sogar mehrquantigen Atomen müßte, wie sich leicht übersehen läßt, ein solcher Effekt eintreten, und ebenso ändert die Berücksichtigung der Wechselwirkung der Atome bei nicht allzu dichten Gasen nichts Wesentliches. Ein derartiger Effekt ist aber bisher noch nie beobachtet worden, obwohl er bei den zahlreichen auf diesem Gebiete unternommenen Experimentaluntersuchungen zweifellos hätte gefunden werden müssen."[26]

Der von Otto Stern beschriebene Effekt gehört zur Gruppe der magnetooptischen Effekte. Es ist deshalb nötig, sich mit diesen Effekten näher zu beschäftigen. Man kann sagen, dass magnetooptische Effekte eine Sammelbezeichnung für alle Erscheinungen darstellen, bei denen Licht, das sich in einem materiellen Medium befindet, durch magnetische Felder beeinflusst wird. Die Erscheinung, dass sich in anisotropen optischen Medien eine einfallende Lichtwelle in zwei Teilwellen mit verschiedenen Ausbreitungsrichtungen aufspaltet, wird als Doppelbrechung bezeichnet. Bei optisch anisotropen Kristallen kann man zum Beispiel künstliche Doppelbrechung

---

[25] Werner Heisenberg.
Über eine Anwendung des Korrespondenzprinzips auf die Frage nach der Polarisation des Fluoreszenzlichtes.
Zeitschrift für Physik 31, 625 F. (1926).

[26] Otto Stern, a. a. O., Seite 250.

erzielen, indem man normalerweise isotrope Medien anisotrop macht.[27] In diesem Zusammenhang sind auch sogenannte Einstell-Effekte von Interesse:

„Einstell-Effekte beruhen auf der Einstellung magnetischer Atom- oder Molekülmomente in die Richtung eines äußeren magnetischen Feldes. Analoges gilt für das Einstellen elektrischer Dipole bzw. Dipolmomente von Atomen oder Molekülen im elektrischen Feld."[28]

Ein solcher Einstell-Effekt ist z. B. der Cotton-Mouton-Effekt (magnetische Doppelbrechung), der ein Analogon zum elektrooptischen Kerr-Effekt (elektrische Doppelbrechung) bildet. Zum Cotton-Mouton-Effekt schreibt Joachim Schubert in seinem Buch über die physikalischen Effekte:

„Die magnetische Doppelbrechung in Flüssigkeiten mit anisotropen Molekülen heißt Cotton-Mouton-Effekt. Der Effekt wird auch als magnetische Doppelbrechung bezeichnet. Er ist das magnetische Analogon zum elektrooptischen Kerr-Effekt. Ein magnetisches Feld senkrecht zur Ausbreitung des Lichtes führt bei lichtdurchlässigen Materialien zur künstlichen Doppelbrechung. Es zeigt sich, dass der Gangunterschied der beiden Strahlen proportional der Dicke der durchstrahlten Schicht und dem Quadrat der magnetischen Feldstärke ist. Der Effekt beruht vor allem auf der Einstellung magnetisch anisotroper Moleküle im Magnetfeld."[29]

Neben dem Cotton-Mouton-Effekt erweist sich der elektrooptische Kerr-Effekt für diese Untersuchung als besonders wichtig. Beide Effekte sollen miteinander verglichen werden. Unter dem elektrooptischen Kerr-Effekt

„versteht man die Tatsache, daß optisch isotrope Materialien unter dem Einfluß eines homogenen elektrischen Feldes optisch anisotrop werden. Die auftretenden Brechungsindexunterschiede sind dem Quadrat der Feldstärke proportional. Üblicherweise wird eine Flüssigkeit wie Benzol, Schwefelkohlenstoff oder Nitrobenzol verwendet. Man unterscheidet zwischen positiv und negativ doppelbrechenden Substanzen, je nachdem ob der ordentliche oder außerordentliche Strahl die größere Geschwindigkeit hat. Werden die Moleküle durch das Feld ausgerichtet, so spricht man vom Orientierungs-Kerr-Effekt. Werden die Elektronen der Atome bzw. Moleküle beeinflußt, so spricht man vom elektronischen Kerr-Effekt. Der Effekt ist am größten in Flüssigkeiten. In Festkörpern ist er mindestens eine Größenordnung, *in Gasen drei Größenordnungen kleiner.*"[30]

---

[27] Zur Doppelbrechung siehe: Joachim Schubert, Physikalische Effekte, 2. überarbeitete Auflage,
   Weinheim 1984, Seite 18.
[28] derselbe, ebenda, Seite 20.
[29] derselbe, ebenda, Seite 14.
[30] derselbe, ebenda, Seite 40 f.

Schütz ist in seinem 1936 erschienenen Buch über Magnetooptik im Rahmen der Beschreibung des Cotton-Mouton-Effektes auf das Problem der magnetischen Doppelbrechung in Gasen und Dämpfen noch einmal eingegangen.

Er erwähnt hier auch, dass der Nachweis dieses Effektes Aimé Cotton und Tsai Belling[31] bei Sauerstoff und Stickstoff geglückt sei, und führt das auf die „vorzüglichen optischen und magnetischen Hilfsmittel des Cottonschen Institutes"[32] zurück. Auch auf seine eigenen Bemühungen und die seiner Kollegen Krishnan und Fraser ist Schütz an dieser Stelle noch einmal eingegangen. Er schreibt:

„Von einem ganz anderen Gesichtspunkt aus haben Schütz[33], Krishnan[34] und Fraser[35] nach einer magnetischen Doppelbrechung in Gasen und Dämpfen gesucht. Es handelte sich seinerzeit um den optischen Nachweis der Richtungseinstellung der Atome und Moleküle im Magnetfeld, die nach der elementaren Quantentheorie eine sicher nachweisbare und oberhalb einer gewissen Mindestfeldstärke von der Feldstärke unabhängige magnetische Doppelbrechung der Gase zur Folge haben sollte."[36]

Ein wirklicher Nachweis der transversalen magnetischen Doppelbrechung des Lichtes in Gasen und Dämpfen scheint Cotton und Tsai Belling damals aber doch nicht gelungen zu sein. Dennoch haben einige Physiker anscheinend die Hoffnung, diesen Effekt nachweisen zu können, nicht aufgegeben. Die chinesischen Physiker Yu Guo, Lan Zhou, Le-Man Kuang und C. P. Sun haben hierüber 2008 eine Arbeit mit dem Titel „Magneto-Optical Stern-Gerlach Effect in Atomic Ensemble"[37] veröffentlicht.

Man kann aus dem Vergleich des Cotton-Mouton-Effektes mit dem elektrooptischen Kerr-Effekt den Schluss ziehen, dass es sich bei dem von Otto Stern beschriebenen Effekt um einen Untereffekt des Cotton-Mouton-Effektes für Gase und metallische Dämpfe handeln müsste. Diesen Effekt kann man als *magnetooptischen Einstell-Effekt* oder *magnetooptischen Stern-Gerlach-Effekt* bezeichnen.

Weitere Effekte, die für diese Untersuchung von Bedeutung sind und deshalb hier kurz erwähnt werden sollen, sind der Faraday-, der Voigt-, der

---

[31] Aimé Cotton und Tsai Belling, Comptes Rendus, 198, 1889 (1934).

[32] Wilhelm Schütz, Magnetooptik, Leipzig 1936, Seite 213.

[33] derselbe, Diss. Frankfurt 1923; ZS.f.Phys. 38, 853 (1926).

[34] K. S. Krishnan, Proc.Ind.Ass.Cult.of Sc. 10, 35, 245 (1926); Ind.Journ.of Phys. 1, 35, 245 (1927).

[35] R. Fraser, Phil.Mag. 1, 885 (1926).

[36] Wilhelm Schütz, Magnetooptik, Leipzig 1936, Seite 213.

[37] Yu Guo, Lan Zhou, Le-Man Kuang and C.P. Sun.
Magneto-Optical Stern-Gerlach Effect in Atomic Ensemble.
Phys.Rev. A78, 013.833 (2008).

Majorana- und der Zeeman-Effekt. Wilhelm Schütz hat in seinem Buch folgenden Gang der Entwicklung skizziert:

„Nachdem mit der Entdeckung des Faraday-Effektes [1845; W. T.] eine magnetooptische Aktivität der Materie nachgewiesen war, ließen die Symmetrieeigenschaften der Magnetisierung bei transversaler Beobachtung Unterschiede in der Fortpflanzungsgeschwindigkeit der parallel und senkrecht zur Magnetisierungsrichtung schwingenden Komponenten des Lichtes erwarten."[38]

Das heißt, man erwartete, eine Doppelbrechung zu finden. „Nach dieser Doppelbrechung ist wiederholt von Faraday selbst und von anderen Physikern erfolglos gesucht worden. (M. Faraday, Experimental Researches in Electricity, Bd. III, Reihe XIX Nr. 2159)."[39]

Durch eigene theoretische Überlegungen und Ansätze gelang es schließlich Woldemar Voigt 1898 nach vielen vergeblichen Versuchen, mit Flintglas eine Doppelbrechung im transversalen Magnetfeld nachzuweisen (Voigt-Effekt).

Schütz schreibt:

„Ihrer Entstehung nach ist die Voigtsche Doppelbrechung als Begleiterscheinung des 1896 entdeckten Zeeman-Effektes das Analogon zum diamagnetischen Faraday-Effekt. Der theoretische Zusammenhang mit dem Faraday-Effekt ermöglichte eine Abschätzung der Größenordnung der magnetischen Doppelbrechung durchsichtiger Körper und ließ in der geringen Intensität der zu erwartenden Effekte die Ursache der vergeblichen Bemühungen früher Beobachter erkennen. Diese Erkenntnis bedeutete jedoch nicht das Ende der experimentellen Forschungsarbeit."[40]

Nach langen vergeblichen Bemühungen gelang schließlich Aimé Cotton und Henri Mouton 1907 die Entdeckung der Doppelbrechung in homogenen Flüssigkeiten. Die Entdeckung des Cotton-Mouton-Effektes wurde durch das Studium der magnetooptischen Eigenschaften kolloidaler Lösungen vorbereitet. Ein Beispiel hierfür ist der 1902 entdeckte Majorana-Effekt. Der von dem italienischen Physiker Quirino Majorana entdeckte Effekt zeigt, dass ein transversales Magnetfeld in kolloidalen Lösungen (z. B. Eisenoxidsole) eine optische Anisotropie erzeugt, die zur Ausbildung einer magnetisch erzeugten Doppelbrechung führt.[41]

---

[38] W. Schütz, a. a. O., Seite 201.
[39] derselbe, ebenda, Seite 201.
[40] derselbe, ebenda, Seite 201.
[41] Zum Majorana-Effekt siehe z. B. J. Schubert, a. a. O., Seite 53.

4.2.2.2 Sterns zweiter Effekt: Der Stern-Gerlach-Effekt
In diesem Abschnitt soll der Stern-Gerlach-Effekt (Sterns zweiter Effekt) untersucht werden. Die Intention Sterns, dieses Experiment betreffend, war ganz eindeutig, eine Entscheidung herbeizuführen zwischen der klassischen und der quantentheoretischen Auffassung. Das von ihm vorgeschlagene Experiment gehört zu den großen Experimenten in der Geschichte der Physik. Er beginnt die Erläuterung seines Planes zum Stern-Gerlach-Experiment mit den Worten:

> „Ob nun die quantentheoretische oder die klassische Auffassung zutrifft, läßt sich durch ein prinzipiell ganz einfaches Experiment entscheiden. Man braucht dazu nur die Ablenkung zu untersuchen, die ein Strahl von Atomen in einem geeigneten inhomogenen Magnetfeld erfährt."[42]

Stern ließ sich bei seiner Versuchsplanung von der damals modernsten Methode auf diesem Gebiet leiten, von den bereits erwähnten Experimenten von Kallmann und Reiche, die zum Nachweis der Dipole einen Molekülstrahl durch ein inhomogenes elektrisches Feld geschickt hatten. Er will die Ablenkung untersuchen, die ein Atomstrahl in einem geeigneten inhomogenen Magnetfeld erfährt. Bevor er zur praktischen Ausführung seines Versuches schreitet, skizziert er kurz die Theorie der Richtungsquantelung. Er führt dazu ein rechtshändiges kartesisches Koordinatensystem ein, dessen Nullpunkt sich im Schwerpunkt des untersuchten Atoms befindet und dessen z-Achse mit der Richtung der Feldstärke H zusammenfällt. μ ist der Vektor des magnetischen Momentes des Atomes und J sein Impulsmoment (heute meist Drehimpuls genannt). Beide sind durch die Beziehung

$$\mu = \frac{1}{2} \cdot \frac{e}{m} \cdot J$$

miteinander verbunden, wobei e die Ladung und m die Masse des Elektrons bedeutet. Die auf das Atom wirkende Kraft ist

$$K = |\mu| \cdot \frac{\partial H}{\partial s}$$

$\partial H / \partial s$ beschreibt die Zunahme von H pro Längeneinheit in Richtung von m.

Die auf das Atom wirkende Kraft kann aber auch formuliert werden als:

$$K = \mu_x \frac{\partial H_x}{\partial x} + \mu_y \frac{\partial H_y}{\partial y} + \mu_z \frac{\partial H_z}{\partial z}$$

---

[42] Otto Stern.
Ein Weg zur experimentellen Prüfung der Richtungsquantelung im Magnetfeld.
Zeitschrift für Physik 7, 250 (1921).

Da das Atom eine gleichförmige Rotation um die z-Achse des Koordinatensystems in Feldrichtung ausführt, werden die x- und y-Komponenten null, und es verbleibt für die bei konstantem μ auf das Atom wirkende Kraft

$$K = \mu_z \cdot \frac{\partial H_z}{\partial_z}$$

Betrachtet man diesen mathematischen Ausdruck, so ist nur die z-Komponente des magnetischen Momentes von Bedeutung. Sie ist die Größe, die nach der Auffassung der Quantentheorie nur diskrete Werte annehmen darf.

Das für die Ablenkungsversuche verwendete Feld wählte Stern so aus, dass H und $\partial H_z/\partial z$ die gleiche Richtung haben. Dies lässt sich praktisch ermöglichen, indem man dem Polschuh eines Elektromagneten die Form einer Schneide gibt. Schickt man nun einen Atomstrahl, der einen möglichst kleinen, etwa kreisförmigen Querschnitt haben soll, dessen Achse in der Symmetrieebene liegt, in kurzem Abstand an der Schneide vorbei, so wird für die Atome eine Ablenkung in Richtung von H oder −H erfolgen. Ohne Einwirkung des Magnetfeldes wird also der auf der Auffangplatte von dem Atomstrahl erzeugte kreisförmige Fleck verschoben oder auseinandergezogen.

Falls nun $\partial H_z/\partial z$ über den ganzen Querschnitt des Strahles konstant ist und alle Atome die gleiche Geschwindigkeit besitzen, so muss die Ablenkung s und die Kraft K für alle Atome mit gleichem magnetischem Moment μ_z die gleiche sein. Geht man von einquantigen Atomen aus, für die $J = h/2\pi$ gilt, so gilt:

$$\mu = \frac{1}{2} \cdot \frac{e}{m} \cdot \frac{h}{2\pi}$$

Gemäß den Vorstellungen der Quantentheorie kann dann J_z nur $+h/2\pi$ sein, und für μ_z gilt $1/2\, e/m\, h/2\pi$, d. h., dass in diesem Fall der Fleck in zwei Flecken aufgespalten wird, wobei jeder die gleiche Größe und die halbe Intensität wie der ursprüngliche Fleck hat. Für ein n-quantiges Atom müssten somit 2n-Flecken entstehen, wobei $\partial H_z/\partial z$ als äquidistant angenommen wird. Geht man nicht von der Voraussetzung aus, dass alle Atome die gleiche Geschwindigkeit besitzen, so führt die Berücksichtigung der Maxwellschen Geschwindigkeitsverteilung zu dem Resultat, dass die zwei Flecken sich breiter bzw. verwaschener zeigen. Falls nur die Ablenkung der Atome mit der wahrscheinlichsten Geschwindigkeit größer ist als der Radius des Atomstrahlquerschnittes, so muss auf jeden Fall am Ort des ursprünglichen Fleckes ein Minimum entstehen.

Genau das Gegenteil würde nach der klassischen Theorie eintreffen. μ_z kann hier beliebige Werte zwischen null und $\mu = 1/2\, e/m\, h/2\pi$ annehmen. Bezeichnet man den Winkel zwischen μ und H mit δ, so gilt:

$$\mu_z = |\mu| \cdot \cos \delta$$

Die Zahl der Atome, für die δ einen bestimmten Wert annimmt, ist proportional sin δ. Die Zahl dieser Atome hat also ein Maximum für $δ = π/2$, d. h., $μ_z = 0$ und die Ablenkung ist gleich null. Es kommen also gemäß der klassischen Theorie für jede Geschwindigkeit alle möglichen Ablenkungen zwischen null und der quantentheoretisch berechneten vor, und es ist für jede Geschwindigkeit die Zahl der Atome mit einer bestimmten Ablenkung umso größer, je kleiner die Ablenkung ist. Der Fleck auf der Auffangplatte wird im Magnetfeld nur verbreitert, behält aber stets das Maximum der Intensität an der Stelle des ursprünglichen Fleckes. Sterns theoretischer Exkurs endet mit den Worten: „Somit ergibt der Versuch, falls seine Ausführung gelingt, eine eindeutige Entscheidung zwischen quantentheoretischer und klassischer Auffassung."[43]

4.3 Phase 2: Die Durchführung des Experimentes (1921/22)

4.3.1 Der experimentelle Nachweis des magnetischen Momentes des Silberatoms (5./6. November 1921)

Mit dem Nachweis des magnetischen Momentes des Silberatoms als entscheidendem, vorbereitendem Experiment auf dem Weg zum experimentellen Nachweis der Richtungsquantelung tritt der Stern-Gerlach-Versuch heraus aus seiner Planungsphase in die zweite Phase, die der Versuchsdurchführung.

Die Arbeit „Der experimentelle Nachweis des magnetischen Momentes des Silberatoms"[44] vom 18. November 1921 der Autoren Walther Gerlach und Otto Stern knüpft an Sterns programmatische Arbeit „Ein Weg zur experimentellen Prüfung der Richtungsquantelung im Magnetfeld" an und wird ausdrücklich als „vorläufige Mitteilung" ausgewiesen. Die Autoren teilen mit, dass die im Artikel von Stern angekündigte experimentelle Prüfung der Richtungsquantelung „aus äußeren Gründen vorübergehend unterbrochen werden"[45].

Diese „äußeren Gründe" sind nur so zu verstehen, dass Otto Stern im Oktober 1921 Frankfurt am Main verließ und somit als Experimentator ausschied. Durch eine Fußnote des Artikels über Richtungsquantelung wird dies bestätigt:

„Diese [die Verbesserungen an der Apparatur; W. T.] konnten in gemeinsamer Arbeit während der Weihnachtsferien ausgearbeitet und erprobt werden. Die

---

[43] Otto Stern, a. a. O., Seite 253.
[44] Walther Gerlach und Otto Stern, Zeitschrift für Physik 8, 110–111 (1922).
[45] derselbe, ebenda, Seite 110.

4.3 PHASE 2: DIE DURCHFÜHRUNG DES EXPERIMENTES 1921/22

endgültigen Versuche mußten infolge Wegganges des einen von uns (St.) von Frankfurt von dem anderen (G.) allein ausgeführt werden."[46]

Otto Stern hatte im Oktober 1921 einen Ruf als Extraordinarius für Experimentalphysik an der Universität Rostock erhalten. Gerlach und Stern wollten in ihrem Aufsatz die bisher erzielten Ergebnisse ihrer bisherigen Bemühungen dem wissenschaftlichen Publikum nicht vorenthalten, da das bisher erzielte Ergebnis „bereits von hinreichendem Interesse zu sein scheint"[47].

Es folgt nun die Beschreibung der Versuchsanordnung. Ein Silberatomstrahl von 1/20 mm Durchmesser geht im Hochvakuum (ca. 10^{-4}– 10^{-5} mm Hg) ganz nahe an der Kante des schneidenförmigen Polschuhes eines Elektromagneten – es wurde eine Leihgabe der Firma Hartmann & Braun, ein Halbringelektromagnet nach du Bois verwendet – vorbei.

Der Strahl kommt aus einem kleinen (1/2 cm^3 Inhalt), elektrisch geheizten, stählernen Öfchen heraus. Die Öffnung durch den Deckel ist kreisförmig und 1 mm^2 groß. Der Ofen ist von einem wassergekühlten Mantel umgeben. 1 cm vom Ofenloch entfernt passiert er die erste kreisförmige Blende (1/20 mm Durchmesser) in einem Platinblech. 3 cm hinter dieser passiert er eine zweite, ebensolche Blende, die sich am vorderen Ende des Schneidenpols des Elektromagneten befindet. Er geht von hier ab längs der 3 cm langen Polschneide und trifft an ihrem anderen Ende auf ein Glasplättchen. Die dort niedergeschlagene Silberschicht ist auch bei achtstündiger Dauer des Versuches weit unter der Grenze der Sichtbarkeit. Sie wird durch Niederschlagen von naszierendem Silber entwickelt, wobei die geometrische Form des ursprünglichen Niederschlages erhalten bleibt.

Es wurden in abwechselnder Folge neun Versuche gemacht, fünf ohne Magnetfeld, vier mit Magnetfeld. Je ein Versuch ohne und mit Feld ergab keinen Niederschlag, einmal aus unbekannten Gründen und einmal wegen Verstopfung der vorderen Blende durch aus dem Öfchen herausgespritztes geschmolzenes Silber.

Die übrigen vier Versuche ohne Feld ergaben einen der geometrischen Dimension der Anordnung entsprechenden runden Fleck von 1/10 mm Durchmesser. Die drei Versuche mit Magnetfeld ergaben einen in Richtung $\partial H/\partial z$ auseinandergezogenen Fleck von 1/10 mm Höhe und 0,25 bis 0,33 mm Länge, wobei die Intensitätsstruktur innerhalb dieses Bandes noch nicht mit Sicherheit zu erkennen war. Der Betrag der beiderseitigen Verbreiterung entspricht ungefähr einem magnetischen Moment des Silberatoms

---

[46] Walther Gerlach und Otto Stern.
Der experimentelle Nachweis der Richtungsquantelung im Magnetfeld.
Zeitschrift für Physik 9, 349–352 (1922).

[47] Walther Gerlach und Otto Stern.
Der experimentelle Nachweis des magnetischen Moments des Silberatoms.
Zeitschrift für Physik 8, 110 (1922).

von ein bis zwei Bohrschen Magnetonen. Genauere Angaben waren noch nicht möglich, einmal, weil es noch nicht gelungen war, nahe genug an der Schneide zu messen, zweitens, weil noch nicht bekannt war, welche Silberdicke durch die Entwicklung nachgewiesen wird.

Die Arbeit schließt mit den Worten:

> „Nach unseren bisherigen Erfahrungen zweifeln wir nicht daran, durch Versuche mit Strahlen kleineren Durchmessers und eventuell einer verbesserten Entwicklungsmethodik die Entscheidung auch über die Richtungsquantelungen treffen zu können. Das Ergebnis dieser Arbeit ist der Nachweis, daß das Silberatom ein magnetisches Moment hat."[48]

4.3.2 Der experimentelle Nachweis der Richtungsquantelung des Silberatoms im inhomogenen Magnetfeld (7./8. Februar 1922)

Nachdem Stern und Gerlach nachgewiesen hatten, dass Silberatome ein magnetisches Moment besitzen, gingen sie nun zum experimentellen Nachweis der Richtungsquantelung über. Das folgende Experiment bildet die konsequente Fortsetzung der bisherigen Versuche. Bereits im ersten Absatz des Artikels wird festgestellt: „Durch die Fortsetzung dieser Untersuchungen, über die wir uns im folgenden zu berichten erlauben, wurde die Richtungsquantelung im Magnetfeld als Tatsache erwiesen."[49]

Nach kurzer Darstellung der Versuchsanordnung, die, sowohl was die Methode als auch die Apparatur angeht, seit der Messung des magnetischen Momentes keine prinzipielle Änderung erfuhr – es wurde lediglich der Abstand zwischen dem Öfchen und dem Auffänger von 7 cm auf 9,3 cm vergrößert, die Blenden erfuhren Änderungen, und es wurde ein neues Öfchen aus Schamotte verwendet –, gehen Stern und Gerlach sofort zur Besprechung der Messergebnisse, d. h. zur Analyse der Aufnahmen, über.

Es wurden zwei Aufnahmen untersucht. Abb. 4.10 zeigt eine Aufnahme mit einer Bestrahlungszeit von $4^1/_2$ h, ohne Magnetfeld, in 20-facher Vergrößerung. Die Ausmessung des Originalbildes auf dem Glasplättchen mithilfe eines Mikroskops mit Okularmikrometer ergab folgende Dimensionen: Länge 1,1 mm, Breite an der schmalsten Stelle 0,06 mm und an der breitesten Stelle 0,10 mm. Abb. 4.11 zeigt eine Aufnahme nach einer Bestrahlungszeit von 8 h, mit Magnetfeld, in 20-facher Vergrößerung (20 Skalenteile des Skalenbildes entsprechen 1 mm). Ein Problem bildete die sichere Justierung der kleinen Platinblenden. Die Experimentatoren weisen darauf hin, dass zu einer guten und symmetrischen Aufnahme wie in Abb. 4.11 auch etwas Glück gehöre, denn eine Falscheinstellung einer

---

[48] Walther Gerlach und Otto Stern, a. a. O., Seite 111.

[49] Walther Gerlach und Otto Stern.
Der experimentelle Nachweis der Richtungsquantelung im Magnetfeld.
Zeitschrift für Physik 9, 349 (1922).

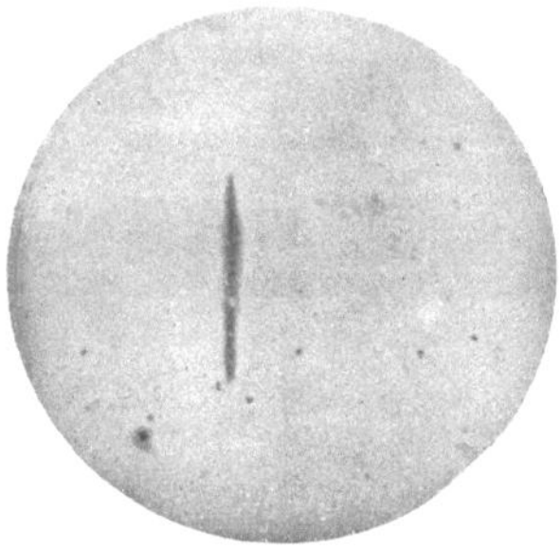

Abb. 4.10 Stern-Gerlach-Effekt. Aufnahme mit 4,5-stündiger Bestrahlungszeit ohne Magnetfeld (20-fache Vergrößerung)

Abb. 4.11 Stern-Gerlach-Effekt. Aufnahme mit achtstündiger Bestrahlungszeit mit Magnetfeld (20-fache Vergrößerung)

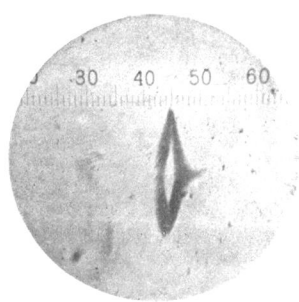

Blende um wenige Hundertstel Millimeter genügt bereits, um eine Aufnahme unbrauchbar zu machen.

Die Ergebnisse der zwei weiteren Versuche sind schematisch in Abb. 4.12 dargestellt. Oben links wurde der Silberstrahl absichtlich in eine etwas größere Entfernung von der Schneide gebracht als in dem Versuch der Aufnahme von Abb. 4.11.

Oben in der Mitte ist ein Niederschlag von Silberatomen ohne Feld und mit Feld auf demselben Glasplättchen zu sehen. Der Silberstrahl ging sehr nahe an der Schneide vorbei und war in Richtung zum Magnetfeld um etwa 0,3 mm verschoben (oben rechts).

Die Autoren betonen, dass diese Bilder bezüglich der Klarheit mit der Aufnahme in Abb. 4.11 gleichwertig seien.

Die untersuchten Aufnahmen zeigen, dass eine Aufspaltung des Silberatomstrahles im inhomogenen Magnetfeld in zwei Strahlen erfolgte, wobei der eine Strahl zum Schneidenpol hingezogen, der andere Strahl vom Schneidenpol abgelenkt wurde.

Die auf dem Glasplättchen aufgefangenen Niederschläge von Silberatomen weisen folgende Besonderheiten auf (Abb. 4.12 unten):

1. Die Dimensionen des Silberniederschlages auf dem Glasplättchen wurden mithilfe eines Mikroskops mit Okularmikrometer ausgemessen. Es ergaben sich folgende Maße: Länge $l=1,1$ mm, Breite $a=0,11$ mm, Breite $b=0,20$ mm.

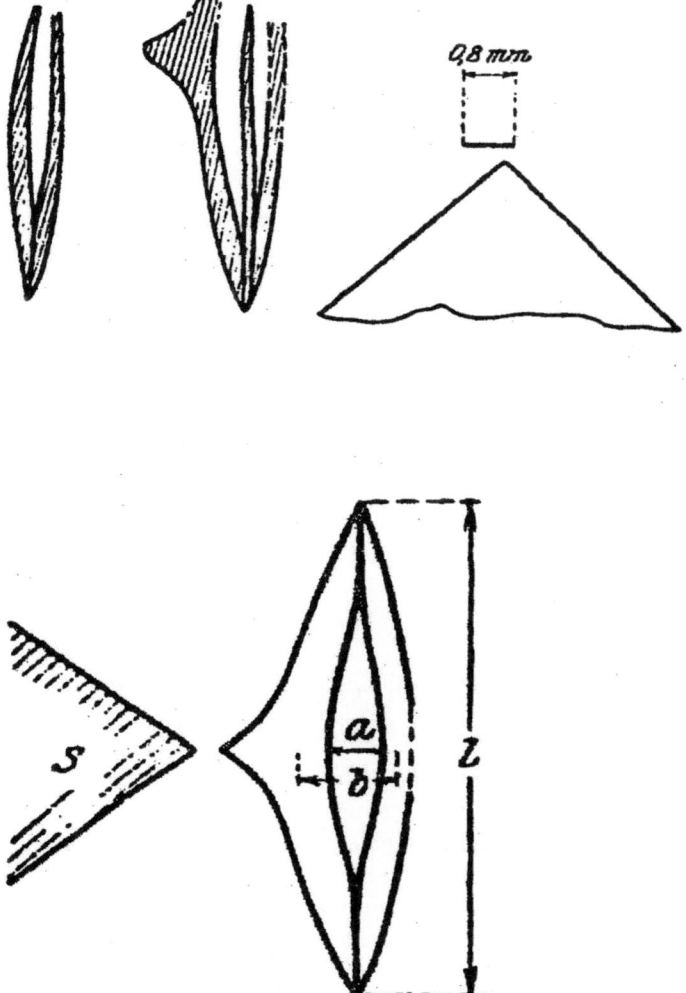

Abb. 4.12 Schematische Wiedergabe der Ergebnisse der Versuche. Oben links: Der Silberstrahl verläuft in etwas größerer Entfernung von der Schneide. Oben Mitte: Auf derselben Platte war ein Niederschlag eines Versuches mit und ohne Feld. Der Strahl ging sehr nahe an der Schneide vorbei, war aber in Richtung senkrecht zum Feld um etwa 0,8 mm verschoben (oben rechts). Die Aufnahmen zeigen, dass der Silberatomstrahl im inhomogenen Magnetfeld in der Richtung der Inhomogenität in zwei Strahlen aufgespalten wird. Der eine Silberstrahl wird zum Schneidenpol hingezogen, der andere vom Schneidenpol abgestoßen (unten)

2. Die Aufspaltung des Atomstrahles im inhomogenen Magnetfeld mithilfe eines Elektromagneten lieferte zwei diskrete Atomstrahlen.
3. Die Anziehung ist etwas stärker als die Abstoßung, da die angezogenen Atome näher an den Magnetpol kommen und die Ablenkung somit immer größer wird. Abb. 4.11 und 4.12 (oben Mitte) zeigen die erhöhte Ablenkung in der Nähe des Schneidenpoles des Elektromagneten. Am größten ist die Anziehung in unmittelbarer Nähe der Schneide, wodurch die Entstehung der zur Schneide weisenden Spitze zu erklären ist.
4. Die Breite der abgelenkten Streifen ist größer als die Breite des magnetischen Bildes. Die Verbreiterung der abgelenkten Streifen ist die Folge der Geschwindigkeitsverteilung der Silberatome. Die Breite des unabgelenkten Bildes ist das auf das Glasplättchen von der Blende B_1 aus projizierte Bild der Spaltblende B_2.
5. Es sind keine unabgelenkten Atome nachweisbar.

Die Abhandlung schließt mit den Worten: „Wir erblicken in diesen Ergebnissen den direkten experimentellen Nachweis der Richtungsquantelung im Magnetfeld."[50]

Es wird außerdem eine ausführliche Darstellung der Versuche und Resultate in den *Annalen der Physik* angekündigt, sobald durch die Ausmessung des Magnetfeldes eine quantitative Angabe über die Größe des Magnetons möglich sei. Die Autoren danken außerdem dem Direktor des Kaiser-Wilhelm-Institutes für Physik in Berlin, Prof. Dr. Albert Einstein, für die finanziellen Mittel zur Beschaffung des Elektromagneten und bedanken sich für die Geldmittel, die die Freunde und Förderer der Universität Frankfurt am Main zur Fortsetzung der Versuche zur Verfügung gestellt haben.

4.3.3 Magnetisches Moment und quantentheoretische Bemerkungen zum Stern-Gerlach-Effekt

Der Titel der Arbeit von Walther Gerlach und Otto Stern vom April 1922 „Das magnetische Moment des Silberatoms" ist zunächst etwas irritierend, denn der experimentelle Nachweis des magnetischen Momentes des Silberatoms war ja bereits ein Jahr vorher erbracht worden. Und so beginnen Gerlach und Stern ihren Artikel, indem sie das bisher Erreichte zusammenfassen:

„In drei vorangegangenen kurzen Abhandlungen wurde

1. darauf hingewiesen, daß die Untersuchung der Ablenkung eines Molekularstrahles im Magnetfeld eine Prüfung der Richtungsquantelung ermöglicht,

---

[50] Walther Gerlach und Otto Stern, a. a. O., Seite 352.

2. der Nachweis erbracht, daß das normale Silberatom im Gaszustand ein magnetisches Moment besitzt,
3. der experimentelle Beweis der Richtungsquantelung im Magnetfeld mitgeteilt."[51]

Die Arbeit „Der experimentelle Nachweis des magnetischen Moments des Silberatoms" führte zwar zu dem Ergebnis, dass das Silberatom ein magnetisches Moment besitzt, trotzdem waren die ausgeführten Versuche noch mit gewissen Unsicherheiten behaftet, die Stern und Gerlach nun mit besseren Mitteln ausräumen wollten. Ihr Ziel war es daher, erneut das magnetische Moment des Silberatoms zu messen. Um dies zu ermöglichen, müssen zwei Bedingungen erfüllt sein:

1. Der Abstand z des Silberatomstrahles zur Polschneide des Elektromagneten muss sowohl im unabgelenkten als auch im abgelenkten Zustand exakt bekannt sein.
2. In den Entfernungen, in denen die abgelenkten Atome längs der Schneide vorbeilaufen, muss die Inhomogenität des Feldes in der Richtung senkrecht zum Strahl gemessen werden.[52]

Die erste Bedingung wurde durch Verbesserung der Justierungsmethode und durch Anbringen von Marken aus Quarzfäden am Ende der Schneide erzielt, was dazu führte, dass die Quarzfäden im Silberniederschlag als Schatten zu sehen sind und somit als Bezugspunkte für die Ausmessung dienen können. Die Spaltblenden wurden im Vergleich zu früheren Versuchen weiterhin verengt, wodurch die Silberniederschläge schmaler wurden.

Die Ausmessung der Inhomogenität des Magnetfeldes erfolgte über die ganze Feldbreite durch Messungen von grad H^2 durch

1. direkte Wägung der Abstoßungskraft auf einen kleinen Probekörper aus Wismut von Punkt zu Punkt,
2. der Messung der Feldstärke durch Widerstandsänderung eines dünnen Wismutdrahtes, der parallel zur Schneide gespannt wurde.

---

[51] Walther Gerlach und Otto Stern.
   Das magnetische Moment des Silberatoms.
   Zeitschrift für Physik 9, 353 (1922).

[52] derselbe, ebenda, Seite 353.

Die in der ersten Arbeit Sterns[53] angegebene Formel zur Berechnung des Silberatomstrahles im Magnetfeld lautet:

$$S = \frac{M}{6R} \cdot \frac{\partial H}{\partial z} \cdot \frac{l^2}{T}$$

(M = Bohrsches Magneton, R = Gaskonstante, T = absolute Temperatur, l = Schneidenlänge)

Diese Formel wird nun modifiziert. Es wurde hierbei die Veränderlichkeit von $\partial H / \partial z$ entlang der Bahn des abgelenkten Silberatomstrahles berücksichtigt und für die mittlere Temperaturgeschwindigkeit der Silberatome (Wurzel aus dem mittleren Geschwindigkeitsquadrat) nicht der Wert

$$V = \sqrt{\frac{3kT}{m}}$$

sondern ein höherer verwendet. Diese Vorgehensweise wird so begründet, dass die Silberatome mit hohen Geschwindigkeiten das Öfchen schneller verlassen würden und somit sich die theoretische mittlere Geschwindigkeit der Silberatome im Strahl zu

$$V = \sqrt{\frac{4kT}{m}}$$

berechnet[54].

Direkte Messungen der Temperaturgeschwindigkeit von Silberatomen unter gleichen Bedingungen ergaben, dass man in einem solchen Fall eine zwischen diesen beiden Werten liegende Geschwindigkeit misst. Es wurde daher in der Formel zur Berechnung der Ablenkung des Silberatomstrahles im Magnetfeld statt des Nenners 6 nicht der theoretische Maximalwert 8 genommen, sondern der mittlere Wert 7 verwendet.

Zur Berechnung fand nur der abgestoßene Silberstrahl Verwendung, da für den angezogenen Silberstrahl durch starke Verbreiterung und damit hervorgerufene unregelmäßige Form in Schneidennähe weder Größe noch Ablenkung der Inhomogenität des Feldes gemessen werden konnten. Die Messgenauigkeit halten die Autoren für nicht sehr groß. Der Fehler wird auf etwa 10 % geschätzt. Als Ergebnis dieser Arbeit geben Gerlach und Stern

---

[53] Otto Stern.
Ein Weg zur experimentellen Prüfung der Richtungsquantelung im Magnetfeld.
Zeitschrift für Physik 7, 253 (1921).

[54] derselbe.
Eine direkte Messung der thermischen Molekulargeschwindigkeit.
Zeitschrift für Physik 2, 49 (1920).

an: „Aus den Messungen ergibt sich also, daß das magnetische Moment des normalen Silberatoms im Gaszustand ein Bohrsches Magneton ist."[55]

Das ist insofern eine Verbesserung zur früheren Messung des magnetischen Momentes des Silberatoms, als sie hier das magnetische Moment des Silberatoms mit ein bis zwei Bohrschen Magnetonen angegeben hatten. Damit finden die Untersuchungen zum Nachweis des magnetischen Momentes und der Richtungsquantelung des Silberatoms im Zeitraum von 1920 bis 1922 ihr vorläufiges Ende. Die Reaktion auf den gemessenen Effekt erfolgte umgehend und war sowohl beherrscht von Unglauben als auch unumwundener Zustimmung.

Einstein schrieb in einem Brief, der zwischen dem 30. April 1922 und dem 6. August 1922 verfasst wurde, an seinen Freund Max Born:

> „Das Interessanteste aber ist gegenwärtig das Experiment von Stern und Gerlach. Die Einstellung der Atome ohne Zusammenstöße ist nach den jetzigen Überlegungs-Methoden durch Strahlung nicht zu verstehen; eine Einstellung sollte von Rechts wegen mehr als 100 Jahre dauern. Ich habe mit Ehrenfest eine kleine Rechnung darüber angestellt. Rubens hält das experimentelle Ergebnis für absolut sicher."[56]

Im August 1922 schalteten sich Einstein und Ehrenfest in die nun entfachte Diskussion um den Stern-Gerlach-Effekt mit ihrer Arbeit „Quantentheoretische Bemerkungen zum Experiment von Stern und Gerlach"[57] ein und gaben eine, wie sich bald zeigen sollte, verfrühte Deutung dieses Effektes.

Die Abhandlung von Einstein und Ehrenfest ist in sieben Paragrafen untergliedert. Sie beginnt mit einer kurzen Beschreibung der Zielsetzung und der bisher erzielten Ergebnisse des Stern-Gerlach-Effektes. Einstein und Ehrenfest schreiben:

> „Ihr Experiment liefert als sehr bedeutsames Resultat: das magnetische Moment aller Atome fällt während der Durchquerung des Feldes mit der Richtung der Kraftlinien zusammen, und zwar für etwa die Hälfte der Atome im Sinne des Feldes, für die andere Hälfte entgegengesetzt. Es drängt sich natürlich die Frage auf, auf welche Weise die Atome zu dieser Orientierung gelangen."[58]

---

[55] Walther Gerlach und Otto Stern, a. a. O., Seite 355.
[56] Albert Einstein/Hedwig und Max Born.
  Briefwechsel 1916–1955.
  München 1969, Seite 103.
[57] Albert Einstein und Paul Ehrenfest.
  Quantentheoretische Bemerkungen zum Experiment von Stern und Gerlach.
  Zeitschrift für Physik 11, 31–34 (1922).
[58] derselbe, ebenda, Seite 31.

Mit dieser Frage legen Einstein und Ehrenfest sofort den Finger in die Wunde. Sie betrifft die Deutung des Effektes: Orientierungstheorie oder Quantentheorie. In § 2 analysieren sie die Vorgänge, die während des Experimentes ablaufen, und stellen die Frage, wie magnetische Atome überhaupt unter dem Einfluss des magnetischen Feldes ihre Orientierung ändern.

Die Silberatome erfahren im Öfchen die letzten Zusammenstöße. Während des Eintretens in das Magnetfeld erfolgen keine Zusammenstöße. Sieht man von solchen Zusammenstößen, von Strahlungsemission und -absorption usw. ab, so führen die Atome im Magnetfeld eine Präzessionsbewegung (die Larmor-Präzession) um die Richtung des Magnetfeldes aus. Findet eine langsame Änderung der Feldrichtung gegenüber der schnellen Präzessionsbewegung statt, so bleibt der Winkel der Präzessionsbewegung unverändert erhalten. Die Forderung der Quantentheorie nach einer Einstellung kann, so schließen Einstein und Ehrenfest, daher ohne äußere Einflüsse (in Form von Strahlung oder Zusammenstößen) nicht erfüllt werden. Die naheliegende Erklärung für die Ergebnisse des Experimentes scheint zu sein, dass die Orientierung der Atome durch Strahlungsaustausch beim Eintritt in das Magnetfeld erfolgt. Es erfolgt dann sowohl eine Energieabgabe als auch eine Energieaufnahme aus dem Strahlungsfeld. Besonders für die Atome, die sich antiparallel zu den Kraftlinien stellen, erfolgt eine Energieaufnahme aus dem Strahlungsfeld.

Die Autoren gehen nun zu der Frage über, wie schnell die Umlegung der Atommomente unter dem Einfluss des Strahlungsfeldes erfolgt, und kommen zu dem Ergebnis, dass sich eine sichere zeitliche Abschätzung nur für den Fall von Übergängen von Quantenzuständen zu Quantenzuständen machen lässt, da bekannt ist, dass in Fällen des Überganges einer Menge von Atomen diese Zeit mit der des entsprechenden klassischen Modells übereinstimmt. In dem hier behandelten Fall des präzessionierenden Silberatoms mit magnetischem Moment wäre das ein bei seiner konischen Rotation abstrahlender magnetischer Dipol.

Die Einstellungszeit würde dann bei einer Feldstärke von 10^4 Gauß 10^{11} s betragen, wobei allein die Ausstrahlung der Präzessionsbewegung berücksichtigt wird. Berücksichtigt man aber auch die Umgebungstemperatur (Zimmertemperatur), so würde sich die Zeit auf ca. 10^9 s verkürzen. Dennoch ist auch diese Zeit viel zu lange und kommt für das Experiment nicht infrage, da hier die Einstellung in einer Zeit von weniger als 10^{-4} s erfolgen muss.

Um aus diesen Schwierigkeiten herauszukommen, bieten Einstein und Ehrenfest zwei alternative Annahmen, A und B, an:

A. Atome können niemals in einem vollständig unquantisierten Zustand sein.
B. Die durch die Quantenregel geforderten Einstellungen werden durch Aus- und Einstrahlung hergestellt, mit einer Reaktionsgeschwindigkeit

die wesentlich größer ist als bei den Übergängen von einem Quantenzustand in einen anderen.

Bei schnellen Einwirkungen entstehen daher Zustände, die bezüglich der Orientierung die Quantenregel verletzen.

Die entscheidende Folgerung, die die Autoren am Ende von § 4 ziehen, lautet:

„Eine Entscheidung a priori zwischen diesen beiden Alternativen scheint gegenwärtig nicht möglich zu sein; aber es ist angezeigt sich ihren prinzipiellen Unterschied und die charakteristischen Schwierigkeiten, zu denen jede von ihnen führt, deutlich vor Augen zu bringen."[59]

In § 5 und § 6 folgen die Besprechungen der Alternativen A und B.

Bei der Besprechung der Alternative A gehen Einstein und Ehrenfest vom Stern-Gerlach-Effekt aus. Sie diskutieren die Situation der Silberatome im Dampfraum des Öfchens. Jedes Silberatom ist unmittelbar nach jedem Zusammenstoß vollständig quantisiert, also seine magnetische Achse nach dem noch so schwachen Magnetfeld orientiert. Nach dem letzten Zusammenstoß im Öfchen bleibt seine Orientierung während der gesamten Flugzeit durch die verschiedenen Teile des Feldes an die Feldrichtung des betreffenden Ortes angepasst. Dabei wird sich ein Teil der (einquantigen) magnetischen Momente parallel und ein anderer Teil antiparallel zum Flug einstellen.

Prinzipiell behandeln Einstein und Ehrenfest in dieser Arbeit aus dem Jahr 1922 – die eine Deutung des Stern-Gerlach-Effektes geben will – den Stern-Gerlach-Versuch bereits als das, was man später als EPR-Quelle bezeichnen wird, d. h., 13 Jahre vor dem entscheidenden Artikel von Erwin Schrödinger[60] aus dem Jahr 1935 wird hier *die Verschränkung* (bzw. *die verschränkten Systeme*) im Zusammenhang mit dem Stern-Gerlach-Effekt bereits angedacht.

Die statistische Verteilung der Atome ist von der Temperatur und der Feldstärke im Dampfraum des Öfchens abhängig. Einen Einfluss der (Strahlungs-)Temperatur der Feldstärke auf die Silberatome im durchflogenen Raum weisen Einstein und Ehrenfest zurück. Sie ziehen vielmehr den Schluss, dass noch so schwache Felder unmittelbar nach dem Zusammenstoß für die Orientierung entscheidend sind. Bei Änderungen (z. B. der Feldrichtung des magnetischen Feldes), die beliebig schnell gegenüber der Larmor-Präzession erfolgen, sollte die magnetische Achse des

---

[59] Albert Einstein und Paul Ehrenfest, a.a.O., Seite 32.
[60] Erwin Schrödinger.
   Die gegenwärtige Situation in der Quantenmechanik.
   Die Naturwissenschaften 23, 844 (1935).

4.3 PHASE 2: DIE DURCHFÜHRUNG DES EXPERIMENTES 1921/22

Atoms genauso folgen wie bei einer beliebig langsamen Veränderung. Diese Annahme erfährt dann eine weitere Verallgemeinerung:

„Bei beliebig rascher Veränderung der äußeren Bedingungen eines mechanischen Systems müßte sich dieses in demselben Endzustand einstellen wie bei unendlich langsamer (adiabatischer) Durchführung der Veränderung der äußeren Bedingungen."[61]

Einstein und Ehrenfest erläutern diese Annahme an einem Beispiel: Es sei ein magnetisches Atom in einem schwachen Magnetfeld. Dreht sich nun das Feld unendlich langsam gegen die Präzessionsgeschwindigkeit, so erfolgt nach den Gesetzen der Mechanik die magnetische Achse des Atoms der Feldrichtung. Soll dies nun bei schneller Änderung der Feldrichtung geschehen, so liegt eine Änderung des Drehimpulses vor, die mechanisch nicht zu verstehen ist.

Bei der Alternative B geht man davon aus, dass im Dampfraum des Öfchens unmittelbar nach jedem Zusammenstoß die magnetische Achse eines Atoms völlig willkürlich bezüglich des dort anwesenden schwachen Feldes orientiert ist. Die Orientierung erfolgte erst durch die ultrarote Strahlung, durch Ausstrahlung sowie positive und negative Einstrahlung mit einer Einstellung parallel und antiparallel zum Feld.

Die Übergänge von Nichtquantenzuständen in Quantenzustände entsprechen Umsetzungswahrscheinlichkeiten, von einer wesentlich höheren Größenordnung als bei den Übergängen von Quantenzuständen. Nachdem der letzte Zusammenstoß erfolgte, passt sich die Orientierung der Achse beim Flug durch die verschiedene Teile des Feldes quasiadiabatisch den wechselnden Feldrichtungen an, indem die jeweils eingetretenen kleinen Winkeldefekte durch einen sehr schwachen Strahlungsaustausch von sehr ultraroter Frequenz einen Ausgleich erfahren. Die statistische Verteilung der Orientierung parallel und antiparallel zum Feld geschieht wieder in Abhängigkeit von Temperatur und Feldstärke. Gemäß der Alternative B müsste ein einatomiger Dampf, dessen Atome magnetische Momente besitzen, auf der langwelligen Seite der Frequenz der Präzessionsbewegung im Magnetfeld emittieren und absorbieren (also bei geeignetem Magnetfeld auch im Bereich der elektrischen Wellen).

Die Alternative B macht einen prinzipiellen Unterschied zwischen mechanischen und strahlungsfähigen Systemen. Charakteristisch für sie ist, dass sie die Anpassung der Quantenzustände abhängig macht von der Möglichkeit der Ein- und Ausstrahlung.

Die Abhandlung endet mit der Feststellung:

„Wollte man vollends die Hypothese B von der Einstellung bezüglich Orientierung auf Einstellung in Quantenzustände überhaupt ausdehnen, d. h. also z. B. auch den Schwingungen eines Kristallgitters und den Rotationen eines

---

[61] Albert Einstein und Paul Ehrenfest, a. a. O., Seite 33.

Moleküls eine spontane Einstellung auf Quantenbahnen nur im Falle passender elektrischer Ladungen erlauben, so käme man in evidenten Widerspruch mit den Erfahrungen bezüglich der spezifischen Wärmen, z. B. von Diamant und gasförmigem H_2."[62]

Die Autoren schließen ihre Arbeit mit der Bemerkung, dass die aufgezeigten Schwierigkeiten zeigen, wie unbefriedigend die beiden besprochenen Interpretationen des Stern-Gerlach-Effektes seien und dass auf die Ansicht Bohrs, wonach bei komplizierten Feldern eine scharfe Quantisierung überhaupt nicht bestehe, nicht eingegangen worden sei.

4.3.4 Sterns dritter Effekt: Über den experimentellen Nachweis der räumlichen Quantelung im elektrischen Feld (Rostock 1922)

Otto Stern war 1921 als außerordentlicher Professor für Theoretische Physik nach Rostock gegangen. Aus dieser Zeit stammt die folgende Arbeit. Nachdem in Frankfurt am Main der Nachweis der Richtungsquantelung im inhomogenen Magnetfeld (Stern-Gerlach-Effekt) gelungen war, war die folgende Fragestellung Sterns nur konsequent. Das vorgeschlagene Experiment war der Versuch, den Stern-Gerlach-Versuch mit einem elektrischen Feld und Wasserstoffatomen zu wiederholen. Stern bemerkte hierzu: „Es liegt nahe, zu fragen, ob mit Hilfe eines analogen Versuches der Nachweis der räumlichen Quantelung im elektrischen Feld möglich ist."[63]

Sterns Artikel ist eine theoretische Arbeit zu dem geplanten Versuch, dem das Bohr-Sommerfeldsche Atommodell zugrunde liegt und in der Stern die *Theorie des inhomogenen Stark-Effektes* entwickelt sowie die Bedeutung der Messung des „anomalen Effektes" (*Sterns dritter Effekt: der „anomale Stern-Gerlach-Effekt"*) für die Deutung des anomalen Zeemann-Effektes betont. Stern weist außerdem auf die Beziehungen zur Theorie der Linienverbreiterung und der Feinstruktur hin und entwickelt die Theorie für Experimente mit Molekularstrahlen mit Wasserstoff- und Alkaliatomen im elektrischen Feld.

Nachdem er einige Betrachtungen über die Bewegung des Elektrons und die energetischen Verhältnisse des Atoms angestellt hat, kommt er zu dem wesentlichen Schluss: „Man kann also für die Energieberechnung das Wasserstoffatom durch einen Dipol ersetzen, der dadurch entsteht, daß man das Elektron in den elektrischen Schwerpunkt seiner Bahn bringt."[64] Aus der von Stern entwickelten Theorie ergibt sich, dass das atomare elektrische Moment fast 1000-mal größer als das atomare magnetische Moment ist und dass bei

---

[62] Albert Einstein und Paul Ehrenfest, a. a. O., Seite 33.

[63] Otto Stern
 Über den experimentellen Nachweis der räumlichen Quantelung im elektrischen Feld
 Physikalische Zeitschrift 23, 476 (1922).

[64] derselbe, ebenda, Seite 476.

gleicher Inhomogenität auch eine 1000-fache Ablenkung zu erwarten wäre, wie beim Stern-Gerlach-Effekt. Trotzdem schätzte Stern die geplanten Versuche mit Wasserstoffatomen zum damaligen Zeitpunkt[65] als zu schwierig ein. Er ging daher dazu über, sich zu überlegen, welcher Effekt bei Alkaliatomen zu erwarten sei. Dazu idealisierte er ein Alkaliatom durch ein Wasserstoffatom. Stern schreibt:

„Ein Alkaliatom besteht aus dem Rumpf (Kern + Edelgaselektronenwolke) und dem Serienelektron. Wir idealisieren es nach Sommerfeld durch ein Wasserstoffatom, dessen Kern außer mit der Coulombschen noch mit einer kleinen Zusatzzentralkraft (etwa prop. $1/r^4$) auf das Elektron wirkt. [...] Ein Dipol (Wasserstoffatom) besitzt potentielle Energie im homogenen Feld, eine ponderomotorische Kraft wirkt auf ihn im inhomogenen Feld erster Ordnung, ein Quadrupol (Alkaliatom) besitzt keine potentielle Energie im homogenen Feld, wohl aber eine solche im inhomogenen Feld erster Ordnung, eine ponderomotorische Kraft wirkt auf ihn im inhomogenen Feld zweiter Ordnung. Ebenso wie auf den Dipol im homogenen Feld wirkt auf den Quadrupol im inhomogenen Feld erster Ordnung ein Drehmoment. Um nun unsere Aufgabe zu lösen, die Wirkung eines inhomogenen elektrischen Feldes auf einen Strahl von Alkaliatomen zu berechnen, müssen wir zunächst feststellen, in welche diskreten Lagen sich die Atome durch ein inhomogenes elektrisches Feld einstellen. Da wir hierzu auch die Energie der Atome in diesen Lagen berechnen müssen, erhalten wir damit gleichzeitig die Theorie der Beeinflussung der Spektrallinien dieser Atome durch ein inhomogenes elektrisches Feld, die Theorie des inhomogenen Starkeffektes, wie ich kurz sagen will."[66]

Die Messung des inhomogenen Stark-Effektes (anomaler Stern-Gerlach-Effekt) wurde – wie Stern betont – an der Universität Rostock in Angriff genommen.

Bei der Erläuterung des anomalen Stern-Gerlach-Effektes nimmt Stern an, dass sich im ungestörten Atom die Bahnebene nicht ändert, was aber nur für die invariable Ebene des Gesamtatoms gelten soll. Es nimmt außerdem an, „daß sowohl das Impulsmoment des Serienelektrons wie das des Rumpfes ihre Größe während der Bewegung nicht ändern und beide ganze Vielfache von $h/2\pi$ sind"[67]. Es wird außerdem vorausgesetzt, dass man die entwickelte Theorie des inhomogenen Stark-Effektes übernehmen kann und nur die Voraussetzungen berücksichtigen muss, dass sich die Bahnebene gleichförmig um die Richtung des Gesamtdrehimpulsvektors dreht und die Wirkung des äußeren elektrischen Feldes nur eine kleine Störung bedeutet, d. h., dass die

---

[65] 1927 führte Erwin Wrede in Hamburg den Stern-Gerlach-Versuch mit Wasserstoffatomen durch und konnte damit den Stern-Gerlach-Effekt erneut bestätigen (siehe Abschn. 4.4.2 dieser Arbeit).
[66] Otto Stern, a. a. O., Seite 476 f.
[67] derselbe, ebenda, Seite 479.

Aufspaltung groß gegenüber dem Abstand der Feinstrukturkomponenten ist. Sind diese Bedingungen erfüllt, dann kann Otto Stern sagen:

> „Wir haben also hier eine vollständige Analogie zum Zeemaneffekt: Bei *starken* Feldern (1. Rechnung) den *normalen* inhomogenen Starkeffekt, bei dem die Feinstruktur keine Rolle mehr spielt und die Zahl der Aufspaltungsterme gleich der Drehimpulsquantenzahl des Serienelektrons ist, bei *schwachen* Feldern (2. Rechnung) den *anomalen* inhomogenen Starkeffekt, bei dem jede einzelne Feinstrukturkomponente in soviel Terme aufspalten wird, als die zu der betreffenden Komponente gehörige Drehimpulsquantenzahl des gesamten Atoms beträgt, und der Faktor $1/2$ ($3\cos^2\gamma_i - 1$) der „Rungesche Nenner" ist. *Nur daß zum Unterschied vom Zeemaneffekt sich hier der anomale Effekt* [anomaler Stern-Gerlach-Effekt; W. T.] *ganz von selbst ergibt, während die Theorie des anomalen Zeemaneffektes bekanntlich auf die größten Schwierigkeiten stößt. Wir haben hier den anomalen Effekt durch die Annahme erhalten, daß der Rumpf Drehimpuls, aber keine potentielle Energie im Felde besitzt* [Hervorhebung: W. T.]. Nach Bohrs Ansicht ist der anomale Zeemanneffekt in gleicher Weise zu deuten, nämlich durch die Hypothese, daß der Rumpf trotz seines Drehimpulses „magnetisch tot" ist. Die auf Grund dieser Hypothese ganz wie oben durchgeführte Rechnung ergibt zwar einen anomalen Zeemaneffekt, aber mit falschem Rungeschen Nenner."[68]

Stern zieht daraus den Schluss, dass – die Richtigkeit der Bohrschen Rechenmethode vorausgesetzt – dies aus zwei Gründen der Fall sein könnte: Erstens, dass – wie Heisenberg meint – das benutzte Bohr-Sommerfeldsche Atommodell falsch ist und durch eine besseres ersetzt werden muss, oder zweitens, dass die Hypothese über die Wirkung des elektrischen Feldes auf das Atom falsch ist, was aber beim inhomogenen Stark-Effekt wegfällt, da das Coulombsche Gesetz auch in der Quantentheorie gilt. Stern kommt damit zu einem Ergebnis, das bereits über das Bohr-Sommerfeldsche Atommodell hinausgeht. Er schreibt:

> „Wenn es also gelingen würde, den inhomogenen Starkeffekt zu messen, so könnte man daraus eindeutige Schlüsse über das Atommodell, speziell die Drehimpulse von Rumpf und Serienelektron ziehen, und die Kenntnis des Atommodells würde es dann erlauben, aus dem anomalen Zeemaneffekt zu schließen, inwieweit das Atom etwa „magnetisch tot" ist. *Wegen der außerordentlichen prinzipiellen Wichtigkeit dieser Fragen scheint es mir, daß es trotz der zweifellos nicht geringen experimentellen Schwierigkeiten lohnen würde, den Versuch zu machen, diesen anomalen inhomogenen Starkeffekt zu messen* [Hervorhebung: W. T.]."[69]

---

[68] derselbe, ebenda.
[69] Otto Stern, ebenda, Seite 480.

4.3 PHASE 2: DIE DURCHFÜHRUNG DES EXPERIMENTES 1921/22   125

Stern geht dann auf die Theorie der Linienverbreiterung und den Zusammenhang mit dem inhomogenen Stark-Effekt ein und erwähnt, dass Stark zuerst den Gedanken ausgesprochen habe, dass die Linienverbreiterung vom Stark-Effekt herrühre,

> „den die elektrischen Felder der Nachbarmoleküle an dem leuchtenden oder absorbierenden Atom hervorrufen, war bisher nur für die wasserstoffähnlichen Atome (Wasserstoff und ionisiertes Helium) durchführbar. Denn nur diese zeigen, wie die Erfahrung in Übereinstimmung mit der Theorie lehrt, überhaupt den gewöhnlichen (linearen) Starkeffekt im homogenen Feld, die übrigen Atome nicht."[70]

Es sei daher schon oft die Vermutung ausgesprochen worden, dass es die von den elektrischen Feldern erzeugte große Inhomogenität der Moleküle sei, welche an wasserstoffähnlichen Atomen den Stark-Effekt und die Linienverbreiterung verursachten. Die von Stern entwickelte Theorie des inhomogenen Stark-Effektes bildet die mathematische Grundlage zu dieser Vermutung.

Experimentell stützt er sich auf die Arbeiten von Füchtbauer, Joos und Dinkelacker. Stern beendet seine Ausführungen zu diesem Thema mit dem Hinweis:

> „Im ganzen scheint es mir sicher, daß der inhomogene Starkeffekt beim Zustandekommen der Linienverbreiterung wesentlich mitwirkt. Zur weiteren Klärung scheinen mir Versuche bei geringen Drucken erforderlich. Sodann möchte ich noch bemerken, daß sich die Feinstruktur, nach den oben erwähnten Bohrschen Ansichten über ihr Zustandekommen, auch als inhomogener Starkeffekt auffassen läßt, den der Atomrumpf am Serienelektron hervorbringt."[71]

Die Arbeit zum anomalen Stern-Gerlach-Effekt wird abgeschlossen, indem Stern auf seine Ausgangsfrage zurückkommt, nämlich ob sich die Richtungsquantelung im elektrischen Feld durch Molekularstrahlversuche experimentell nachweisen lässt. Nach einer kurzen Rechnung kommt er zu folgendem Ergebnis:

> „Die Größe der Ablenkung, die sich aus obiger Formel errechnet, ist zwar recht klein, müßte aber unter geeigneten Versuchsbedingungen noch gut meßbar sein. Solche Versuche sind seit einem halben Jahr im Gange, hatten aber infolge ungünstiger äußerer Umstände noch zu keinem Resultat geführt."[72]

---

[70] derselbe, ebenda.
[71] derselbe, ebenda.
[72] Otto Stern, ebenda, Seite 481.

1930 wurde dieser Versuch von dem indischen Physiker Sisirendu Gupta in Kalkutta durchgeführt, der in seiner Veröffentlichung[73] ausdrücklich auf Otto Stern verweist.

Stern hatte die Theorie zu diesem Versuch auf der Grundlage des Bohr-Sommerfeldschen Atommodells entwickelt. Gupta legt der Theorie des inhomogenen Stark-Effektes die von Charles Galton Darwin (1887–1962) modifizierten Dirac-Gleichungen zugrunde. Seine Versuchsergebnisse bestätigen die Vermutung Sterns, dass nur ein kleiner Effekt zu erwarten sei. Gupta schreibt:

„Für einen Feldgradienten a im Betrage 10^6 ergeben sich so kleine Aufspaltungen – von der Größenordnung 1/1000 Angström –, daß man durch ihn nur eine Linienverbreiterung erwarten kann."[74]

4.4 Phase 3: Verbesserungen der Versuchsapparatur und erste Reproduktion der Ergebnisse des Stern-Gerlach-Effektes mit Wasserstoffatomstrahlen (1923–1927)

4.4.1 *Die Entwicklung der Molekularstrahlmethode (Hamburg 1926–1933)*

Unter dem Titel *Untersuchungen zur Molekularstrahlmethode aus dem Institut für physikalische Chemie der Hamburgischen Universität (U.z.M.)* erschienen in den Jahren von 1926 bis 1933 30 Arbeiten zur Molekularstrahlmethode, die Otto Stern gemeinsam mit seinen Schülern ausführte. Es sind hier Namen von jungen Physikern zu nennen, die später bedeutende physikalische Leistungen vollbrachten und sogar den Nobelpreis erhielten[75]:

1. Otto Stern
Zur Methode der Molekularstrahlen. I
Zeitschrift für Physik 39, 751 (1926)
2. Friedrich Knauer und Otto Stern
Zur Methode der Molekularstrahlen. II
Zeitschrift für Physik 39, 764 (1926)
3. Friedrich Knauer und Otto Stern
Der Nachweis kleiner magnetischer Momente von Molekülen
Zeitschrift für Physik 39, 780 (1926)

---

[73] Sisirendu Gupta.
Über den Einfluß eines inhomogenen elektrischen Feldes auf die Feinstruktur wasserstoffähnlicher Atome.
Zeitschrift für Physik 66, 246 (1930).

[74] derselbe, ebenda, Seite 246.

[75] Zur genauen Untersuchung der Entwicklung der Molekularstrahlmethode in Hamburg durch Otto Stern und
seine Mitarbeiter ist eventuell eine separate Veröffentlichung vorgesehen.

4. Alfred Leu
Versuche über die Ablenkung von Molekularstrahlen im Magnetfeld
Zeitschrift für Physik 41, 551 (1927)
5. Otto Stern
Bemerkungen über die Auswertung der Aufspaltungsbilder bei der magnetischen Ablenkung von Molekularstrahlen
Zeitschrift für Physik 41, 563 (1927)
6. Erwin Wrede
Über die magnetische Ablenkung von Wasserstoffatomstrahlen
Zeitschrift für Physik 41, 569 (1927)
7. Erwin Wrede
Über die Ablenkung von Molekularstrahlen elektrischer Dipolmoleküle im inhomogenen elektrischen Feld
Zeitschrift für Physik 44, 261 (1927)
8. Alfred Leu
Untersuchungen an Wismut nach der magnetischen Molekularstrahlmethode
Zeitschrift für Physik 49, 498 (1928)
9. John B. Taylor
Das magnetische Moment des Lithiumatoms
Zeitschrift für Physik 52, 846 (1929)
10. Friedrich Knauer und Otto Stern
Intensitätsmessungen an Molekularstrahlen von Gasen
Zeitschrift für Physik 53, 766 (1929)
11. Friedrich Knauer und Otto Stern
Über die Reflexion von Molekularstrahlen
Zeitschrift für Physik 53, 779 (1929)
12. I. I. Rabi
Zur Methode der Ablenkung von Molekularstrahlen
Zeitschrift für Physik 54, 190 (1929)
13. Berthold Lammert
Herstellung von Molekularstrahlen einheitlicher Geschwindigkeit
Zeitschrift für Physik 56, 244 (1929)
14. John B. Taylor
Eine Methode zur direkten Messung der Intensitätsverteilung von Molekularstrahlen
Zeitschrift für Physik 57, 242 (1929)
15. Immanuel Estermann und Otto Stern
Beugung von Molekularstrahlen
Zeitschrift für Physik 61, 95 (1930)
16. Lester C. Lewis
Die Bestimmung des Gleichgewichts zwischen den Atomen und den Molekülen eines Alkalidampfes mit einer Molekularstrahlmethode
Zeitschrift für Physik 69, 786 (1931).

17. Thomas E. Phipps und Otto Stern
Über die Einstellung der Richtungsquantelung
Zeitschrift für Physik 73, 185 (1931)
18. Immanuel Estermann, Robert Frisch und Otto Stern
Monochromatisierung der de Broglie-Wellen von Molekularstrahlen.
Zeitschrift für Physik 73, 348 (1931)
19. Max Wohlwill
Messung von elektrischen Dipolmomenten mit einer Molekularstrahlmethode
Zeitschrift für Physik 80, 67 (1933)
20. Friedrich Knauer
Über die Streuung von Molekularstrahlen in Gasen. I
Zeitschrift für Physik 80, 80 (1933)
21. Bernhard Josephy
Die Reflexion von Quecksilber-Molekularstrahlen an Kristallspatflächen
Zeitschrift für Physik 80, 755 (1933)
22. Robert Frisch und Emilio Segrè
Über die Einstellung der Richtungsquantelung. II
Zeitschrift für Physik 80, 610 (1933)
23. Robert Frisch und Otto Stern
Anomalien bei der Reflexion und Beugung von Molekularstrahlen an Kristallspatflächen. I
Zeitschrift für Physik 84, 430 (1933)
24. Robert Frisch und Otto Stern
Über die magnetische Ablenkung von Wasserstoffmolekülen und das magnetische Moment des Protons. I
Zeitschrift für Physik 85, 4 (1933)
25. Robert Frisch
Anomalien bei der Reflexion und Beugung von Molekularstrahlen an Kristallflächen. II
Zeitschrift für Physik 84, 443 (1933)
26. Robert Schnurmann
Die magnetische Ablenkung von Sauerstoffmolekülen
Zeitschrift für Physik 85, 212 (1933)
27. Immanuel Estermann und Otto Stern
Über die magnetische Ablenkung von Wasserstoffmolekülen und das magnetische Moment des Protons. II
Zeitschrift für Physik 85, 17 (1933)
28. Immanuel Estermann und Otto Stern
Eine neue Methode zur Intensitätsmessung von Molekularstrahlen
Zeitschrift für Physik 85, 135 (1933)
29. Immanuel Estermann und Otto Stern
Über die magnetische Ablenkung von isotopen Wasserstoffmolekülen und das magnetische Moment des Deuterons
Zeitschrift für Physik 86, 132 (1933)

30. Robert Frisch
Experimenteller Nachweis des Einsteinschen Strahlungsrückstoßes
Zeitschrift für Physik 86, 42 (1933)

4.4.2 Erwin Wrede: Über die magnetische Ablenkung von Wasserstoffatomstrahlen (Hamburg 1927)

Nachdem Stern und Gerlach 1921 den experimentellen Nachweis des magnetischen Momentes des Silberatoms erbracht und 1922 seine Richtungsquantelung nachgewiesen hatten, wurde die Versuchsapparatur des Stern-Gerlach-Versuches stetig verbessert und nicht nur Silber, sondern auch andere Elemente untersucht. Besonders zu nennen ist hier die Dissertation von Andries Cilliers, der 1924 bei Gerlach in Frankfurt am Main promovierte und dessen Arbeit den Titel „Eine Untersuchung über die Erzeugungsmöglichkeiten von Atomstrahlen verschiedener Elemente und deren Verhalten im inhomogenen Magnetfelde" trägt.

Es besteht ein Zusammenhang zwischen Gerlachs Artikel „Über die Richtungsquantelung im Magnetfeld II" aus dem Jahr 1924 und der Dissertation von Andries Cilliers. Auch in der Arbeit *Magnetische Atommomente*[76] von 1924 treten beide als Autoren auf.

In der Arbeit von Erwin Wrede „Über die magnetische Ablenkung von Wasserstoffatomstrahlen", dem zweiten Teil seiner Dissertation, die 1927 in der *Zeitschrift für Physik* als Nr. 6 der *Untersuchungen zur Molekularstrahlmethode* erschien und 1926 auf Anregung von Otto Stern im Institut für Physikalische Chemie der Universität Hamburg entstand, sehe ich den ersten Versuch zur Reproduktion des Stern-Gerlach-Effektes mit einem Element, das, wie das Silber, auch nur ein Elektron in seiner Elektronenhülle besitzt, dem Wasserstoffatom. So hat denn Wrede auch gleich am Anfang seines Artikels als Ziel formuliert: „In dieser Arbeit handelt es sich darum, die Gerlach-Stern-Methode der magnetischen Ablenkung von Molekularstrahlen auf Wasserstoffatome anzuwenden."[77]

Im Vergleich mit der ursprünglichen Versuchsapparatur des Stern-Gerlach-Effektes wird bei diesem Versuch kein Öfchen verwendet, sondern ein Kippscher Gasentwickler und ein Woodsches Entladungsrohr. Das Auffangplättchen ist kein Glasplättchen, das später mit einem Entwickler behandelt

---

[76] Walther Gerlach und Andries C. Cilliers.
Magnetische Atommomente.
Zeitschrift für Physik 26, 106 (1924).
[77] Erwin Wrede.
Über die magnetische Ablenkung von Wasserstoffatomstrahlen.
Zeitschrift für Physik 41, 569 (1927).

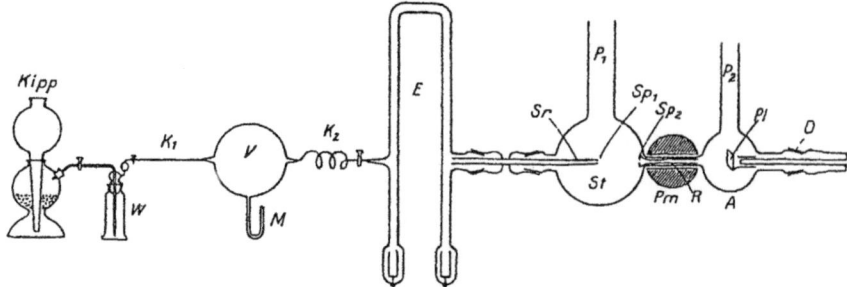

Abb. 4.13 Apparatur zur Messung der magnetischen Ablenkung von Wasserstoffatomstrahlen. Kipp = Kippscher Gasentwickler, K_1, K_2 = Kapillarrohr, V = Vorratsgefäß, W = Waschflasche, M = Quecksilbermanometer, E = Entladungsrohr, Pm = Polschuh, R = Rohr, Sr = Rohr (Strahlrohr), St = Strahlraum, Sp_1, Sp_2 = Glasspalt, P_1, P_2 = Pumpe, Pl = Auffangplättchen, D = Drehschliff, A = Auffangraum

wird, sondern auf dem Auffangplättchen wird eine Substanz aufgetragen, die mit atomarem Wasserstoff eine gut sichtbare farbliche Reaktion zeigt.

Der Versuchsverlauf lässt sich folgendermaßen skizzieren (Abb. 4.13):

1. Das Wasserstoffgas wird in einem Kippschen Gasentwickler erzeugt und in einem Woodschen Entladungsrohr in Atome aufgespalten.
2. Die Wasserstoffatome werden durch einen Spalt in einen hochevakuierten Raum ausgestrahlt.
3. Ein durch einen zweiten Spalt ausgeblendetes Strahlenbündel wird durch ein inhomogenes Magnetfeld geschickt und abgelenkt.
4. Der Wasserstoffatomstrahl trifft auf einem Auffangplättchen auf, auf dem sich eine Substanz befindet, die mit atomarem Wasserstoff eine leicht sichtbare Reaktion auslöst.

4.4.2.1 Beschreibung der Versuchsapparatur
Der für den Versuch benötigte Wasserstoff wird in einem Kippschen Gasentwickler erzeugt. Er strömt nach einer Reinigung in einer Waschflasche W mit konzentrierter Kalilauge durch das Kapillarrohr K_1 in ein Vorratsgefäß V, in dem der Druck auf einige Millimeter gehalten wird. Die Messung des Druckes erfolgt mithilfe des Quecksilbermanometers M. Eine zweite spiralförmige Kapillare K_2 verbindet das Vorratsgefäß V mit dem Entladungsrohr E. Ein Strahlrohr S_R, dessen Ende ein Glasspalt Sp_1 bildet, verbindet das Entladungsrohr E mit dem Strahlraum St. Der Strahlraum St wird von einer Glaskugel gebildet, die einen Durchmesser von 10 cm besitzt. Im oberen Bereich des Strahlraumes St ist ein Rohr P_1 angebracht, das zu einer Gaedeschen Hochvakuumpumpe führt. Der Spalt Sp_2 blendet den Wasserstoffatomstrahl aus, der durch das von den Polschuhen des Magneten Pm

oben und unten umgebene Rohr geführt wird und dann im Auffangraum A auf das Auffangplättchen Pl trifft. Das Auffangplättchen Pl ist an einem Drehschliff D befestigt. Der Pumpansatz P_2 führt zu einer weiteren Gaedeschen Hochvakuumpumpe.

4.4.2.2 Das Hauptteil des Molekularstrahlexperimentes mit Wasserstoffgas im inhomogenen Magnetfeld

Die Zeichnung in Abb. 4.14 stellt den Hauptteil des Molekularstrahlexperimentes dar. Man sieht, dass das Schema des Stern-Gerlach-Versuches auch bei diesem Experiment mit Wasserstoffgas erhalten bleibt. Das Schema Ofenraum (Öfchen) O, Mittelteil und Auffangraum A, wie es in Abb. 4.15 zu sehen ist, wird bei diesem Versuch nur einer Änderung unterzogen; das Öfchen wird durch den Kippschen Gasentwickler Kipp und entsprechende Zusatzgeräte bis zum Strahlrohr S_r ersetzt. Dann folgt das Mittelteil mit dem Strahlraum St, der inhomogene Magnet mit den Polschuhen P_m der direkt in den Auffangraum A mit dem Auffangplättchen Pl übergeht. Um möglichst wenig Streustrahlung zu erhalten, wurde der Auffangraum A, einschließlich des Rohres R durch die Polschuhe P_m, hinter dem Glasspalt Sp_2, getrennt evakuiert. Dies geschah mithilfe einer Gaedeschen Hochvakuumpumpe durch das Rohr P_2.

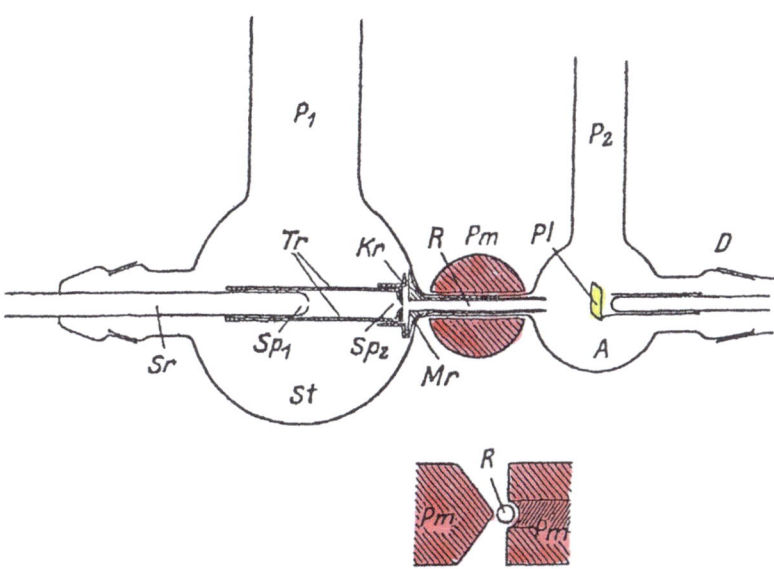

Abb. 4.14 Hauptteil des Molekularstrahlexperimentes mit Wasserstoffgas. Sr = Strahlrohr, Sp_1, Sp_2 = Glasspalt, P_1, P_2 = Rohr zur Gaedeschen Hochvakuumpumpe, St = Strahlraum, R = Rohr, Pm = Pohlschuh des Magneten, A = Auffangraum, Pl = Auffangplättchen, D = Drehschliff, Tr, Kr, Mr = Metallteile

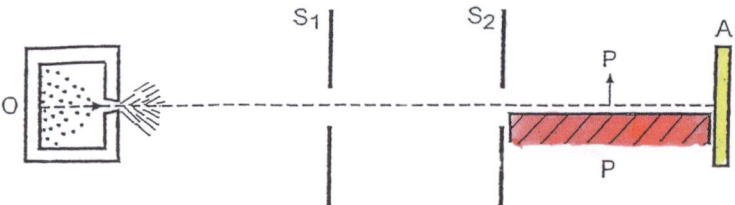

Abb. 4.15 Schema des Stern-Gerlach-Versuches

4.4.2.3 *Experiment und Versuchsergebnis*

Vor dem eigentlichen Experiment wurden in einer Versuchsreihe die besten Indikatoren für Wasserstoffatome ermittelt. Von allen auf einem Blech im Strahlraum St aufgetragenen Chemikalien zeigte sich bei Wolframoxid WO_3, Molybdänoxid MoO_3 und Silbernitrat $AgNO_3$ nach 15 s eine deutliche Farbänderung. Eine Verstärkung dieses Effektes wurde mit Silbernitrat $AgNO_3$ an einem Auffangplättchen Pl aus Kupferblech, das vorher an einer Flamme oxidiert worden war, festgestellt. Ganz reines Silbernitrat wurde bei den Experimenten nicht verwendet, da durch die Kristallisation des Silbernitrats keine homogenen Oberflächen erzielt werden konnten. Für die Versuche wurden jeweils Mischungen aus den drei genannten Chemikalien verwendet.

Ein Experiment begann damit, dass die gesamte Apparatur (Abb. 4.13) evakuiert wurde. War dann das Vorratsgefäß V mit Wasserstoff aufgefüllt, so konnte der Versuch beginnen. Nachdem die Kapillare K_2 geöffnet worden war, strömte Wasserstoff in das Entladungsrohr E, und es stellte sich ein stationäres Gleichgewicht mit einem Druck von etwa 0,1 mm ein. Es zeigte sich, dass bei gleichbleibendem Druck sich im Entladungsrohr E zwei unterschiedliche stabile Entladungsarten einstellten. Bei hohem Widerstand ergaben sich etwa 3000 V und 0,03 A, bei niedrigem Widerstand 1100 V und 0,2 bis 0,3 A. Die zuletzt genannte Entladungsart zeigte eine intensive Balmer-Serie, und nach 20 min wurde ein Strich erkennbar, der sich schließlich zu einem Doppelstrich entwickelte (Abb. 4.16). Nach 2,5 bis 3 h zeigte der durch das Magnetfeld aufgespaltene Strich eine ausgeprägte Intensität. Der Magnet wurde jetzt ausgeschaltet und das Auffangplättchen Pl im Vakuum mit dem Drehschliff D in seiner eigenen Ebene so gedreht, dass ein zweiter Strich erzeugt wurde. Der erzeugte Strich war schon nach wenigen Minuten erkennbar.

Der Versuch wurde damit beendet und das Auffangplättchen Pl fotografiert und einer dreifachen Vergrößerung unterzogen. Die Vermessung des Aufspaltungsbildes (Abb. 4.16) ergab für das magnetische Moment des

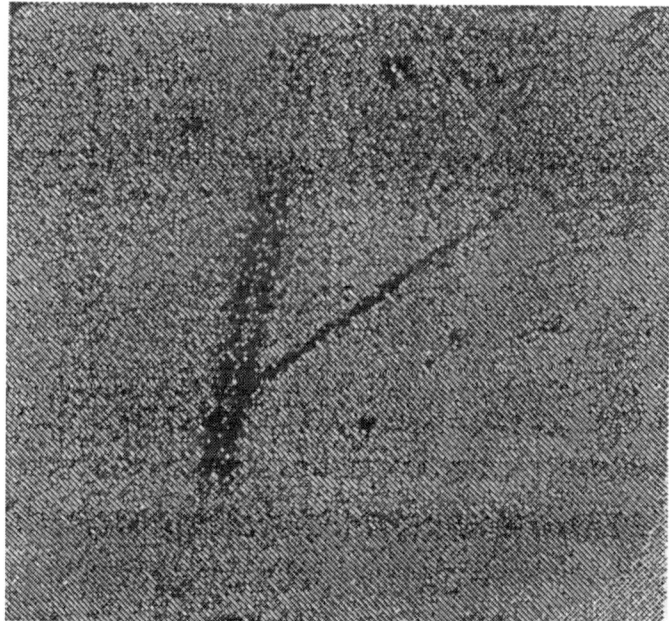

Abb. 4.16 Fotografie des Auffangplättchens. Man sieht einen einzelnen ohne das Magnetfeld erzeugten Strich und links davon zwei parallele durch das inhomogene Magnetfeld erzeugte Linien (Doppelstrich). Fotografie des Auffangplättchens mit der Vergrößerung von 2,9:1

Wasserstoffatoms ein Bohrsches Magneton.[78] Das ist in Übereinstimmung mit dem Nachweis der Richtungsquantelung beim Silberatom. Erwin Wrede konnte durch sein Experiment mit Wasserstoff das Ergebnis der Richtungsquantelung des Stern-Gerlach-Versuches bestätigen.[79]

---

[78] Zur Auswertung des Aufspaltungsbildes siehe die Arbeit:
Otto Stern.
Bemerkungen über die Auswertung der Aufspaltungsbilder bei der magnetischen Ablenkung von Molekularstrahlen.
Zeitschrift für Physik 41, 563 (1927).
[79] Walther Gerlach und Otto Stern.
Über die Richtungsquantelung im Magnetfeld.
Annalen der Physik 74, 699 (1924).

KAPITEL 5

Zur Rekonstruktion der historischen Versuchsanordnung des Stern-Gerlach-Versuches vom Februar 1922

5.1 Das Reproduzierbarkeitsideal der Physiker

Die Reproduzierbarkeit der Messergebnisse eines von einem Physiker A ausgeführten Experimentes durch einen Physiker B ist nur durch die Herstellung eines äquivalenten Versuchsaufbaues und die Wiederholung des von dem Physiker A beschriebenen Versuches durch den Physiker B möglich. Das Ziel ist immer, die Ergebnisse des Physikers A zu bestätigen bzw. zu widerlegen. Die Ausgangsbasis dieser experimentellen Vorgehensweise ist eine möglichst genaue Beschreibung des ausgeführten Experimentes.

Das Reproduzierbarkeitsideal zeichnet nicht nur die Physik, sondern die gesamte exakte Naturwissenschaft aus. Die Reproduzierbarkeit von Messergebnissen ist auch die Grundlage aller Technik, denn sie ermöglicht es, technische Geräte herzustellen. Nicht immer liegen detaillierte Beschreibungen des Versuchsaufbaues vor, die eine Reproduzierbarkeit der Messergebnisse und eine genaue Rekonstruktion des Versuchsaufbaues ermöglichen. Besonders beim Nachbau historischer Versuche ist man aber auf genaue Angaben angewiesen, um eine wirkliche Rekonstruktion zu ermöglichen.

Da die historische Originalapparatur des Stern-Gerlach-Versuches zum Nachweis der Richtungsquantelung des Silberatoms im inhomogenen Magnetfeld vom Februar 1922 nicht mehr zur Verfügung steht, ist es ein Ziel dieser Arbeit, durch die Analyse der Originalarbeiten von Otto Stern und Walther Gerlach eine Rekonstruktion der ursprünglichen Apparatur und des Versuchsaufbaues vom Februar 1922 zu ermöglichen. Von einer gelungenen Rekonstruktion des Versuchsaufbaues und einer Reproduktion der Messergebnisse des historischen Stern-Gerlach-Versuches kann man sprechen, wenn man mit der rekonstruierten Apparatur eine Fotografie herstellen kann, wie sie Walther Gerlach und sein Doktorand Wilhelm Schütz in der Nacht vom 7. auf den 8. Februar 1922 erhalten haben.

Über die experimentelle Entwicklung des Stern-Gerlach-Versuches in den Jahren von 1921 bis 1925 haben Otto Stern und Walther Gerlach in mehren physikalischen Veröffentlichungen berichtet. Zu nennen sind hier vor allem:

1. Walther Gerlach und Otto Stern
   Der experimentelle Nachweis des magnetischen Momentes des Silberatoms
   Zeitschrift für Physik 8, 110–111 (1922)
   (Eingegangen am 18. November 1921)
2. Walther Gerlach und Otto Stern
   Der experimentelle Nachweis der Richtungsquantelung im Magnetfeld
   Zeitschrift für Physik 9, 349–352 (1922)
   (Eingegangen am 1. März 1922).

Am ausführlichsten haben sie über die Entwicklung ihrer Versuche zum experimentellen Nachweis der Richtungsquantelung und über die Entwicklung des Versuchsaufbaues in ihren Artikeln in den *Annalen der Physik* berichtet. Zu nennen sind hier:

3. Walther Gerlach und Otto Stern
   Über die Richtungsquantelung im Magnetfeld
   Annalen der Physik, Bd. 74, 673–699 (1924)
   (Eingegangen am 26. März 1924)
4. Walther Gerlach
   Über die Richtungsquantelung im Magnetfeld II.
   Experimentelle Untersuchungen über das Verhalten normaler Atome unter magnetischer Kraftwirkung
   Annalen der Physik, Bd. 76, 163–197 (1925)
   (Eingegangen am 7. Oktober 1924).

Beide Artikel aus dem Jahr 1924 enthalten sehr viele Informationen, Bilder und Konstruktionszeichnungen über die verschiedenen Versuchsanordnungen und die experimentelle Entwicklung des Stern-Gerlach-Versuches. Gerlach und Stern schreiben:

> „Drei verschiedene Anordnungen wurden verwandt, um den Atomstrahl durch das Magnetfeld zu führen; sie unterscheiden sich durch die Art, wie die Polschuhe und die Blenden mit dem Ofenraum und dem Versuchsraum verbunden waren."[1]

Es soll auf die drei unterschiedlichen Versuchsanordnungen im Folgenden eingegangen werden.

---

[1] Walther Gerlach und Otto Stern.
Annalen der Physik, Bd. 74, 681 (1924).

5.2 Die Analyse der historischen Arbeiten

5.2.1 Erste Versuchsanordnung

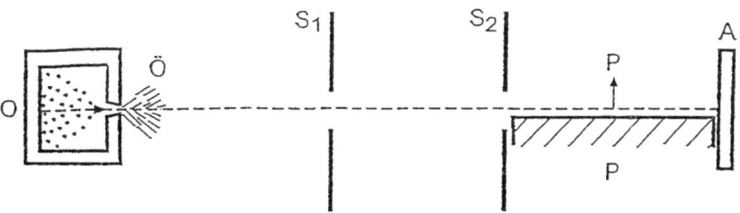

Schema des Stern-Gerlach-Versuches. (W. Gerlach, O. Stern, Über die Richtungsquantelung im Magnetfeld II, Ann.d.Phys., Bd. 76, 164, 1925)

Das Schema des Stern-Gerlach-Versuches zeigt, dass die Versuchsanordnung grundsätzlich aus drei Teilen besteht: dem Ofenraum, dem Mittelstück und dem Auffangraum. Bei der ersten Versuchsanordnung wurde eine 3 cm lange Kapillare K von 1/20 mm lichter Weite an den Ofenraum angeschmolzen. Die Kapillare K ging in ein Glasröhrchen von 3 cm Länge und 2 mm äußeren Durchmesser über. Die Kapillare und das Glasröhrchen bildeten zusammen das Mittelstück von 6 cm Länge, an das sich ein erweitertes Rohr zur Aufnahme des Auffangplättchens anschloss (Auffangraum). Die aus dem Öfchen herausfliegenden Silberatome wurden durch die Kapillare zu einem geradlinigen Strahl kanalisiert, der auf dem Auffangplättchen einen kreisförmigen Niederschlag von 1/10 mm Durchmesser bildete. Für Versuche mit einem Magnetfeld sollte das Glasröhrchen zwischen die Polschuhe des Magneten gesetzt werden. Dies konnte jedoch nicht realisiert werden. Stern und Gerlach berichten darüber in ihrer Veröffentlichung:

„Das 3 cm lange dünnwandige Glasröhrchen sollte zwischen die Polschuhe des Magneten gesetzt werden. Hierbei ergaben sich aber Schwierigkeiten, indem einmal der Strahl nicht genügend nahe an die Schneide herangebracht werden konnte, sodann die Lage des Strahls parallel zum Schneidenpol und symmetrisch zu dem gegenüberliegenden Spalt des zweiten Pols sich nicht hinreichend sicher einstellen ließ. Wir gingen deshalb dazu über, die beiden Polschuhe, Schneide und Spalt mit in das Vakuum hineinzunehmen."[2]

---

[2] Walther Gerlach und Otto Stern
Über die Richtungsquantelung im Magnetfeld
Annalen der Physik, Bd. 74, 681 f. (1924).

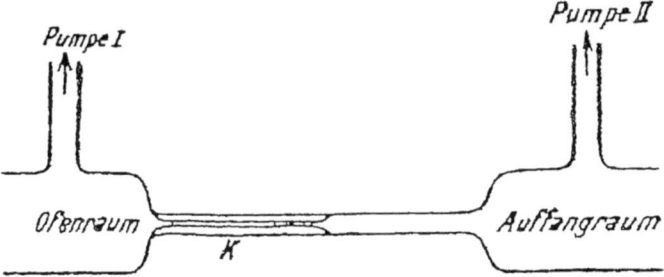

Skizze der ersten Versuchsanordnung des Stern-Gerlach-Versuches. (W. Gerlach und O. Stern, Über Richtungsquantelung im Magnetfeld, Ann.d.Physik, Bd. 74, 681, 1924)

5.2.2 Zweite Versuchsanordnung (historischer Aufbau von 1922)

Die Analyse der ersten Arbeit „Der experimentelle Nachweis des magnetischen Momentes des Silberatoms"[3] führt zu folgendem Ergebnis:

1. Ein Silberatomstrahl von 1/20 mm Durchmesser geht in hohem Vakuum (10^{-4} bis 10^{-5} mm Hg) hart an der Kante des schneidenförmigen Polschuhes eines Elektromagneten (Halbringelektromagnet nach du Bois) vorbei.
2. Der Silberatomstrahl kommt aus einem kleinen (1/2 cm^3 Inhalt), elektrisch geheizten, stählernen Öfchen durch eine im Deckel befindliche, 1 mm^2 große, kreisförmige Öffnung.
3. Das Öfchen ist von einem wassergekühlten Mantel umgeben.
4. Etwa 1 cm vom Ofenloch entfernt passiert er die erste kreisförmige Blende (1/20 mm Durchmesser) in einem Platinblech. 3 cm hinter dieser Blende passiert der Silberstrahl eine zweite ebensolche Blende, die sich am vorderen Ende des Schneidenpols des Elektromagneten befindet. Er geht von hier ab längs der 3 cm langen Polschneide und trifft an ihrem Ende auf ein Glasplättchen.

Es wurden am Stern-Gerlach-Versuch ständig Verbesserungen vorgenommen. Methode und Apparatur waren im Allgemeinen die gleichen wie in den früheren Versuchen. Im Einzelnen wurden jedoch wesentliche Verbesserungen vorgenommen. Die Untersuchung der zweiten Arbeit „Der experimentelle Nachweis der Richtungsquantelung im Magnetfeld"[4] erbrachte folgende Erkenntnisse:

1. Der Silberatomstrahl kommt aus einem elektrisch geheizten Öfchen aus Schamotte mit einem Stahleinsatz, in dessen Deckel sich eine 1 mm^2

---

[3] Walther Gerlach und Otto Stern, a. a. O.
[4] Walther Gerlach und Otto Stern, a. a. O.

große kreisförmige Öffnung befindet, aus der der Silberatomstrahl austritt.
2. Der Abstand zwischen Ofenöffnung und erster Strahlenblende wurde auf 2,5 cm vergrößert, wodurch ein Verkleben der Öffnung durch gelegentlich aus dem Öfchen spritzende Silbertröpfchen wie auch ein zu schnelles Zuwachsen durch Niederschlagen des Atomstrahles verhindert wurde.
3. Die erste Blende B_1 ist kreisförmig und hat eine Fläche von 3×10^{-3} mm². 3,3 cm hinter dieser Lochblende passiert der Silberstrahl eine zweite spaltförmige Blende Sp_2 von 0,8 mm Länge und 0,03 bis 0,04 mm Breite. Beide Blenden sind aus Platinblech. Die Spaltblende B_2 sitzt am Anfang des Magnetfeldes. Die Öffnung der Spaltblende liegt unmittelbar über der Schneide S und ist zur ersten Lochblende und zur Ofenöffnung so justiert, dass der Silberatomstrahl parallel der 3,5 cm langen Schneide verläuft. Unmittelbar am Ende der Schneide trifft der Silberstrahl auf ein Glasplättchen.
4. Die beiden Blenden, die beiden Magnetpole und das Glasplättchen sitzen in einem Messinggehäuse von 1 cm Wandstärke starr miteinander verbunden, sodass ein Druck der Pole des Elektromagneten weder eine Deformation des Gehäuses noch eine Verschiebung der relativen Lage der Blenden, der Pole und des Glasplättchens verursachen kann.
5. Evakuiert wurde bei den ersten Versuchen mit zwei Volmerschen Diffusionspumpen und einer Gaede-Hg-Pumpe als Vorpumpe. Bei dauerndem Pumpen und Kühlen mit fester Kohlensäure wurde ein Vakuum von etwa 10^{-5} mm Hg erreicht und dauernd gehalten.

Die hier gewonnenen Angaben vermitteln zwar eine Vorstellung vom Aufbau, vom Versuchsverlauf und von den Größenverhältnissen, mit denen man es beim Stern-Gerlach-Versuch zu tun hat, sie reichen aber nicht aus, um sich z. B. eine Vorstellung von den technischen Details des Experimentes, z. B. Konstruktion und Maße der Öfchen bzw. der Kühler oder der verwendeten Elektromagneten, zu machen. Nur die Kenntnis dieser Details ermöglicht aber eine technische Rekonstruktion dieses Experimentes. Es erweist sich daher als nötig, Walther Gerlachs und Otto Sterns ausführliche Arbeit „Über die Richtungsquantelung im Magnetfeld" (*Annalen der Physik*, Bd. 74, 673–699) des Jahres 1924 hinzuzuziehen.

Die vorangegangenen Zeichnungen geben einen schematischen Überblick über die Versuchsanordnung. In einem Öfchen O, welches in einem Kühler K sitzt, wird mithilfe der elektrisch geheizten Platinwicklung W (Stromzuführungen Z) Silber verdampft. Der aus dem Öfchen und dem Kühlerdeckel austretende Silberstrahl wird durch die Blenden Sp_1 und Sp_2 begrenzt und läuft durch das Magnetfeld zwischen den Polschuhen M und wird von der Auffangplatte P aufgefangen. Die ganze Anordnung sitzt in einem evakuierten Gefäß. Es sollen nun kurz die Einzelteile der Versuchsapparatur des Stern-Gerlach-Versuches, die für die Versuche mit Silberstrahlen verwendet und teilweise nachgebaut wurden, im Folgenden besprochen werden.

5.2.2.1 Das Eisenöfchen

Ein einseitig offenes Röhrchen, das aus reinstem Eisen besteht, hat die folgenden Maße: Länge 10 mm, Durchmesser 4 mm, Wandstärke 0,2 mm. Gegenüber der Ofenöffnung befindet sich ein Dorn, mit dem das Öfchen in einer starkwandigen Quarzkapillare gehalten wird. Das Eisenöfchen besitzt einen Deckel aus 1/10 mm starkem Eisenblech, der etwa 2 mm versenkt eingesetzt wird. In ihm befindet sich eine exzentrisch angebrachte Austrittsöffnung von 1 mm Durchmesser, aus der der Silberstrahl austritt.

Zur Heizung wird ein Platindraht (1/2–3/4 m Länge, 0,3 mm Durchmesser) um das Eisenöfchen gewickelt, dessen eines Ende zum Zweck der Stromzuführung an dem Eisenöfchen metallisch festgebunden wird, während das andere Ende zum Kühler K führt, in welchem das ganze Öfchen eingesetzt wird.

Bevor der Platindraht um das Eisenöfchen gewickelt werden kann, wird eine dünne Schicht Brei aus Quarzpulver, Magnesia usta, Kaolin und etwas Wasserglas sowie reine Asbestfaser, auf das Eisenöfchen gegeben, um den Platindraht vom Eisen zu isolieren. Der Kühler K besteht aus zwei Messingröhrchen mit Zuleitungen zum Wasserzu- und -abfluss.

5.2.2.2 Das Schamotteöfchen

Da die Isolierschicht des Eisenöfchens bei sehr hoher Temperatur und langer Versuchsdauer verdampft und dadurch häufig Kurzschluss zwischen dem Eisen und der Platinwicklung vorkam, wurde noch eine andere Konstruktion zur Anwendung gebracht: das Schamotteöfchen.

Das Schamotteöfchen besitzt folgende Maße: Länge 15 mm, Durchmesser 7 mm. Es handelt sich um ein auf beiden Seiten offenes Röhrchen aus Marquardtscher Masse. Als Boden dient ein passendes, rund zugeblasenes Quarzröhrchen, das auf der linken Seite eingesetzt wird. Auf den runden Teil des Quarzröhrchens wird ein einseitig geschlossenes Eisenröhrchen so gesetzt, dass sein offener Teil genau auf dem Quarzröhrchen liegt. Der geschlossene Teil des Eisenröhrchens bildet den Deckel und hat eine Austrittsöffnung von 1 mm Durchmesser.

Eine kleine Akkumulatorenbatterie mit einer Leistung von 4 bis 5 A Stromstärke diente als Stromquelle für die Heizung des Schamotteöfchens. Die Kühlung der Umgebung des Öfchens mit einem Kühler, der mit weißem Siegellack in einen Glasschliff eingekittet wurde, erwies sich als dringend notwendig, da die fettgedichteten Schliffe und die Kittstellen der Glasapparatur durch die Erwärmung des Öfchens dauernd Gas abgaben und dadurch nicht das erforderliche hohe Vakuum erzielt wurde.

5.2.2.3 Der Kühler

Der Kühler hat mehrere Öffnungen, die folgenden Zwecken dienen (siehe Abbildung Glasgefäß mit Öfchen und Kühler): R_1 ist mit einem Glasplättchen verschlossen und wird zur optischen Temperaturbestimmung des Inneren des Öfchens verwendet. Durch R_2 geht eine Stromzuführung zur Heizwicklung des Öfchens. R_3 führt zur Pumpe. R_4 führt zu dem die Blenden und die Magnetpole tragenden Teil.

Die den Atomstrahl begrenzenden Blenden B bzw. Sp waren in Platinblech eingestochene Löcher, die teils mit verschiebbaren Backen versehene Spaltblenden hatten (siehe Skizzen und Abbildungen).

5.2.2.4 Der Halbringelektromagnet nach du Bois

Zur Erzeugung eines inhomogenen Magnetfeldes wurde das kleine Modell des Halbringelektromagneten nach du Bois der Firma Hartmann und Braun (Frankfurt am Main) verwendet. Hier ist von großer Bedeutung zu erwähnen, dass die Polschuhe aus gutem weichen Eisen hergestellt wurden und sorgfältig geschliffen waren. Sie wurden dann an besonders angefertigte wassergekühlte Polschuhe des Magneten von Hartmann und Braun angesetzt. Diese Wasserkühlung war unbedingt nötig, weil der Elektromagnet bei Dauerbelastung so warm wurde, dass die Dichtungen und Kittungen der Apparatur nicht mehr hielten.

5.2.3 Dritte Versuchsanordnung (1923 bis September 1924)

Dieser Abschnitt beschäftigt sich kurz mit der vollendeten Apparatur des Stern-Gerlach-Effektes, wie sie sich in den Jahren von 1921 bis September 1924 – hier wurde Walther Gerlachs Artikel „Über die Richtungsquantelung im Magnetfeld II" bei den *Annalen der Physik* eingereicht – am Physikalischen Institut der Frankfurter Universität entwickelt hat. Physikalische Experimente erfahren beständig Neuerungen – meist Verbesserungen.

Ziel dieser Arbeit war es, den Stand der Dinge im Februar 1922 zu ermitteln, als der Nachweis der Richtungsquantelung erstmals glückte. Die vollendete Apparatur spielte hierbei eine mehr nebensächliche Rolle, obwohl ohne einen Rückgriff auf die Arbeiten von 1924 und die Doktorarbeit von Andries Cilliers eine Rekonstruktion der Apparatur vom Februar 1922 nicht möglich gewesen wäre. Viele Teile wurden nachgebaut – mit mehr oder weniger Erfolg. Eine wirkliche funktionsfähige Rekonstruktion des historischen Modells steht noch aus. Schon die erste Fotografie lässt die wesentlichen Elemente des Stern-Gerlach-Versuches voll erkennen.

Die folgenden Seiten zeigen eine Teilrekonstruktion des Nachbaues des Stern-Gerlach-Versuches vom Februar 1922.

(Der Nachbau befindet sich in einer Vitrine im Otto-Stern-Zentrum der Johann-Wolfgang-Goethe-Universität) (Abb. 5.1, 5.2, 5.3, 5.4, 5.5, 5.6, 5.7,

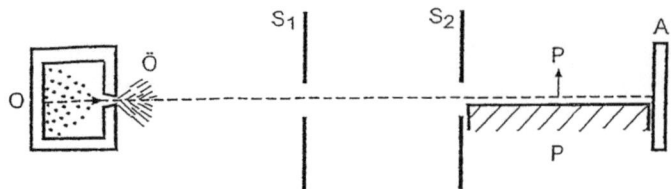

Abb. 5.1 Schema des Stern-Gerlach-Versuches. O = Öfchen, Ö = Öffnung, S1, S2 = Blenden, P = Magnetpol des inhomogenen Magnetfeldes, A = Auffänger, Glasplättchen

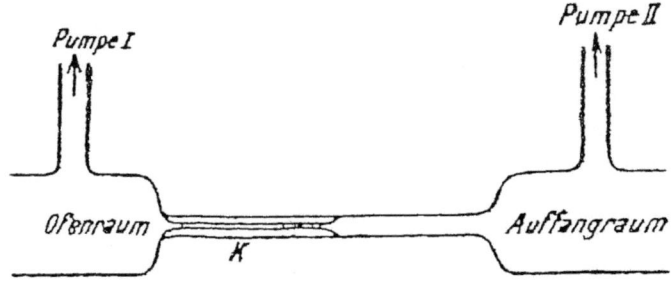

Abb. 5.2 Erste Versuchsanordnung des Stern-Gerlach-Versuches

5.8, 5.9, 5.10, 5.11, 5.12, 5.13, 5.14, 5.15, 5.16, 5.17, 5.18, 5.19, 5.20, 5.21, 5.22, 5.23, 5.24, 5.25, 5.26, 5.27, 5.28, 5.29, 5.30, 5.31, 5.32, 5.33, 5.34, 5.35, 5.36, 5.37, 5.38, 5.39, 5.40, 5.41, 5.42, 5.43, 5.44, 5.45 und 5.46).

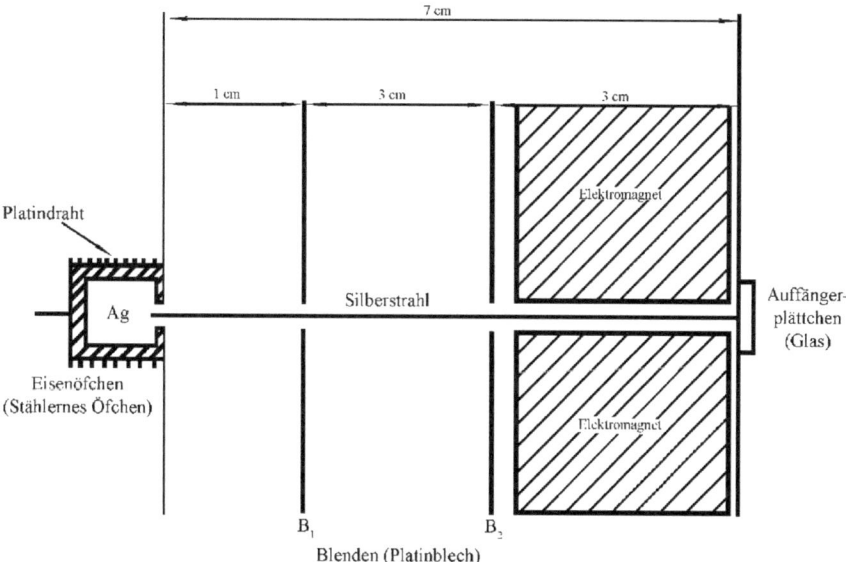

Abb. 5.3 Die wichtigsten Maße bei der zweiten Versuchsanordnung des Stern-Gerlach-Versuches im Vergleich

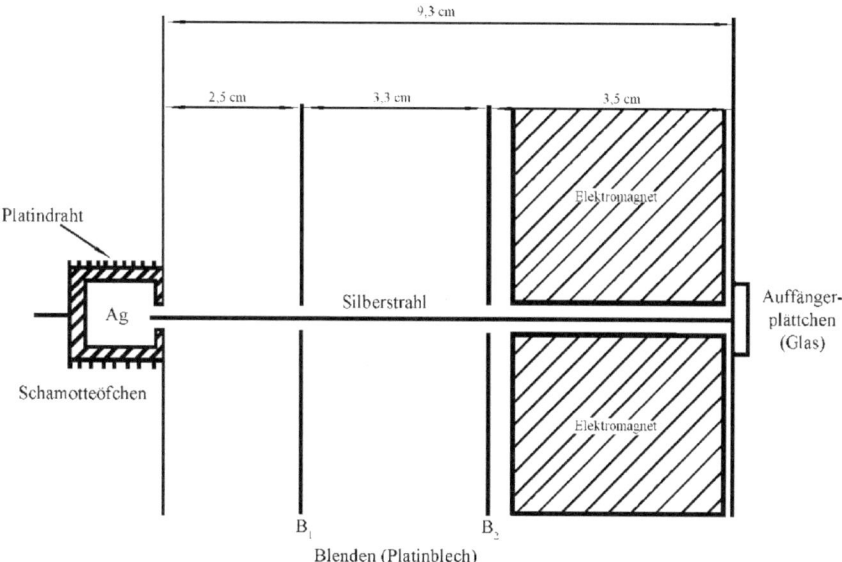

Abb. 5.4 Die wichtigsten Maße bei der zweiten Versuchsanordnung des Stern-Gerlach-Versuches im Vergleich

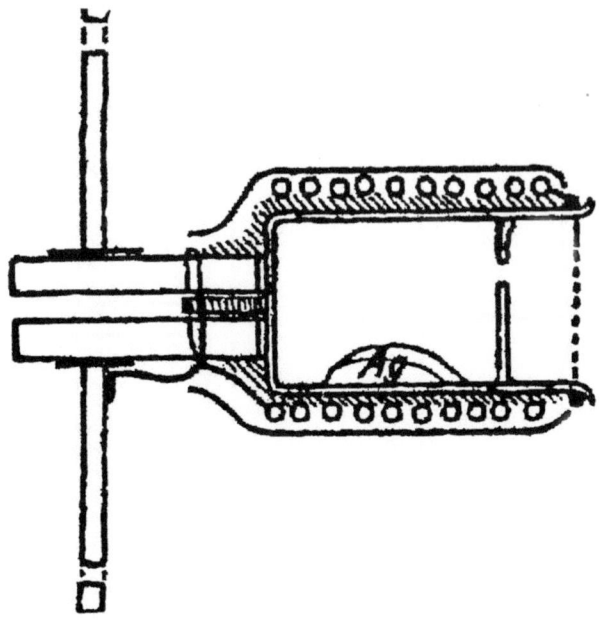

Abb. 5.5 Eisenöfchen

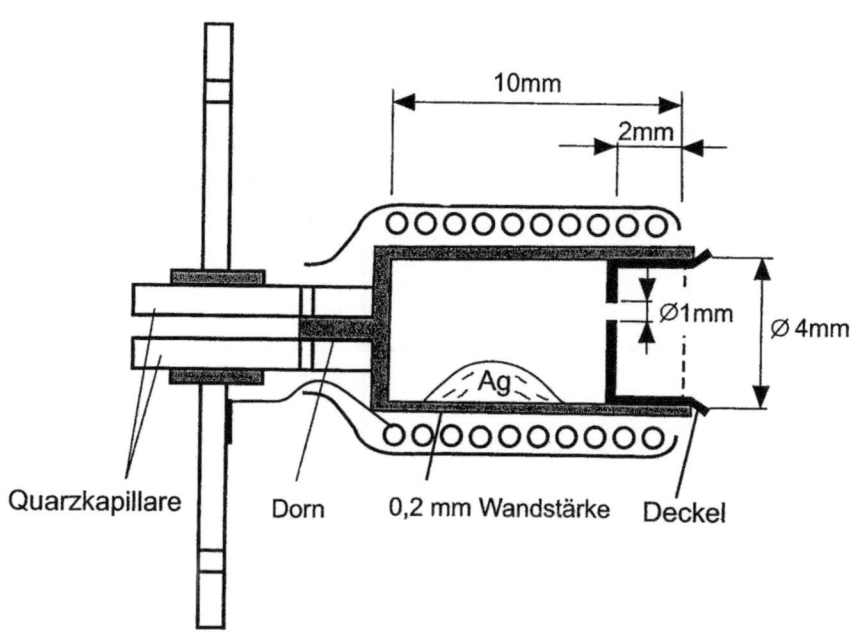

Abb. 5.6 Eisenöfchen

Abb. 5.7 Nachbau des Eisenöfchens

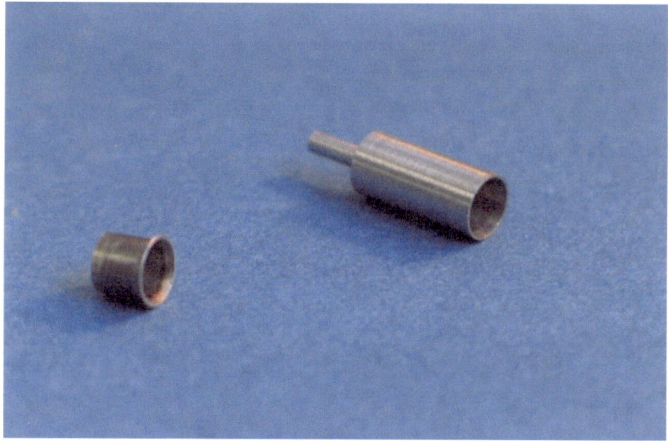

Abb. 5.8 Nachbau des Eisenöfchens

Abb. 5.9 Nachbau des Eisenöfchens

Abb. 5.10 Nachbau des Eisenöfchens

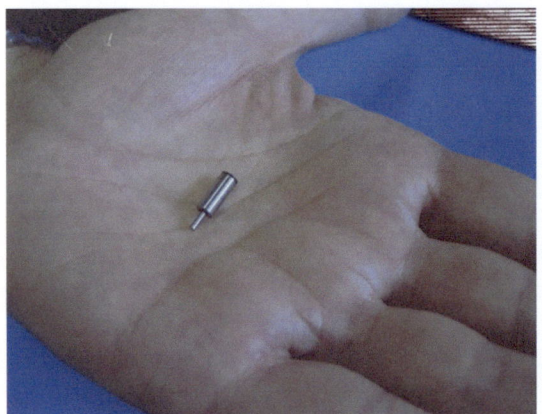

Abb. 5.11 Nachbau des Eisenöfchens

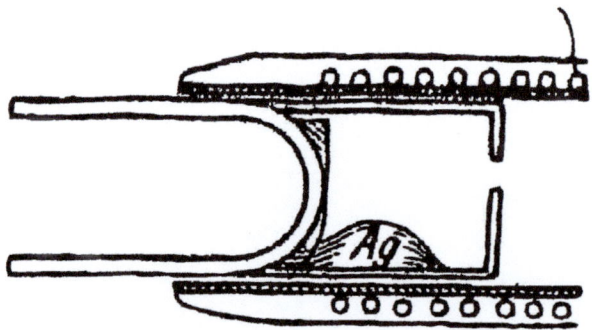

Abb. 5.12 Schamotteöfchen mit rund geblasenem Quarzröhrchen

5 ZUR REKONSTRUKTION DER HISTORISCHEN VERSUCHSANORDNUNG … 147

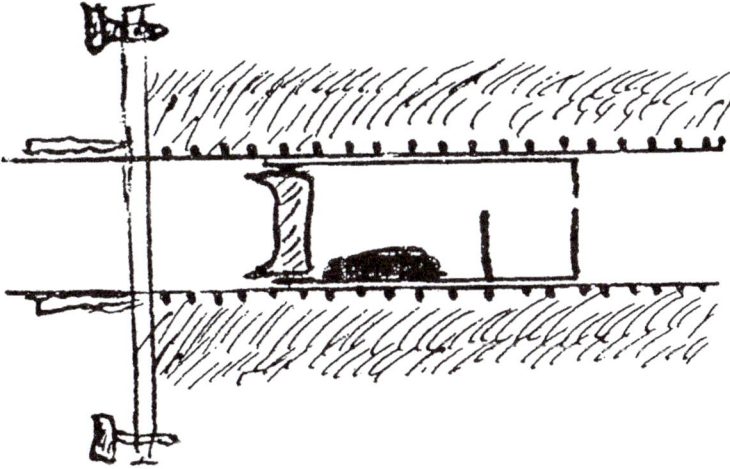

Abb. 5.13 Schamotteöfchen ohne Quarzröhrchen

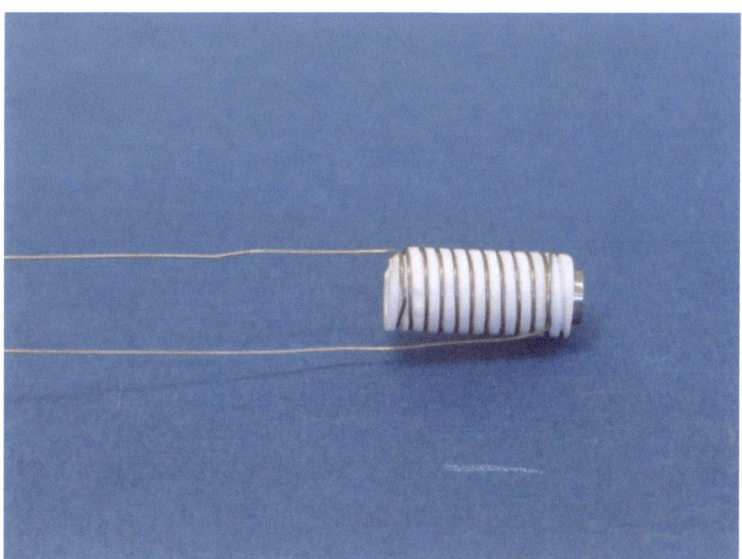

Abb. 5.14 Nachbau des Schamotteöfchens

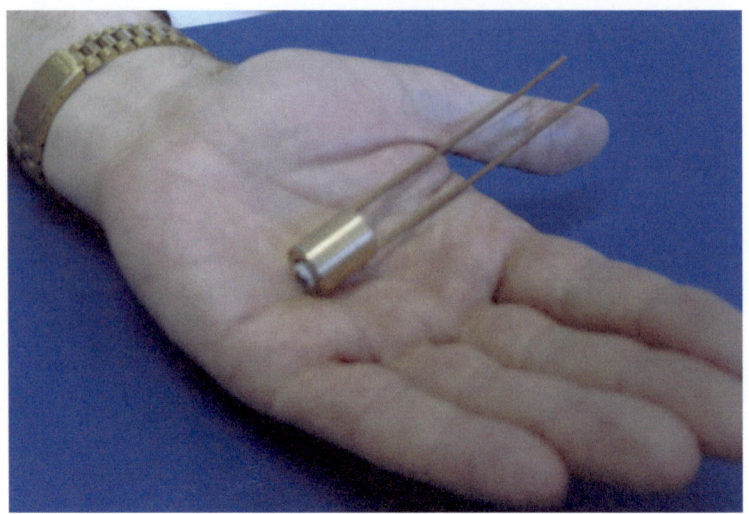

Abb. 5.15 Schamotteöfchen mit Kühler

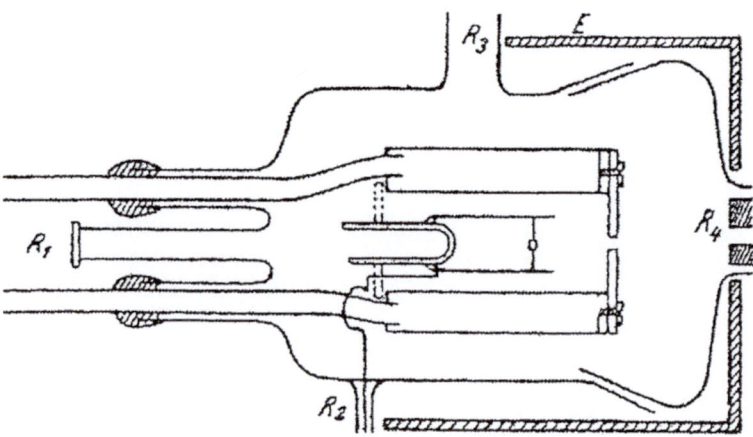

Abb. 5.16 Glasgefäß mit Öfchen und Kühler

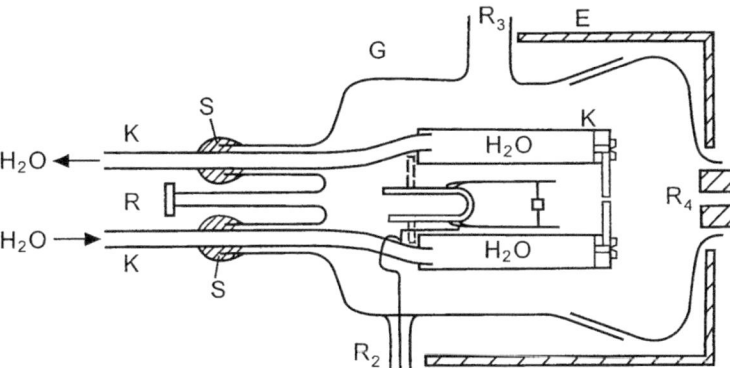

Abb. 5.17 Schamotteöfchen im Kühler eingebettet. R1 = Öffnung mit Glasplättchen verschlossen, R2 = Öffnung durch welche die eine Stromzuführung zur Heizentwicklung des Öfchens geführt wird, R3 = Öffnung zur Vakuumpumpe, R4 = Öffnung zu dem die Blende und die Magnetpole tragenden Teil, E = Eisenzylinder, K = Kühler, G = Glas, S = Weißer Siegellack

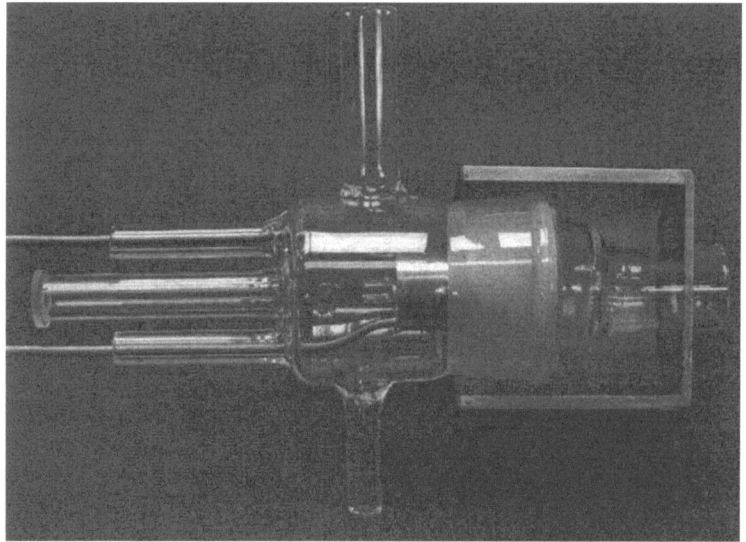

Abb. 5.18 Nachbau des Glasgefäßes mit Öfchen und Kühler

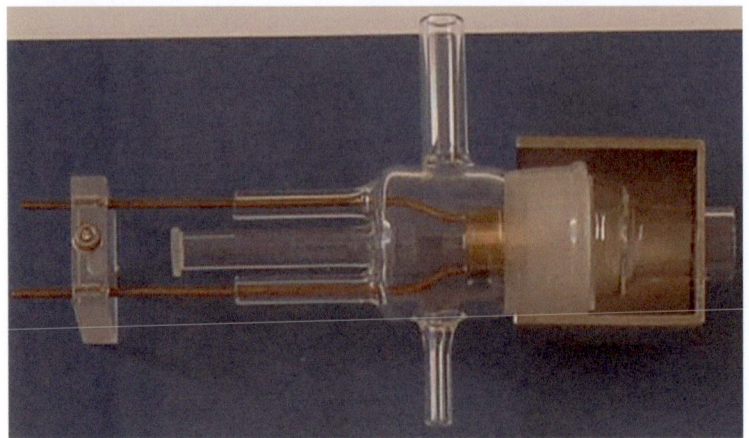

Abb. 5.19 Glasgefäß mit Öfchen und Kühler, ausgestellt in einer Vitrine

Hartmann & Braun A.-G., Frankfurt am Main.

Halbring-Elektromagnete
nach H. du Bois.

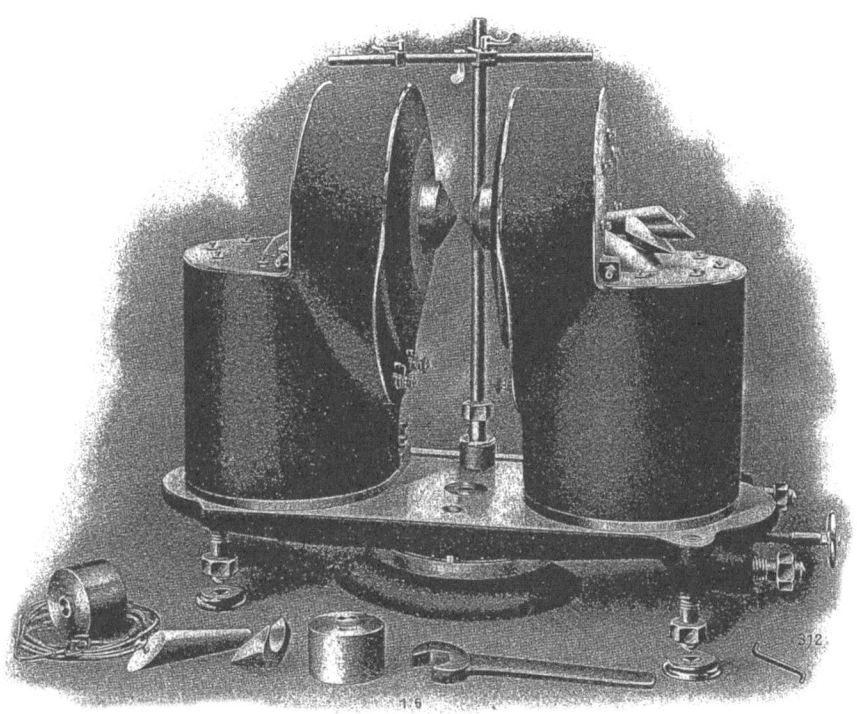

Neue Form des du Bois'schen **Halbring-Elektromagneten**,

der in drei Größen zur Ausführung komm:

Das größte Modell von ca. 450 kg Gewicht, aber leicht drehbar, gibt unter günstigen Umständen ein Kraflinienfeld von 55 000 Gauß, die höchste Dichte, die bisher je erreicht wurde.

Das mittlere Modell, ca. 250 kg schwer, liefert 42 000 Gauß, und das kleine Modell von ca. 45 kg gibt 33 000 Gauß.

Ausführlicher Prospekt erscheint in Kürze

Abb. 5.20 Halbringelektromagnet nach H. du Bois

HARTMANN & BRAUN AG / FRANKFURT A M

Grüne Liste 1928　　　　　　　　　　　　　　　　9. Teil

Halbring=
Elektromagnete
nach H. du Bois

Nr. 433　　　　　　　　Nr. 435

Vgl. Zeitschrift für Instrumentenkunde, Band 31, 1911, S. 362
Annalen der Physik, 4. Folge, Band 42, 1913, S. 953
Verhandlungen der Physikalischen Gesellschaft, Band 15, 1913, S. 292
Gumlich, Magnetische Messungen, Braunschweig 1918. § 54, Isthmusmethode

Eigenschaften	Großer Magnet Nr. 433	Kleiner Magnet Nr. 435
Höchste Feldstärke bei 3,6 mm Durchmesser und 0,5 mm Abstand der Polflächen . . . . in Kilogauß	50 (55)**)	40
Höchste Feldstärke bei 6 mm Durchmesser und 1 mm Abstand der Polflächen . . . . in Kilogauß	45 (50)**)	35
Länge des Lichtwegs im Einzelholm . . . . in mm	160	100
Gesamtwindungszahl jedes Holms	1550	1450
Gesamtwiderstand jedes Holms . . . . . . in Ohm etwa	2,5	4,8
Einige Minuten zulässiger Höchststrom in Ampere ,,	42	12
Dauer=Betriebsstrom, zeitweilig überwacht ,,　　,,　　,,	27,5	7,5
Polschuh=Durchmesser an der Holm=Stirnfläche in mm ,,	93	40
Achsenhöhe über der Standfläche . . . . ,, ,,	470	250
,,　　　　　,,　　　　Grundplatte . . . . ,, ,,	330	175
Größter Abstand zwischen den Holm=Stirnflächen in mm	260	100
Länge der Grundplatte . . . . ,, ,,	850	400
Breite　　,,　　　　　,,　　　　　. . . . . ,, ,,	280	155
Grundplattenhöhe über dem Tisch . . . . ,, ,,	140	75
Gesamthöhe . . . . ,, ,,	650	350
Gesamtgewicht . . . . in Kilogramm etwa	370	52
Preis, einschl. der nachsteh. Zubehörteile *Reichsmark*	**7150**	**1380**

Im Preise sind folgende Zubehörteile einbegriffen: Stativrohr mit Lasche, Be=
festigungsmuffe, zwei Kreuzmuffen und Querrohr; Konische Ausfüllstücke für die
Bohrungen; ein einsteckbarer dritter Fuß für Senkrechtstellung, der bei dem kleinen
Magnet gleichzeitig als zweites konisches Ausfüllstück dient; Rotgußuntersätze; Ver=
bindungskabel; Sechseckschlüssel.

*) Die Werte für Widerstand, Windungszahl usw. sind abgerundete Durchschnittszahlen und können nur auf
ungefähre Richtigkeit Anspruch machen.
**) Die in Klammern ( ) angegebenen Feldstärken werden nur bei Verwendung der auf der nächsten Seite
aufgeführten besonderen Polspulen erreicht.

Abb. 5.21　Halbringelektromagnet nach du Bois

5 ZUR REKONSTRUKTION DER HISTORISCHEN VERSUCHSANORDNUNG … 153

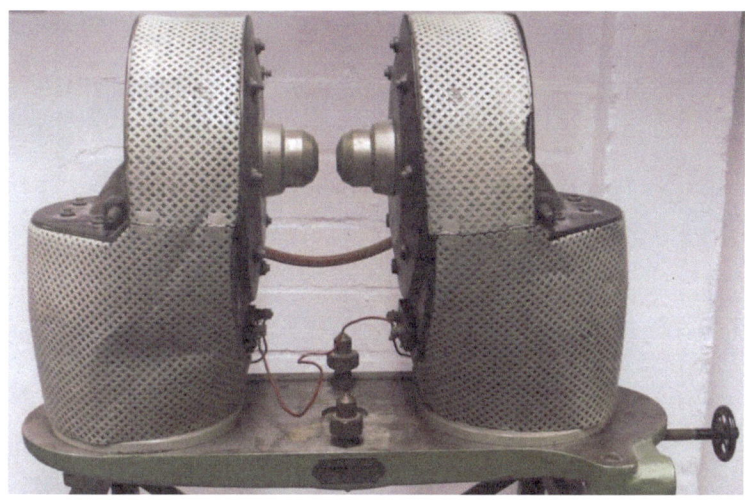

Abb. 5.22 Halbringelektromagnet nach du Bois

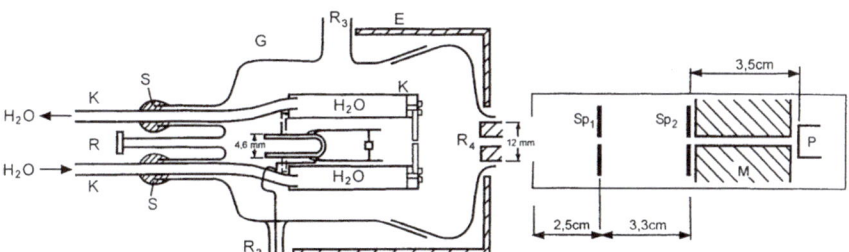

Abb. 5.23 Stern-Gerlach-Versuch vom Februar 1922 mit Blenden, Polschuhen und Auffänger. R1 = Öffnung mit dem Glasplättchen verschlossen, R2 = Öffnung durch welche die eine Stromzuführung zur Heizentwicklung des Öfchens geführt wird, R3 = Öffnung zu den Blende und Magnetpole tragenden Teil, E = Eisenzylinder, K = Kühler, G = Glas, S = Weißer Siegellack, O = Schamotte-Öfchen, W = Platindrahtwicklung, Z = Stromzuführung, Sp = Blenden (Platinblech), M = Polschuh, P = Glasplättchen (Auffänger, Auffangplatte)

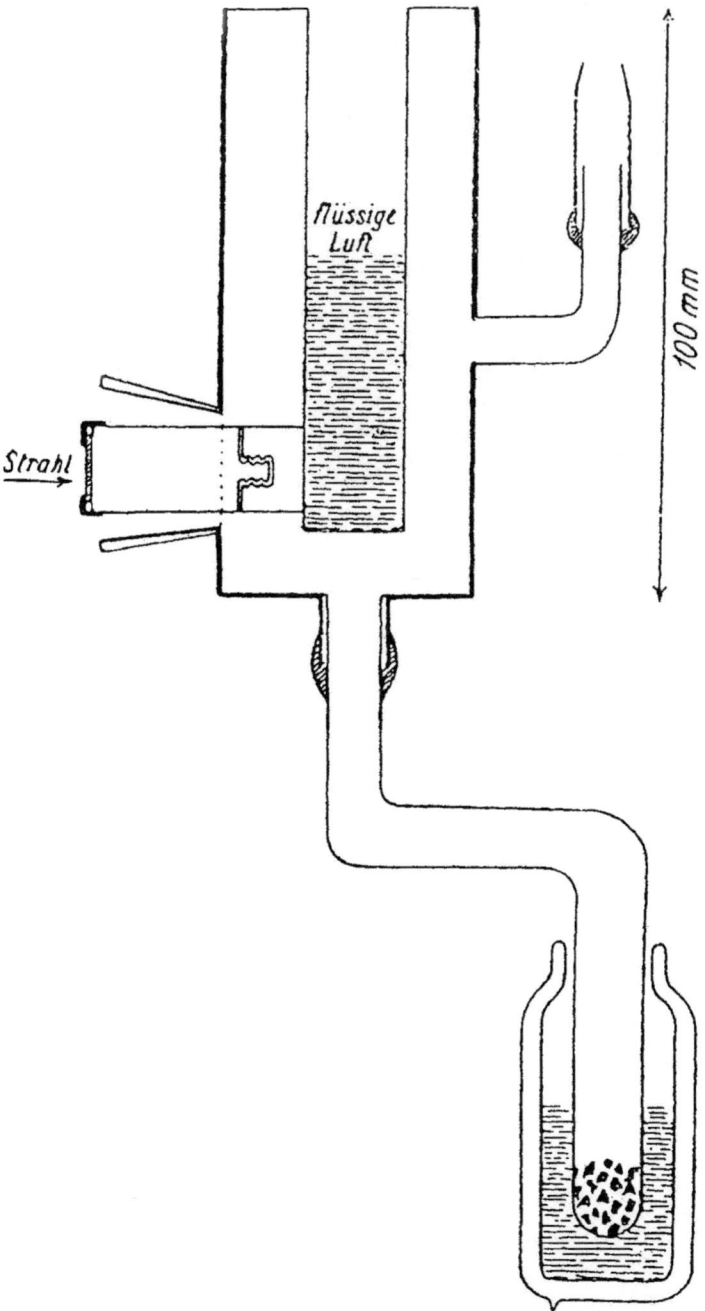

Abb. 5.24 Plättchenhalter mit Kühlgefäß. Möglicherweise waren der Plättchenhalter und das Kühlgefäß im Anfangsstadium des Stern-Gerlach-Versuches völlig aus Glas gefertigt

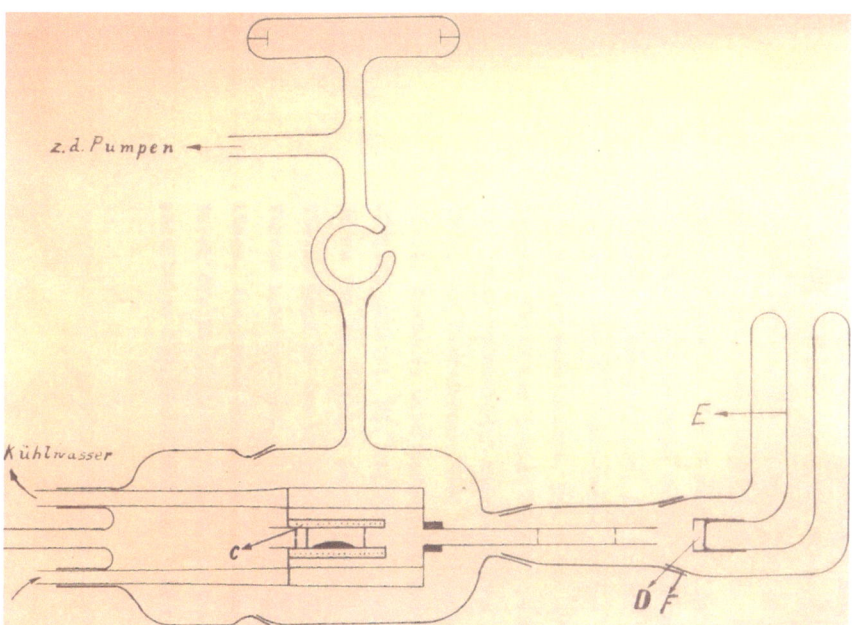

Abb. 5.25 Schamotteöfchen mit dem Kühler, der Zuleitung zu den Vakuumpumpen und dem Plättchenhalter mit Kühlgefäß. (Zeichnung der Stern-Gerlach-Apparatur aus der Dissertation von Andries Cilliers von 1924). E = Schamotte-Öfchen mit Messingkühler, D = Plättchenhalter (Auffänger, Auffangplättchen), F = Bei F ist ein Schliff angebracht, um die Plättchen bequem wechseln zu können, K = Kühlgefäß mit flüssiger Luft

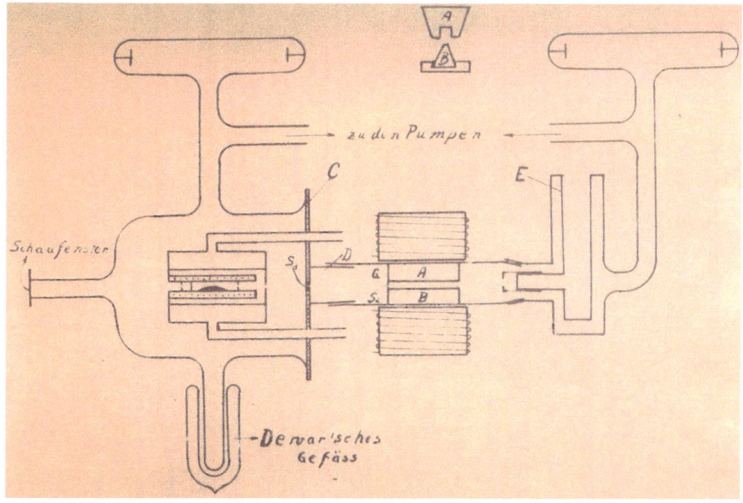

Abb. 5.26 Zeichnung der Stern-Gerlach-Apparatur aus der Dissertation von Andries Cilliers von 1924. A, B = Elektromagnet, C = Schamotte-Öfchen mit Messingkühler in der Glasglocke, E = Kühlgefäß mit flüssiger Luft

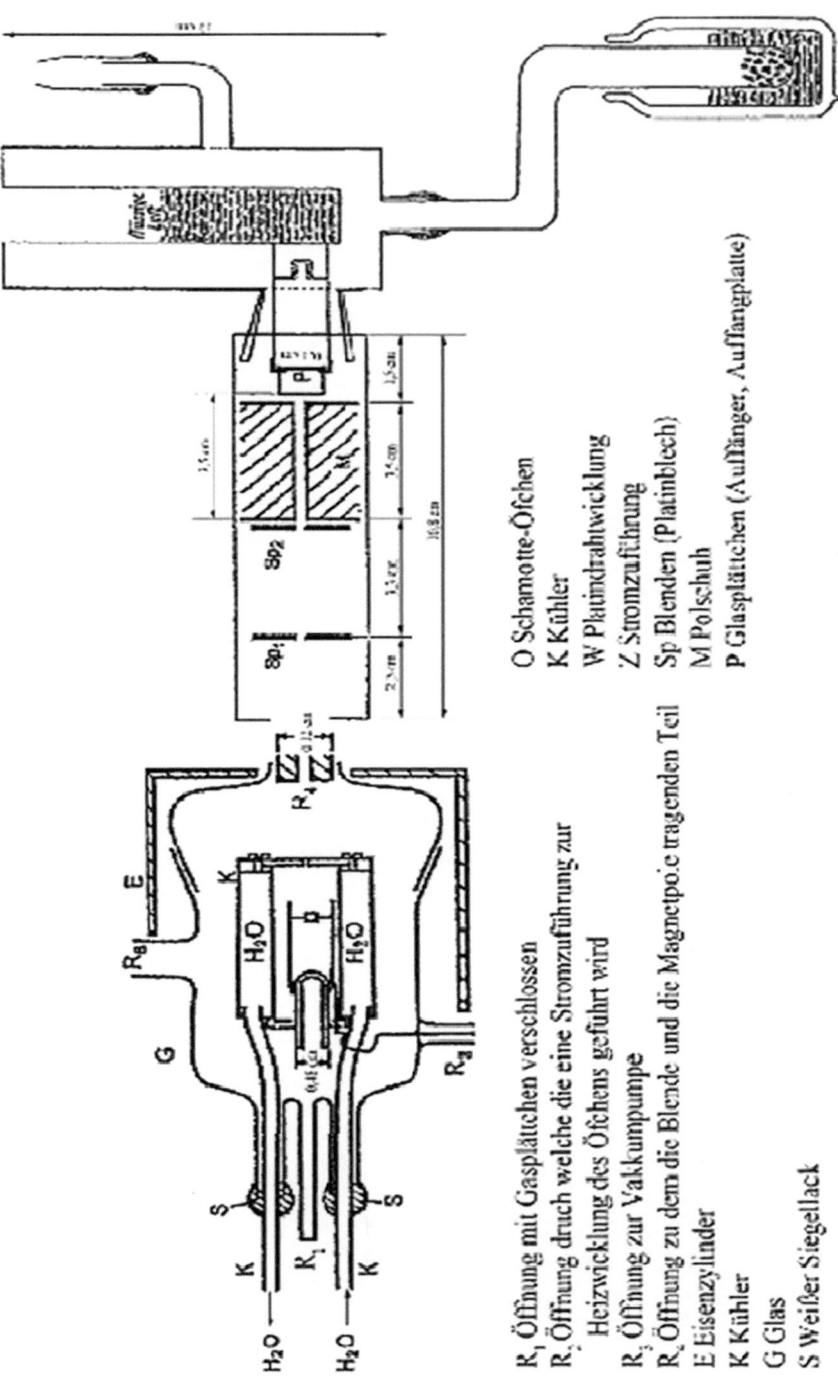

Abb. 5.27 Schema der Apparatur des Stern-Gerlach-Versuches vom Februar 1922 (siehe hierzu auch Abb. 5.34)

R₁ Öffnung mit Gasplättchen verschlossen
R₂ Öffnung druch welche die eine Stromzuführung zur Heizwicklung des Öfchens geführt wird
R₃ Öffnung zur Vakuumpumpe
R₄ Öffnung zu dem die Blende und die Magnetpoie tragenden Teil
E Eisenzylinder
K Kühler
G Glas
S Weißer Siegellack

O Schamotte-Öfchen
K Kühler
W Platindrahtwicklung
Z Stromzuführung
Sp Blenden (Platinblech)
M Polschuh
P Glasplättchen (Auffänger, Auffangplatte)

Abb. 5.28 Mikrofotografiegerät mit Stativ und Mikroskopaufsatz. Die beim Stern-Gerlach-Versuch verwendeten Auffängerplättchen aus Glas hatten eine Fläche von 10 mm2. Sie wurden nach dem Versuch einem chemischen Entwicklungsprozess unterzogen und dann konnte man das Ergebnis des Versuches unter dem Mikroskop ansehen. Zur Herstellung einer Fotografie wurde ein Gerät zur Mikrofotografie, wie es oben zu sehen ist, verwendet.

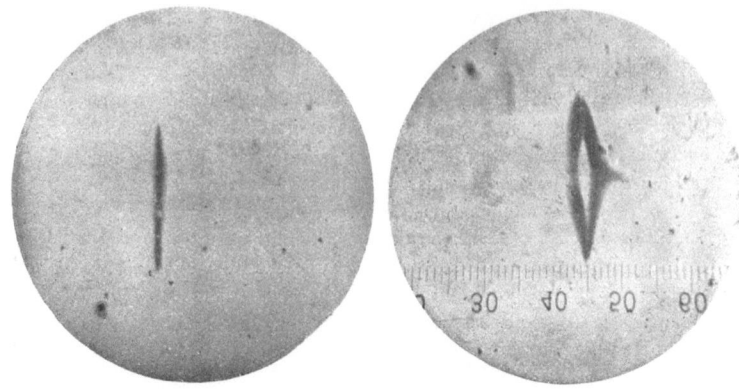

Abb. 5.29 Ergebnis des Stern-Gerlach-Versuches. Links: Aufnahme mit 4,5-stündiger Bestrahlungszeit ohne Magnetfeld (20-fache Vergrößerung). Rechts: Aufnahme mit achtstündiger Bestrahlungszeit mit Magnetfeld (20-fache Vergrößerung)

Abb. 5.30 Postkarte von Walther Gerlach an Niels Bohr vom 8. Februar 1922

5 ZUR REKONSTRUKTION DER HISTORISCHEN VERSUCHSANORDNUNG ...

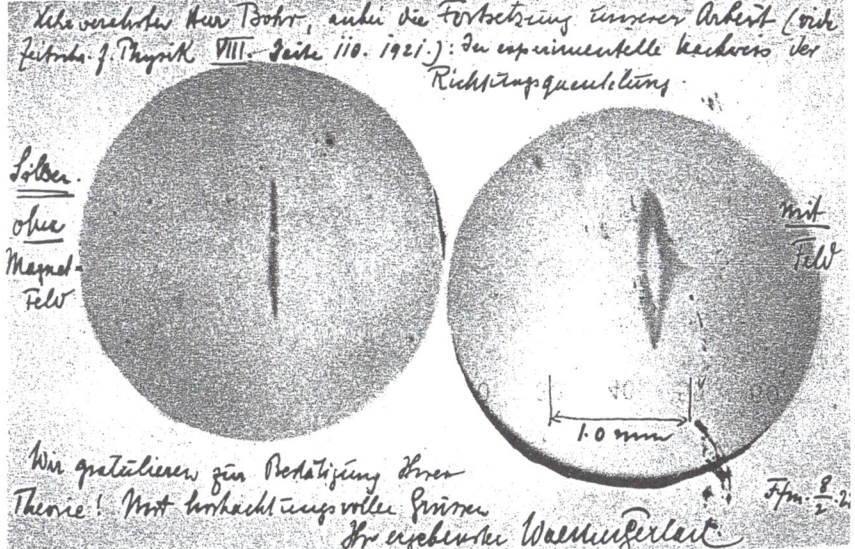

Abb. 5.31 Postkarte von Walther Gerlach an Niels Bohr vom 8. Februar 1922

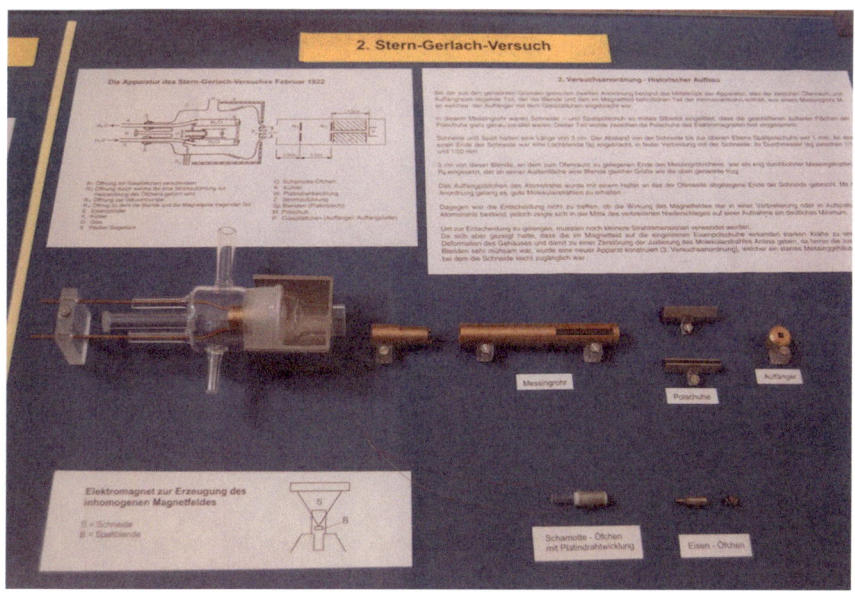

Abb. 5.32 Teilnachbau des Stern-Gerlach-Versuches (1921/22)

Abb. 5.33 Teilnachbau des Stern-Gerlach-Versuches (1921/22)

Abb. 5.34 Weiterentwicklung des Stern-Gerlach-Versuches 1925. Glasglocke, das Hauptteil mit dem Magneten und der Plättchenhalter mit dem Kühlgefäß. Im Hintergrund: Halbringelektromagnet nach H. du Bois.

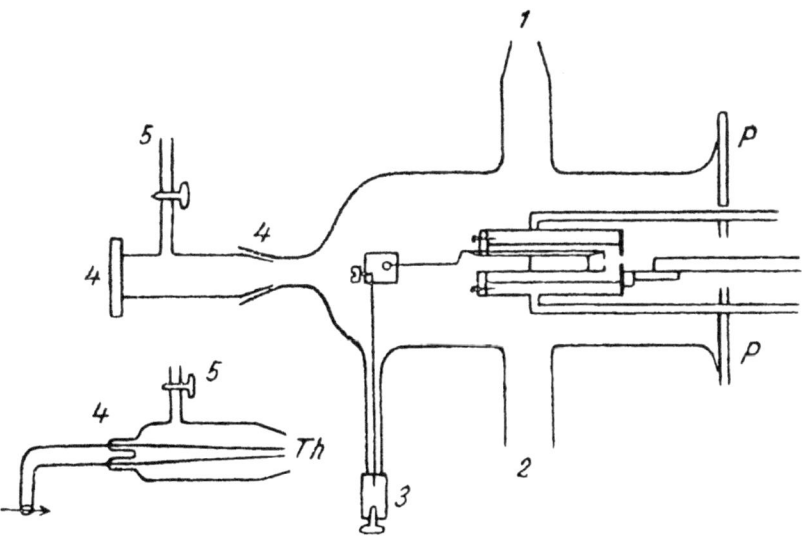

Abb. 5.35 Glasglocke. 1 = Ansätze für Pumpe, 2 = Kühlgefäß, 3 = Zuleitung zur Ofenheizung, 4 = Thermoelemente, 5 = Planplatte zur optischen Temperaturmessung der Öfchentemperatur und zum Einlassen von trockenem Luftstickstoff, P = Messingplatte

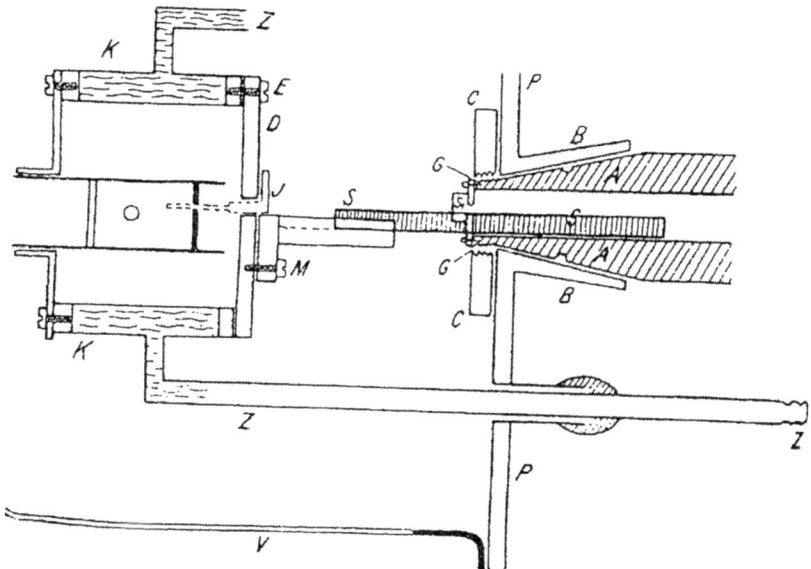

Abb. 5.36 Verbindung Glasglocke Mittelstück (Hauptteil). K = Kühler, M = Messingschwalbenschwanzführung, S = Schneide, Sl = Spalt, Z = Zuleitung, D = Kühlerdeckel, E = Schraube, G = Gewinde, Ö = Öfchen, P = Messingplatte, C = Mutter, A = Schliff, B = Metallkonus, V = Vorderseite der Glasglocke

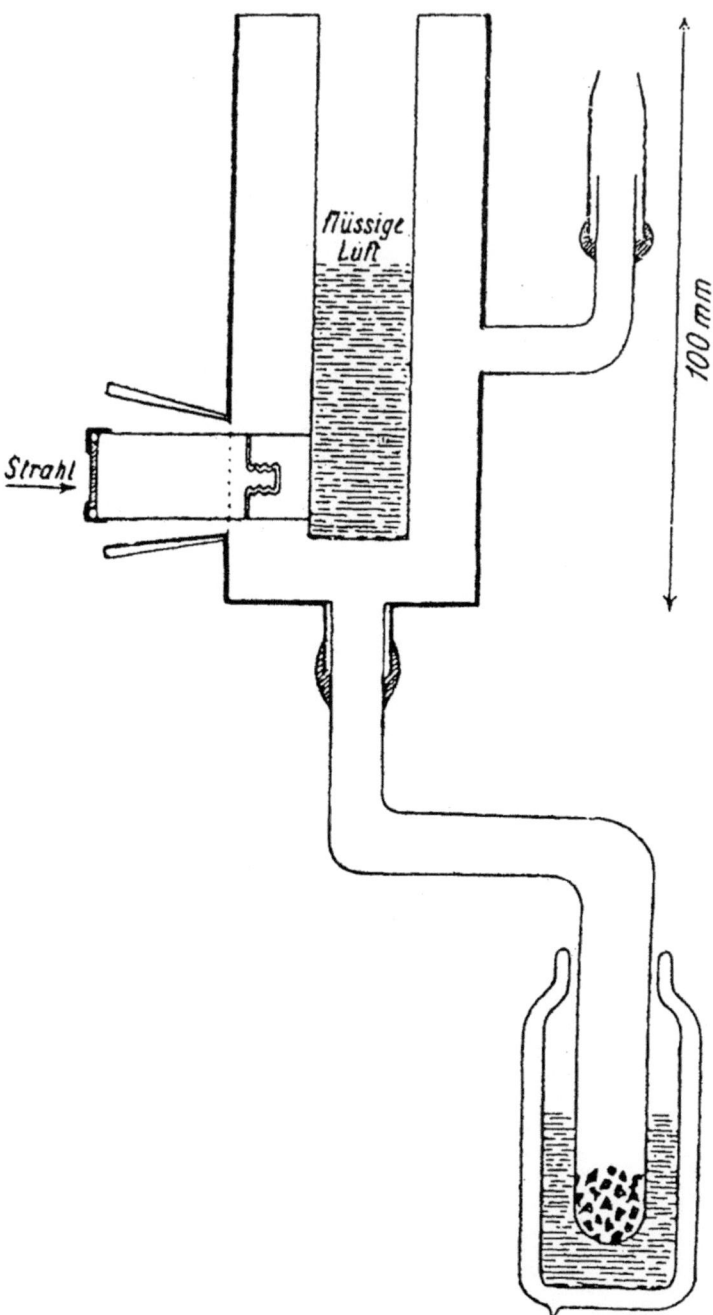

Abb. 5.37 Plättchenhalter (aus Metall) mit Kühlgefäß

Abb. 5.38 Hauptteil des Stern-Gerlach-Versuches 1922

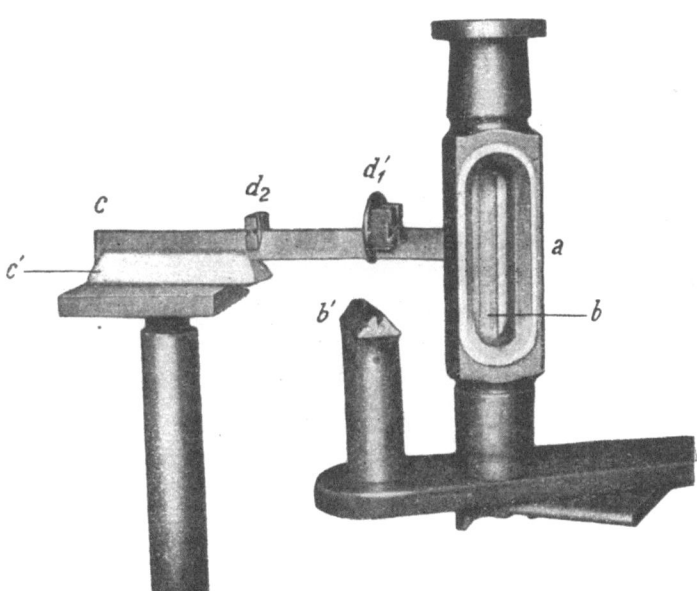

Abb. 5.39 Apparatur des Stern-Gerlach-Versuches 1923 (Neukonstruktion von Walther Gerlach). a = mittleres Messingstück, das die beiden Polschuhe enthält, mit den Schliffen und (oben) auf der aufgeschraubten Mutter zum Gegenhalten der großen Metallplatte, b = Eisenschlitten, in den der Spaltpolschuh b' durch einen Schliff geschoben wird, c = lange Schneide, die im zweiten Eisenschlitten c' gehalten ist, der aus dem Mittelstück a ausgelöst ist, d_1, d_2 = die beiden Spalte; bei $d_{1'}$ sieht man die runde Messingscheibe, mit der die Schneide an die Stirnfläche des Messingmittelstücks angeschraubt wird

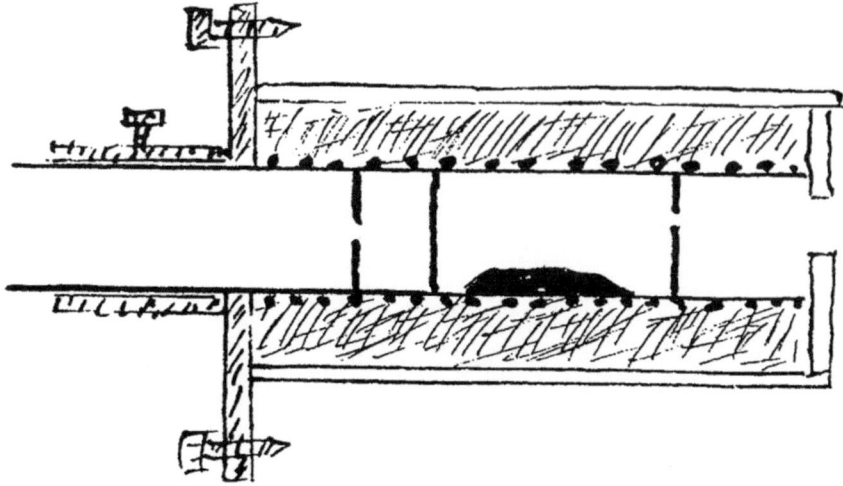

Abb. 5.40 Im Rahmen der Weiterentwicklung des Stern-Gerlach-Versuches wurden auch die Öfchen verändert. Skizze eines Öfchens aus der Dissertation von Andries Cilliers aus dem Jahr 1924

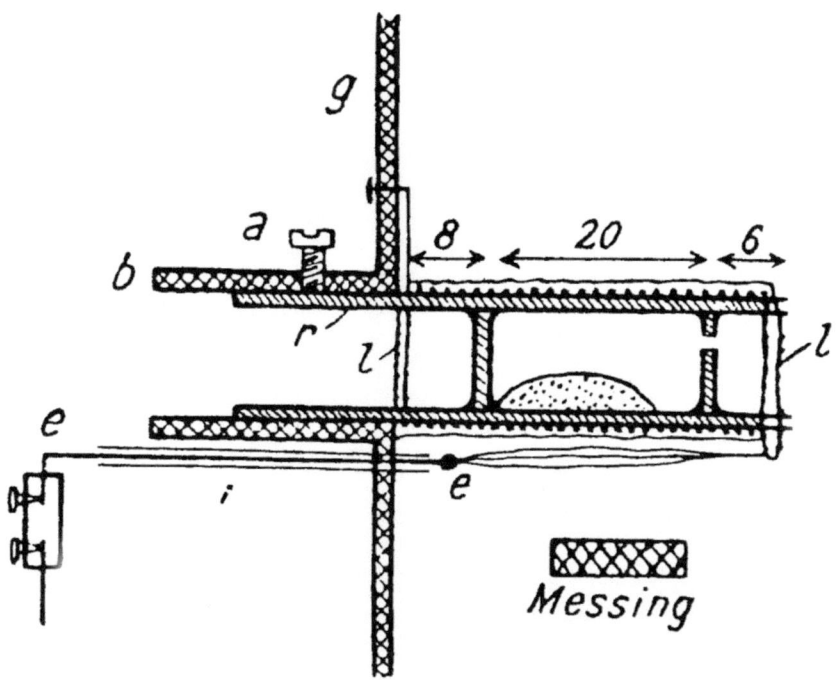

Abb. 5.41 Verdampfungsöfchen

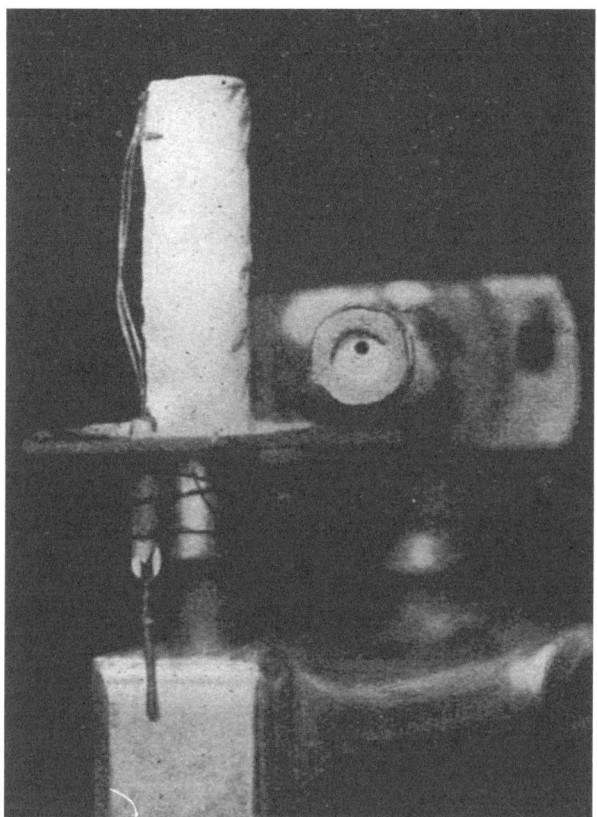

Abb. 5.42 Verdampfungsöfchen mit Messinghalter

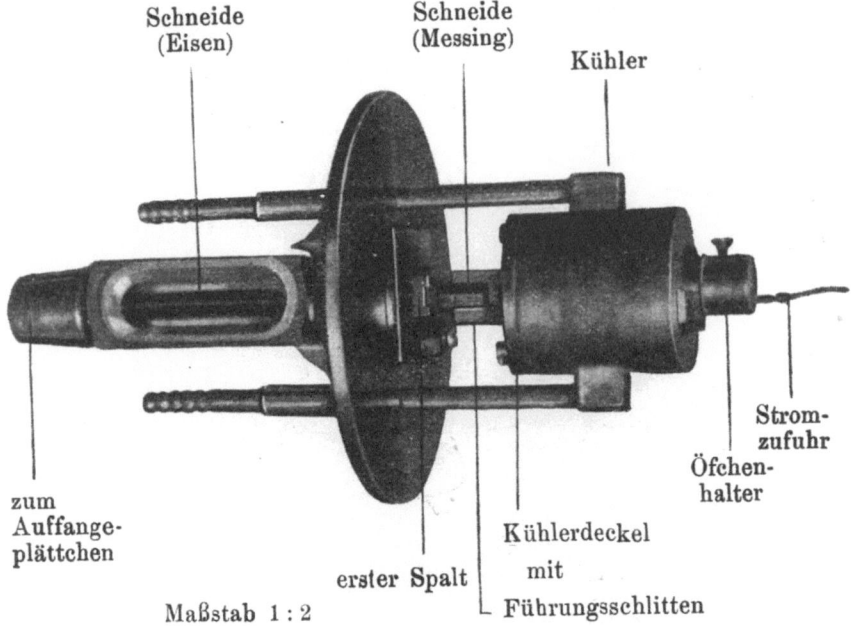

Abb. 5.43 Hauptteil des Stern-Gerlach-Versuches 1923 (Neukonstruktion von Walther Gerlach)

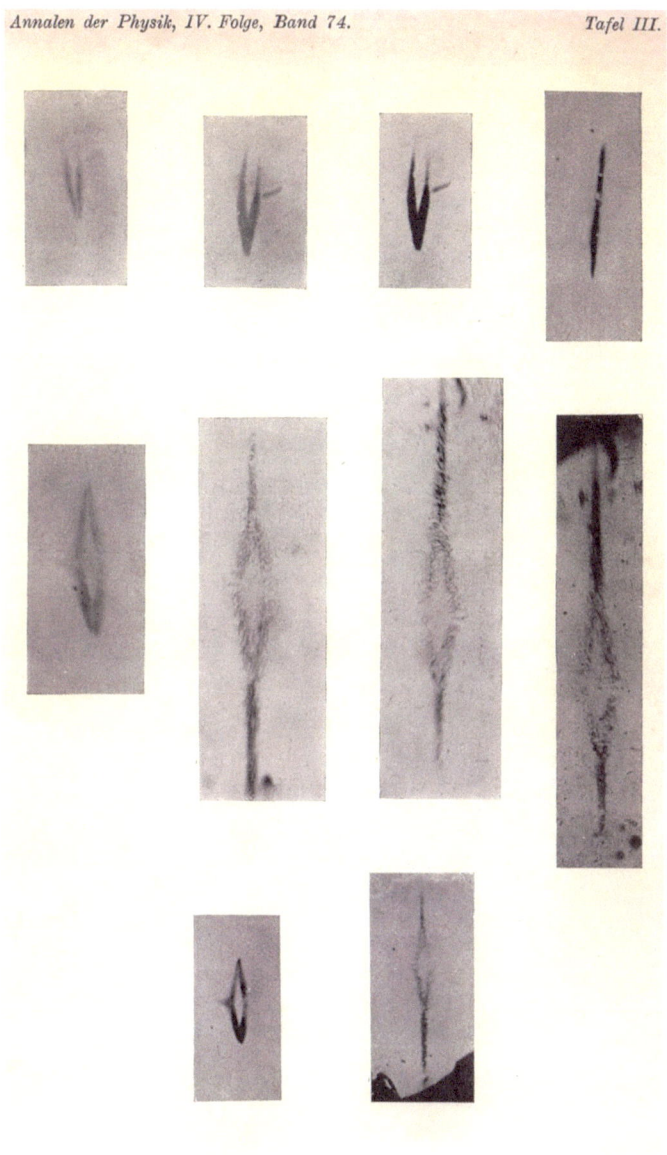

Abb. 5.44 Makrofotografien, die den Nachweis der Richtungsquantelung im Magnetfeld erbringen

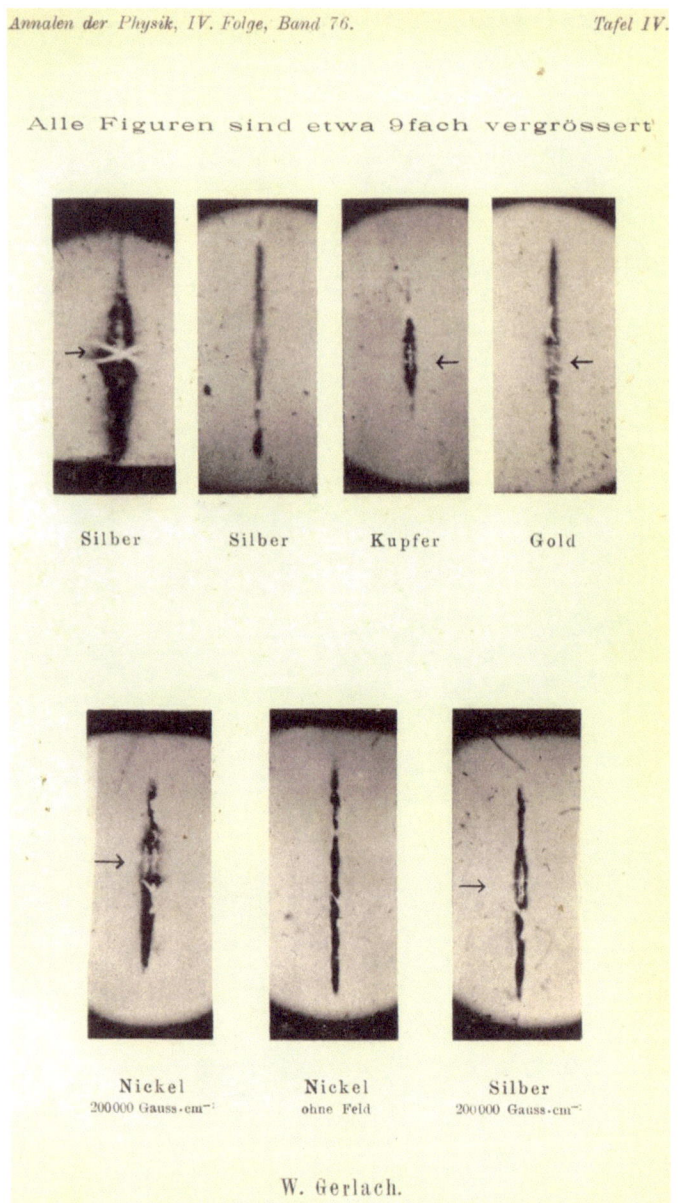

Abb. 5.45 Makrofotografien verschiedener Elemente, an denen magnetische Atombestimmungen vorgenommen wurden

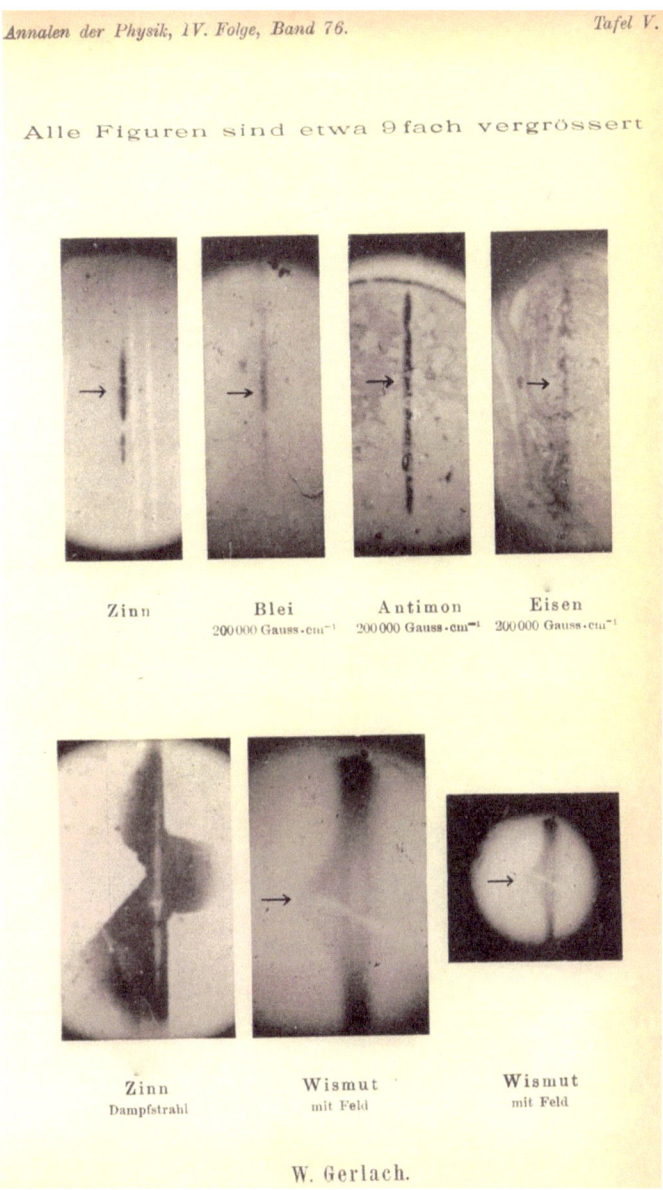

Abb. 5.46 Makrofotografien verschiedener Elemente, an denen magnetische Atombestimmungen vorgenommen wurden

KAPITEL 6

Pauli-Prinzip, Spin und Dirac-Gleichung

In den vorangegangenen Kapiteln wurden die Genese, Entwicklung und Rekonstruktion des Stern-Gerlach-Versuches analysiert und dokumentiert. In diesem abschließenden Kapitel soll nun ein Resümee gezogen werden. Die Grundlage der Untersuchungen zum Stern-Gerlach-Effekt bildete das Atommodell von Bohr und Sommerfeld. Auf die eigentliche Ursache der Richtungsquantelung, d. h. die heutige Interpretation des Effektes, konnte aber bisher noch nicht eingegangen werden. Es wurde gezeigt, dass den Anlass zu dieser Untersuchung die Arbeiten von Arnold Sommerfeld und Peter Debye aus dem Jahr 1916 bildeten, in denen die Theorie der Richtungsquantelung (Quantentheorie des Zeeman-Effektes) entwickelt wurde.

Friedrich Hund (1896–1997) hat in seiner *Geschichte der Quantentheorie* hinsichtlich des Stern-Gerlach-Versuches bemerkt:

> „Ein anderer sehr wichtiger Versuch war der Nachweis der Richtungsquantelung eines Silberatoms im Magnetfeld durch O. Stern und W. Gerlach. […] Stern schlug 1921 vor, diese „Richtungsquantelung" experimentell nachzuweisen, indem man Atome durch ein inhomogenes Magnetfeld laufen ließ. Gerlach und Stern führten den Versuch mit Silberatomen aus und wiesen 1921 die zwei Einstellungen und 1922 den Betrag $(eh)/(4\pi\mu)$ des magnetischen Momentes nach. Sie sahen das als Bestätigung des Drehimpulses des Grundzustandes des Ag-Atoms an. Später, im Zusammenhang mit der Theorie der anomalen Zeeman-Effekte, mußte die Deutung [des Stern-Gerlach-Effektes; W. T.] etwas abgeändert werden."[1]

---

[1] Friedrich Hund
Geschichte der Quantentheorie
Mannheim 1967, Seite 92 f.

Warum war diese Umdeutung der Ergebnisse des Stern-Gerlach-Versuches nach 1925 nötig? Die Theorie der Richtungsquantelung ging von einer Einstellung der Elektronenbahnen aus. Nach der neuen Quantenmechanik war es aber sinnlos, überhaupt von Elektronenbahnen zu sprechen. Werner Heisenberg (1901–1976) hat in seiner berühmten Arbeit „Über den anschaulichen Inhalt der quantentheoretischen Kinematik und Mechanik" von 1927 das folgendermaßen zum Ausdruck gebracht:

> „Gehen wir nun über zum Begriff „Bahn des Elektrons". Unter Bahn verstehen wir eine Reihe von Raumpunkten (in einem gegebenen Bezugssystem), die das Elektron als „Orte" nacheinander annimmt. Da wir schon wissen, was unter „Ort zu einer bestimmten Zeit" zu verstehen sei, treten hier keine neuen Schwierigkeiten auf. Trotzdem ist leicht einzusehen, daß z. B. der oft gebrauchte Ausdruck: die „1 S-Bahn des Elektrons im Wasserstoffatom" von unserem Gesichtspunkt aus keinen Sinn hat."[2]

Damit stellt sich die Frage, was im Rahmen des Atommodells der Quantenmechanik durch den Stern-Gerlach-Effekt eigentlich gemessen wurde.

6.1 DAS PAULI-PRINZIP

Bevor Werner Heisenberg am 29. Juli 1925 seine Arbeit zur quantentheoretischen Mechanik (Matrizenmechanik)[3] vorlegte – eine Arbeit von Max Born über Quantenmechanik[4] war 1924 vorausgegangen –, gab es in der Atomphysik sehr viele ungelöste Probleme, die mithilfe der halbklassischen älteren Quantentheorie (1900–1925) nicht gelöst werden konnten. Dies war z. B. die Feinstruktur der Spektralterme, wobei die Multiplettstruktur ein besonderes Problem bildete. Weitere Probleme waren die Aufspaltung der Spektralterme im Magnetfeld und der Abschluss des Periodensystems der Elemente. Vor der Veröffentlichung der Matrizenmechanik war die Quantentheorie eine aus unterschiedlichsten Ansätzen zusammengesetzte Theorie. Die Lage in der Physik war dadurch gekennzeichnet, dass man auf der einen Seite anstehende Probleme lösen wollte, aber auf der anderen Seite davon überzeugt war, dass dazu eine neue Grundlage für eine noch zu schaffende Quantentheorie nötig war.

---

[2] Werner Heisenberg
Über den anschaulichen Inhalt der quantentheoretischen Kinematik und Mechanik
Zeitschrift für Physik 43, 176 (1927)

[3] Werner Heisenberg
Über quantentheoretische Umdeutung kinematischer und mechanischer Beziehungen
Zeitschrift für Physik 33, 879 (1925)

[4] Max Born
Über Quantenmechanik
Zeitschrift für Physik 26, 379 (1924).

Bereits ein Jahr vor der Aufstellung der Heisenbergschen Theorie hatte Wolfgang Pauli durch seine Forschungen wichtige Erkenntnisse über das Periodensystem der Elemente gewonnen, die für die weitere Entwicklung von großer Bedeutung waren. Die Physiker konnten die Grundstruktur der einfachen Spektren durch die Berücksichtigung von drei Quantenzahlen (der Hauptquantenzahl n, der Nebenquantenzahl l und der magnetischen oder Orientierungsquantenzahl m) beschreiben. Dies reichte aber nicht aus, um die Feinstruktur der Spektren zu erklären. Seit 1913 war außerdem das nach Henry Moseley (1887–1915) benannte Mosleysche Gesetz bekannt, das eine Aussage über die natürliche Reihe der Elemente macht. Jedes Element erhält demnach in der natürlichen Reihe eine Ordnungszahl, die gleich der Elektronenzahl in der Elektronenhülle ist. Durch die Ordnungszahl konnte man auch die chemische Periodizität im System der Elemente angeben. Lothar Meyer (1830–1895) und Dimitri Mendelejew (1834–1907) teilten das Periodensystem in sieben Perioden ein. Durch die Arbeiten von Moseley konnte man auch eine Angabe über die Länge dieser Perioden machen. Geht man von einem einfachen Atommodell mit dem Atomkern im Mittelpunkt und konzentrischen Kugelschalen, auf denen sich die Elektronen befinden sollen, aus, so können diese Schalen von innen nach außen in die K-, L-, M-, N-, O-, P- und Q-Schale eingeteilt werden. Diese Schalen werden als Energiestufen oder Hauptquantenzahlen n bezeichnet. Kennzeichnet man die Hauptquantenzahl n von 1 bis 7, so erhält man gemäß der Formel $2n^2$ auf der K-Schale ($n=1$) $2 \cdot 1^2 = 2$ Elektronen, auf der L-Schale ($n=2$) $2 \cdot 2^2 = 8$ Elektronen, auf der M-Schale ($n=3$) $2 \cdot 3^2 = 18$ Elektronen usw. Hieraus folgt, dass eine n-quantige Elektronenschale höchstens $2n^2$ Elektronen aufnehmen kann. Eine Begründung für diese Höchstbesetzungszahlen konnte man nicht geben. Das grundlegende Problem war daher, einen Zusammenhang zwischen den Gesetzen der Quantentheorie und den Zahlen des Periodensystems herzustellen. Was den Physikern fehlte, war ein leitendes Prinzip, ein heuristischer Gesichtspunkt, nach dem sie vorgehen konnten.

Wolfgang Pauli (1900–1958) gab den Physikern dieses allgemeine Prinzip. Es wurde nach ihm Pauli-Prinzip, auch Pauli-Verbot oder Paulisches Ausschließungsprinzip genannt. Wie es zu diesem wichtigen Prinzip kam, kann sehr gut durch den Briefwechsel von Wolfgang Pauli mit den führenden Physikern der damaligen Zeit und durch seinen Nobelpreisvortrag nachvollzogen werden[5,6,7]. Einen weiteren Zugang zum Verständnis der Entwicklung

---

[5] Armin Hermann (Hrsg.)
Wolfgang Pauli. Wissenschaftlicher Briefwechsel mit Bohr, Einstein, Heisenberg u. a.
Band I. 1919–1929
New York/Heidelberg/Berlin 1979

[6] Steffen Richter, Wolfgang Pauli und die Entstehung des Spin-Konzepts
in: Gesnerus 33, 253 (1976)
derselbe (Hrsg.)
Wolfgang Pauli. Fünf Arbeiten zum Ausschliessungprinzip und zum Neutrino
Dramstadt 1977

[7] Wolfgang Pauli. Das Ausschließungsprinzip und die Quantenmechanik
in: S. Richter, Wolfgang Pauli. Fünf Arbeiten zum Ausschliessungprinzip und zum Neutrino,
Seite 79 ff.

des Pauli-Prinzips bieten Paulis Arbeiten zum anomalen Zeeman-Effekt[8], der mit der älteren Quantentheorie nicht verstanden werden konnte. Es soll im Folgenden dieser Entwicklung nachgegangen werden.

1923 wurde Wolfgang Pauli Mitarbeiter von Wilhelm Lenz an der Universität Hamburg, wo er sich auch habilitierte. Seine Antrittsvorlesung hielt er am 23. Februar 1924 über das Thema „Über Quantentheorie und periodisches System der Elemente". Pauli hatte sich seit dem Herbst 1922 mit dem anomalen Zeeman-Effekt beschäftigt. Besonders wichtig war für Paulis frühe Arbeiten zum anomalen Zeeman-Effekt sein Aufenthalt bei Niels Bohr in Kopenhagen. Für 1923 war eine gemeinsame Publikation zu diesem Thema geplant, in der die Notwendigkeit der Beibehaltung der ganzen Quantenzahlen zum Ausdruck kommen sollte. Pauli schreibt:

> „Durch die Untersuchungen von Landé und Sommerfeld wurden aus den beobachteten Aufspaltungen der Linien beim anomalen Zeemaneffekt die Aufspaltungen der Kombinationsterme bei den Dublettspektren der Alkalien und den Triplettspektren der Erdalkalien ermittelt. Neuerdings konnte ferner Landé, auf eingehenden Messungen von Back fußend, in einer wichtigen Untersuchung eine entsprechende quantentheoretische Analyse auch für die Zeemaneffekte einer ausgedehnten Klasse von Multipletts im Fall eines schwachen äußeren Feldes durchführen und gelangte zu Resultaten, die eine natürliche Verallgemeinerung der früheren Resultate für die genannten Dubletts und Triplets darstellen. Andererseits stehen einer modellmäßigen Deutung der empirischen Gesetzmäßigkeiten zurzeit noch sehr große Schwierigkeiten entgegen und die Lösung dieses Problems dürfte nicht vollständig innerhalb des Rahmens der Quantentheorie der mehrfach periodischen Systeme möglich sein und begriffliche Neuerungen erfordern."[9]

Pauli hatte sich in seiner Arbeit, die den Titel „Über die Gesetzmäßigkeiten des anomalen Zeemaneffektes" trägt und eine Untersuchung unter besonderer Berücksichtigung der Arbeit von Landé über Multipletts aus dem

---

[8] Wolfgang Pauli
Über die Gesetzmäßigkeiten des anomalen Zeemaneffektes
Zeitschrift für Physik 16, 155 (1923)
derselbe
Zur Frage der Zuordnung der Komplexstrukturterme in starken und in schwachen äußeren Feldern
Zeitschrift für Physik 20, 371 (1923).

[9] Wolfgang Pauli, a. a. O., Seite 155

6.1 DAS PAULI-PRINZIP

Jahr 1921 darstellt, das Ziel gesetzt, eine „einfache Erweiterung der Ergebnisse von Sommerfelds quantentheoretischer Analyse des Zeemaneffektes der Alkali- und Erdalkalispektren im Fall eines starken Feldes"[10] anzugeben, die es auch gestatten sollte, für die von „Landé untersuchten Multipletts die Werte der Kombinationsterme in starken äußeren Magnetfeldern anzugeben"[11]. Als weiteres Ziel gab Pauli an, durch die Aufstellung einer allgemeinen Regel „Landés Werte des Aufspaltungsfaktors g bei allen Multipletts der untersuchten Klassen in einfacher Weise zu berechnen, falls die Termwerte der starken Felder bekannt sind"[12]. Landé hatte in seiner Arbeit[13] von 1921 bereits halbzahlige Quantenzahlen eingeführt, die aber eher skeptisch oder gar ablehnend betrachtet wurden, da man ihre physikalische Berechtigung nicht einsehen konnte.

Pauli gibt zunächst eine Übersicht über die Gesetzmäßigkeiten der Komplexstruktur und des anomalen Zeeman-Effektes bei schwachen Magnetfeldern, um dann den Zeeman-Effekt für starke Felder zu behandeln. Pauli bemerkt außerdem, dass für höhere Multipletts die Energiewerte im Fall starker Felder verallgemeinert werden könne, ohne hierfür eine Überprüfung durch ein Experiment angeben zu können. Die Verallgemeinerung der Energiewerte für starke Felder werde aber durch das allgemeine Gesetz gestützt, nachdem man die Landéschen Aufspaltungsfaktoren g für den Fall schwacher Felder aus den Energiewerten für starke Felder ableiten könne.

Der entscheidende Schritt, den Pauli nun vollzog, war der, dass er die Zeeman-Terme in starken Magnetfeldern durch die zwei magnetischen Quantenzahlen μ und m_1 bezeichnete und deren Summe gleich der Landéschen Quantenzahl m setzte. Es gilt dann

$$m = m_1 + \mu,$$

wobei in heutiger Schreibweise m_1 die magnetische Bahnquantenzahl m_l und μ die Quantenzahl des Eigendrehimpulses des Elektrons (Spin) m_s ist.

Mithilfe dieser Quantenzahlen μ und m_1 lassen sich dann die Energiewerte durch den Ausdruck

$$\frac{E}{0 \cdot h} = m_1 + 2\mu = m + \mu = 2m - m_1$$

angeben, wobei E die Energie, 0 die Larmor-Frequenz und h das Wirkungsquantum ist[14].

---

[10] derselbe, ebenda, Seite 156
[11] derselbe, ebenda
[12] derselbe, ebenda
[13] Alfred Landé, a. a. O.
[14] Wolfgang Pauli, Brief an Alfred Landé vom 23.5.1923; in: A. Hermann (Hrsg.), Briefwechsel, Seite 89

In seinem Brief an Alfred Landé vom 10. März 1923, also noch vor der Veröffentlichung seiner Arbeit, äußerte er sich über das neue Prinzip wie folgt:

> „Ich glaube nun, ein einfaches formales Prinzip zu besitzen, das gestattet, stets die Aufspaltungsfaktoren zu berechnen, wenn der Aufspaltungsfaktor g_1 des Atomrestes sowie dessen Impuls bekannt ist. Der physikalische Sinn dieses Prinzips ist mir aber leider noch völlig unklar."[15]

Schließlich formulierte er das neue Prinzip folgendermaßen:

> „Die Summe der Energiewerte in allen denjenigen stationären Zuständen, die zu gegebenen Werten von m und k gehören, bleibt während des ganzen Überganges von schwachen zu starken Feldern eine lineare Funktion der Feldstärke."[16]

Er war aber weder mit seiner Veröffentlichung noch mit dem neuen Prinzip zufrieden und schließt seine Arbeit mit den Worten:

> „Eine befriedigende modellmäßige Deutung der dargelegten Gesetzmäßigkeiten, insbesondere der in diesem Paragraphen besprochenen formalen Regel ist uns nicht gelungen. Wie schon in der Einleitung erwähnt, dürfte eine solche auf Grund der bisherigen bekannten Prinzipien der Quantentheorie kaum möglich sein. Einerseits zeigt das Versagen des Larmorschen Theorems, daß die Beziehungen zwischen dem mechanischen und dem magnetischen Moment eines Atoms nicht von so einfacher Art ist wie es die klassische Theorie fordert, in dem das Biot-Savartsche Gesetz verlassen oder der mechanische Begriff des Impulsmomentes modifiziert werden muß. *Andererseits bedeutet das Auftreten von halbzahligen Werten von m und j bereits eine grundsätzliche Durchbrechung des Rahmens der Quantentheorie der mehrfach periodischen Systeme.*"[17]

Im Oktober 1923 publizierte Pauli eine neue Arbeit zum Zeeman-Effekt, die den Titel „Zur Frage der Zuordnung der Komplexstrukturterme in starken und in schwachen äußeren Feldern"[18] trägt. Hier knüpft er an die Ergebnisse seiner Arbeit „Über die Gesetzmäßigkeiten des anomalen Zeemaneffektes" an und betont ausdrücklich, dass in dieser Arbeit die Frage offenblieb, „in

---

[15] derselbe, Brief an Alfred Landé vom 10.3.1923; in: A. Hermann (Hrsg.), Briefwechsel, Seite 83

[16] derselbe, a. a. O., Seite 162

[17] derselbe, a. a. O., Seite 164

[18] derselbe
Zur Frage der Zuordnung der Komplexstruktur in starken und in schwachen äußeren Feldern
Zeitschrift für Physik 20, 371 (1924)

welchen der Terme in starken Feldern mit dem zugehörigen Wert von m jeder einzelne der Terme in schwachen Feldern mit demselben m-Wert bei adiabatisch anwachsender Feldstärke übergeht"[19]. In seiner neuen Arbeit geht Pauli dieser Frage nach und schließt hier wieder an eine Arbeit von Landé[20] an. Landé hatte in seiner Arbeit darauf hingewiesen, dass es immer noch Schwierigkeiten bereite, die Quantenzahlen R, K, J (Bezeichnung der Quantenzahlen nach Landé) und m als halbzahlig anzunehmen. In einer Nebenbemerkung schreibt er:

> „Das Bohrsche Verbot der Querstellung $m=0$ dürfte durch den anomalen Zeemaneffekt, speziell durch jede π-Komponente in der Bildmitte, widerlegt gelten. *Nur bei den geraden Multipletts (mit $m=\pm 1/2, \pm 3/2, ...$) fehlt die Querstellung, aber nicht wegen eines speziellen Verbots, sondern wegen der allgemeinen Auswahl [...] der Stellungen im Magnetfeld. Die **Stern-Gerlachschen-Versuche**, welche die Zeemanterme enthüllen, sind damit in bester Übereinstimmung:* Silber *(Dublett-s-Term) mit $m=\pm \frac{1}{2}$ und $g=2$, also $m \cdot g = \pm 1$ muß rechts und links abgelenkte Strahlen geben mit ± 1 Magneton als Momentkomponente in der Kraftlinienrichtung. [...] Wie ich höre, stimmt auch hier die mechanische Bestimmung paramagnetischer Momentkomponenten mit der Spektroskopischen überein.*"[21]

Die hier von Landé in einer Nebenbemerkung gemachte Feststellung zur Einstellung der Silberatome im Magnetfeld im Zusammenhang mit halbzahligen Quantenzahlen ($m=\pm\frac{1}{2}$) und dem Aufspaltungsfaktor $g=2$ ist zu diesem Zeitpunkt (16. August 1923) die beste Erklärung des Stern-Gerlach-Effektes seit der Messung der Richtungsquantelung am 7./8. Februar 1922. Sie kommt der endgültigen Deutung am nächsten. Noch gab es ja kein „richtiges" Pauli-Prinzip und keine Spinquantenzahl, aber Landé hätte nur einen kleinen Schritt weitergehen müssen und er hätte die Spinquantenzahl eingeführt. Mit halbzahligen Quantenzahlen arbeitete er ja schon! Aber noch war es nicht so weit.

Pauli betont gleich zu Beginn seiner Veröffentlichung, dass in seiner vorangegangenen Arbeit bereits gezeigt wurde,

> „daß die Zeemanterme in starken Magnetfeldern durch zwei Quantenzahlen μ und m_1 klassifiziert werden können, deren Summe gleich der Landéschen Quantenzahl m ist. Andererseits sind die Terme eines bestimmten Multipletts in schwachen Feldern durch die Quantenzahlen j und m unterschieden. Einander entsprechenden Termen in starken und in schwachen Feldern kommt dabei derselbe Wert von m zu. In der erwähnten Arbeit blieb aber die Frage

---

[19] Wolfgang Pauli, a. a. O., Seite 371

[20] Alfred Landé
Termstruktur und Zeemaneffekt des Multipletts – Zweite Mitteilung
Zeitschrift für Physik 19, 112 (1923)

[21] Alfred Landé, a.a.O., Seite 113

offen, in welchen der Terme in starken Feldern mit dem zugehörigen Wert von m jeder einzelne der Terme in schwachen Feldern mit demselben m-Wert bei adiabatisch anwachsender Feldstärke übergeht. Auf diese Frage, die in einer neueren Arbeit von Landé diskutiert wird, soll hier näher eingegangen werden."[22]

In seiner Arbeit vom Oktober 1923 stellte Pauli seine neuen Gedanken zum Zeeman-Effekt vor und unternahm den Versuch, mithilfe der von ihm entwickelten Modellvorstellungen das Problem der Zuordnung der Komplexstrukturterme in schwachen und in starken Magnetfeldern zu lösen. Pauli schreibt:

„Es ist der Zweck der vorliegenden Note zu zeigen, daß diese Zuordnung mit Hilfe der Mechanik und der Quantentheorie der bedingt periodischen Systeme hergeleitet werden kann, und zwar unter verhältnismäßig allgemeinen Annahmen über das zugrunde gelegte Modell. [...] Bevor wir auf die genauere Formulierung dieser Annahmen eingehen, müssen wir jedoch noch das Verhältnis der empirischen Ergebnisse der Komplexstruktur der Serienspektren und ihrer Zeemaneffekte zu bedingt periodischen, mechanischen Modellen im allgemeinen kurz besprechen. In der bereits erwähnten früheren Arbeit des Verfassers wurde auf modellmäßige Überlegungen überhaupt nicht eingegangen, es wurde jedoch betont, daß sich die empirischen Ergebnisse, insbesondere das Versagen des Larmorschen Theorems und das Auftreten von scheinbar halben Quantenzahlen, mit Hilfe der bisher bekannten Prinzipien der Quantentheorie nicht in befriedigender Weise deuten lassen. [...] Um einen Anschluß an die Erfahrungsergebnisse zu erreichen, müssen entgegen den Prinzipien der Theorie der bedingt periodischen Systeme auch halbzahlige Werte der Quantenzahlen zugelassen werden, ohne daß hierfür eine physikalische Begründung gegeben wird."[23]

Pauli spielt hier intensiv – im Gegensatz zu seinen anderen Arbeiten – mit dem Gedanken der halbzahligen Quantenzahlen, insgesamt ist er aber mit den von ihm in dieser Arbeit vorgelegten Modellvorstellungen nicht zufrieden, weil sie ihn weder der Lösung des Problems des Versagens des Larmor-Theorems noch einer physikalischen Begründung der halbzahligen Quantenzahlen näherbringt. So tritt denn wieder eine längere Phase des Schweigens ein, bis Pauli in einem Brief an Landé wieder zur Frage des anomalen Zeeman-Effektes Stellung nimmt.

Pauli bittet in einem Brief vom 10. November 1924 Landé um eine Auskunft, indem er eines seiner beiden unverstandenen Probleme – hier das Larmor-Theorem – erneut thematisiert:

---

[22] Wolfgang Pauli, a. a. O., Seite 371
[23] Wolfgang Pauli
Zur Frage der Zuordnung der Komplexstrukturterme in starken und in schwachen Feldern
Zeitschrift für Physik 20, 373 (1923)

„wegen einer komischen, den Zeemaneffekt betreffenden Überlegung, die ich kürzlich durchgeführt habe. Ich überlegte mir, ob nicht auch klassisch unter Umständen eine merkliche Abweichung vom Larmor-Theorem zu erwarten wäre und fand, daß dies in Bezug auf den Einfluß der relativistischen Massenveränderlichkeit nicht von vornherein auszuschließen ist.[...] Aber nun kommt erst die Hauptsache meiner Überlegung. Man hat sich ja vorgestellt, daß z. B. bei den Alkalien der Rumpfimpuls wesentlich in der K-Schale sitzt. Dort haben wir es aber wenigstens bei höheren Atomnummern mit sehr schnell bewegten Teilchen zu tun, und das relativistische Korrektionsglied im Ausdruck für die Larmorfrequenz wird recht beträchtlich. Es ist vielleicht eine nicht ganz uninteressante Bemerkung, daß man auf diese Weise schon klassisch einen anomalen [...] Zeemaneffekt bekäme."[24]

Bereits am 24. November 1924 schreibt er an Landé auf sein zweites Problem, die halbzahligen Quantenzahlen, eingehend:

„Bei den Alkalien macht das Leuchtelektron Komplexstruktur wie anomalen Zeemaneffekt allein. Von einer Mitwirkung des Edelgas-Atomrestes ist (auch bei den anderen Elementen) keine Rede. Das Leuchtelektron bringt es auf eine rätselhafte, unmechanische Weise fertig, in zwei Zuständen (mit gleichem k) mit verschiedenem Impuls zu laufen."[25]

Diese zwei Zustände des Valenzelektrons (Leuchtelektrons), bei gleicher Nebenquantenzahl k und verschiedenen Drehimpulsen sind der erste Schritt zur Lösung des Problems der halbzahligen Quantenzahlen. In diesem Brief an Landé formulierte Pauli dann auch zum ersten Mal eine verbesserte Fassung des Pauli-Prinzips. Hilfreich hinsichtlich der Entwicklung des Pauli-Prinzips war auch die Arbeit von Edmund Clifton Stoner (1889–1968), die er im Oktoberheft des *Philosophical Magazine*[26] veröffentlichte und in der er das Pauli-Prinzip vorwegnahm.

Pauli schreibt in seinem Brief an Landé weiter:

„Ich kann nun den Abschluß der Gruppen im natürlichen System auf eine Vorschrift zurückführen, die mir äußerst natürlich erscheint. Ich denke mir, wie oben beschrieben, ein so starkes Magnetfeld, daß alle Elektronen durch das Symbol n_{k1}, $_{m1}$, $_{m2}$ charakterisiert werden können. *Dann soll es verboten sein, daß mehr als ein Elektron mit gleichem n (äquivalent) zu den gleichen Werten der drei Quantenzahlen k_1, m_1, m_2 gehört. Wenn ein Elektron einem bestimmten $n_{k1, m1, m2}$-*

---

[24] Wolfgang Pauli, Briefwechsel, Bd. 1, Seite 169 f.
[25] derselbe, ebenda, Seite 177
[26] E. C. Stoner
The distribution of electrons among atomic levels
Philosophical Magazine 48, 719 (1924)

Zustand entspricht, dann ist dieser Zustand „besetzt". (Gilt natürlich nur für die betreffende Hauptquantenzahl.)"[27]

Die von Pauli, Landé u. a. verwendeten Klassifikationen der Quantenzahlen (Landé spricht z. B. von den Quantenzahlen R, K und J) sind heute so nicht mehr üblich. Man muss daher klären was diese Bezeichnungen bedeuten. Gehalten hat sich die Bezeichnung der Hauptquantenzahl mit n. Die Nebenquantenzahl wird mit l, teilweise auch noch mit k, wie bei Pauli, bezeichnet. Beibehalten wurde die Benennung der magnetischen oder Orientierungsquantenzahl mit m. Die Gesamtdrehimpulsquantenzahl wird mit j bezeichnet.

Da das Valenzelektron, als äußerstes Elektron der Atomhülle, am schwächsten an das Atom gebunden ist, wusste Pauli, dass es sowohl für die Komplexstruktur der Alkalien als auch für den anomalen Zeeman-Effekt verantwortlich ist. Pauli ordnet jedem Elektron zusätzlich zur Hauptquantenzahl n noch die Nebenquantenzahlen k_1 und k_2 zu, wobei k_1 für die Nebenquantenzahl k steht, während k_2 mit der Gesamtdrehimpulsquantenzahl j zusammenhängt. Es gilt:

$$j = k_2 - 1/2$$

Steffen Richter hat in seinem Aufsatz über das Spinkonzept[28] folgende Klassifikation angegeben, der ich mich im Folgenden anschließen möchte:

$$n = n$$

$$k_1 = l+1$$

$$k_2 = j + 1/2$$

$$m_l = m_j (= m_l + m_s)$$

Pauli konnte nun für den Fall starker Magnetfelder (Paschen-Back-Effekt) die Nebenquantenzahl k_2 durch die magnetische Quantenzahl m_2 ersetzen, die die Komponente des magnetischen Momentes des Valenzelektrons in Feldrichtung bezeichnet und für die

$$m_2 = m_1 \pm 1/2 (= m_l + 2m_s = m_j + m_s)$$

gilt. Er konnte dadurch auch im Fall starker Magnetfelder einem Elektron vier Quantenzahlen n, k_1, m_1, m_2 zuordnen. Am 16. Januar 1925 hat Pauli

---

[27] Brief von Pauli an Landé vom 24.11.1924, a. a. O., Seite 180
[28] Steffen Richter, a. a. O., Seite 258

dann in seiner Arbeit „Über den Zusammenhang des Abschlusses der Elektronengruppen im Atom mit der Komplexstruktur der Spektren"[29] die vollendete Fassung des Pauli-Prinzips veröffentlicht. Er hat das Pauli-Prinzip folgendermaßen formuliert:

> „Es kann niemals zwei oder mehrere äquivalente Elektronen im Atom geben, für welche in starken Feldern die Werte aller Quantenzahlen n, k_1, k_2, m_1 (oder, was dasselbe ist, n, k_1, m_1, m_2) übereinstimmen. Ist ein Elektron im Atom vorhanden, für das diese Quantenzahlen (im äußeren) Felde bestimmte Werte haben, so ist dieser Zustand „besetzt"."[30]

Wolfgang Pauli erhielt 1945 den Nobelpreis für Physik in Würdigung seiner Formulierung des Ausschließungsprinzips. Obwohl Pauli solche für die weitere Entwicklung der Quantenmechanik wichtigen Erkenntnisse gewonnen und den Physikern ein allgemeines Prinzip gegeben hatte, das als heuristischer Gesichtspunkt für die weitere physikalische Entwicklung dienen konnte, sträubte er sich doch gegen die Einführung der Spinquantenzahl, d. h. des Eigendrehimpulses des Elektrons. Steffen Richter hat in seiner Arbeit zur Entwicklung des Spinkonzeptes dafür folgende Erklärung gegeben:

> „Wie nahe Pauli selbst dem Spin war, zeigt eine Zusammenstellung der von ihm gewonnenen Ergebnisse:
>
> 1. Er benutzte auch in der neuen Arbeit die Zerlegung der Drehimpulskomponente des Atoms in Feldrichtung in zwei Bestandteile, die ursprünglich dem Leuchtelektron und dem Atomrumpf zugeschrieben wurden, nämlich
> $m = m_k + m_r$
>   ($m_k = m_1, m_r = \mu$).
> 2. Er gelangte zu dem Schluß, daß die K-Schale nicht zum Drehimpuls beitrug; mithin konnte also m_r nicht dem Atomrumpf zugeschrieben werden.
> 3. Schließlich hatte er festgestellt, daß das Leuchtelektron bei gleicher Quantenzahl k sich in zwei Zuständen mit verschiedenem Drehimpuls befinden konnte."[31]

Der tiefere Grund, warum Pauli nicht zur Einführung des Spins kam, ist wohl darin zu sehen, dass zum damaligen Zeitpunkt eine große Unsicherheit hinsichtlich der Anschaulichkeit in der neuen Physik herrschte, d. h., die Verwendung von Modellvorstellungen kam in die Krise, und die sich

---

[29] Wolfgang Pauli
Über den Zusammenhang des Abschlusses der Elektronengruppen im Atom mit der Komplexstruktur der Spektren
Zeitschrift für Physik 31, 765 (1925).
[30] derselbe, ebenda, Seite 776.
[31] Steffen Richter, Wolfgang Pauli und die Entstehung des Spin-Konzeptes, Seite 257.

entwickelnde Quantenmechanik wurde zusehends mathematisch abstrakt. Diese Unsicherheit hat Pauli auch deutlich in einem Brief an Sommerfeld vom 6. Dezember 1924 zum Ausdruck gebracht. Er schreibt:

> „Die Modellvorstellungen befinden sich ja jetzt in einer schweren, prinzipiellen Krise, von der ich glaube, daß sie schließlich mit einer weiteren radikalen Verschärfung des Gegensatzes zwischen klassischer und Quantentheorie enden wird. [...] Man hat jetzt stark den Eindruck bei allen Modellen, wir sprechen da eine Sprache, die der Einfachheit und Schönheit der Quantenwelt nicht genügend adäquat ist."[32]

Werner Heisenberg hat die damalige geistige Situation, in der sich Pauli befand, in einer Postkarte vom 15. Dezember 1924 noch drastischer ausgedrückt, indem er an Pauli schrieb: „In dem Sie *einzelne* Elektronen mit 4 Freiheitsgraden einführen [sind] auch Sie [...] mit gesenktem Haupt ins Land der Formalismusphilister zurückgekehrt."[33]

Es soll im nächsten Abschnitt gezeigt werden, wie es dazu kam, dass man neben den drei schon bekannten Quantenzahlen (Hauptquantenzahl n, Nebenquantenzahl [Bahnimpulsquantenzahl] l und magnetische Quantenzahl m) noch eine vierte Quantenzahl s hinzunehmen musste, um das Elektron vollständig zu beschreiben, und welche bedeutende Rolle der Stern-Gerlach-Effekt bei der experimentellen Absicherung der neuen Quantenzahl spielte.

6.2   Die Entdeckung des Spin

Pauli war dem Spin des Elektrons sehr nahegekommen, aber der erste Physiker, der mit dem Gedanken eines Eigendrehimpulses des Elektrons spielte, war der amerikanische Physiker Arthur Holly Compton (1892–1962). Compton hatte in einer Veröffentlichung[34] aus dem Jahr 1921 seiner Vermutung Ausdruck verliehen, dass ein Elektron einen Eigendrehimpuls und ein damit verbundenes magnetisches Moment haben könnte. Dies würde bedeuten, dass ein Elektron nicht nur auf einer Bahn um den Atomkern kreist (Bahndrehimpuls), sondern sich auch um seine eigene Achse dreht (Eigendrehimpuls), was mit einem magnetischen Moment verbunden ist. Leider fand diese Arbeit nicht die ihr gebührende Beachtung.

Ein anderer amerikanischer Physiker, Ralph Kronig (1904–1995), der damals Assistent bei Landé in Tübingen war, spielte bei der Entdeckung des Spins ebenfalls eine tragische Rolle. Kronig nahm an dem geistigen Austausch,

---

[32] Armin Hermann (Hrsg.), Wolfgang Pauli. Briefwechsel, Bd. 1, Seite 182.
[33] derselbe, ebenda, Seite 192.
[34] Arthur Holly Compton
    The magnetic electron
    Journal of the Franklin Institute, Vol. 192, 145 (1921).
    Ich verdanke den Hinweis auf diese Arbeit Herrn Prof. Dr. Schmidt-Böcking.

den Pauli und Landé in ihrem Briefwechsel führten, lebhaften Anteil und kannte auch den wichtigen Brief Paulis an Landé vom 24. November 1924. Er interpretierte den vierten Freiheitsgrad des Elektrons als den Eigendrehimpuls des Elektrons. Pauli besuchte das Physikalische Institut in Tübingen im Januar 1925, und Kronig erzählte ihm bei dieser Gelegenheit von seiner das Elektron betreffenden Überlegung. Pauli war aber von diesem Gedanken nicht sonderlich begeistert und kommentierte die Idee Kronigs nur mit den dürren Worten: „Das ist ja ein ganz witziger Einfall!", d. h., er glaubte nicht, dass es so etwas wie ein Elektron mit Eigendrehimpuls gibt. An dieser Ansicht sollte er lange Zeit festhalten. Für Kronig war dieser Gedankenaustausch mit Pauli fatal, da er eine Publikation seiner Idee nach diesem Gespräch unterließ. In den Kreisen der Physiker machte seit dieser Zeit der Ausspruch „Der Kronig hätte den Spin entdeckt, hätte ihn der Pauli nicht abgeschreckt!" die Runde. Pauli war aber durch die Gedanken von Kronig erstmals mit der Idee der Eigenrotation des Elektrons konfrontiert worden.

Ein wirklich bedeutender Fortschritt wurde dann von den niederländisch-amerikanischen Physikern George Eugene Uhlenbeck (1900–1988) und Samuel Abraham Goudsmit (1902–1978) erzielt, die an das Pauli-Prinzip anknüpfend zwei Arbeiten[35] veröffentlichten, die den Elektronenspin als vierte Quantenzahl in die Atomphysik einführten. Die erste Veröffentlichung erschien am 20. November 1925 mit dem Titel „Ersetzung der Hypothese vom unmechanischen Zwang durch eine Forderung bezüglich des inneren Verhaltens jedes einzelnen Elektrons".

Goudsmit und Uhlenbeck gehen in ihrer kurzen Veröffentlichung zuerst auf das sogenannte Landésche Vektormodell ein, d. h. auf die Quantenzahlen R für den sogenannten Atomrest (alle Elektronen außer den Valenzelektronen), K für den Bahndrehimpuls des Valenzelektrons, J für den Gesamtdrehimpuls und m für die räumliche Lage der Ebene einer Elektronenbahn. Mit diesem Landéschen Vektormodell stößt man dann auf Schwierigkeiten, wenn man versucht, „an unsere Vorstellungen über den Aufbau des Atoms aus Elektronen anzuschließen"[36]. Diese Schwierigkeiten sehen die Autoren in folgenden Punkten:

---

[35] G. E. Uhlenbeck und S. A. Goudsmit
  Ersetzung der Hypothese vom unmechanischen Zwang durch eine Forderung bezüglich des inneren Verhaltens jedes einzelnen Elektrons
  Die Naturwissenschaften 47, 953 (1925)
  derselbe
  Spinning Electrons and the Structure of Spectra
  Nature 117, 264 (1926)

[36] G. E. Uhlenbeck und S. A. Goudsmit
  Ersetzung der Hypothese vom unmechanischen Zwang durch eine Forderung bezüglich des inneren
  Verhaltens jedes einzelnen Elektrons
  Die Naturwissenschaften 47, 953 (1925)

„a) Pauli hat schon gezeigt, daß bei den Alkalien der Atomrest magnetisch unwirksam sein muß, da sonst der Einfluß der Relativitätskorrektion eine Abhängigkeit des Zeemaneffektes von der Kernladung verursachen würde, welche in diesen Spektren nicht wahrgenommen ist.

b) Beim Landéschen Modell darf man das Impulsmoment des Atomrestes nicht mit demjenigen des positiven Ions identifizieren, sowie man es nach der Definition des Atomrestes erwarten würde. [Verzweigungssatz von Landé-Heisenberg – unmechanischer Zwang].

c) Bei einigen in der letzten Zeit mit Hilfe des Landéschen Schemas analysierten Spektren (z. B. Vanadium, Titan) stimmte das K des Grundterms gar nicht mit dem Werte, welchen man aus dem Bohr-Stonerschen periodischen Systems erwarten würde."[37]

Einen Ausweg aus den durch das Landésche Modell hervorgerufenen Schwierigkeiten sahen beide in dem neuen Ansatz von Pauli.[38] Der neue Weg, den Pauli einschlägt, besteht darin, dass er bei den Alkalispektren alle Quantenzahlen dem Valenzelektron zuordnet. Damit erhält jedes Elektron im Magnetfeld vier Quantenzahlen, und Pauli gelangt dadurch zu den gleichen Ergebnissen wie Landé.

In seiner Arbeit „Über die Komplexstruktur der Spektren"[39] ging Goudsmit auf das Verfahren von Pauli zur Bestimmung der Komplexstruktur der Spektren ein, änderte aber das Paulische Verfahren dahingehend ab, dass er die Quantenzahlen n, k, m und mg_{Stark}, die Pauli jedem Elektron zuordnet, durch die Quantenzahlen n, k, m_R und m_k ersetzt. Damit gelangt Goudsmit zu einer Trennung der Seriensysteme, die in der Arbeit von Pauli noch nicht vorhanden ist. Er schreibt:

> „Die Anwendung auf das Neonspektrum führt zu einer anderen Auffassung der Neonterme, welche aber zugleich zeigt, daß das hier eingeschlagene Verfahren nur für die magnetischen Eigenschaften der Terme Bedeutung zu haben scheint. Man findet nämlich andere Termbezeichnungen in bezug auf die Termstruktur und magnetische Aufspaltung als die, welche im Landéschen Schema auftreten."[40]

Goudsmit verwendet also die Methode Paulis, den Zuständen eines Elektrons in einem starken Magnetfeld vier Quantenzahlen zuzuordnen. Statt der von

---

[37] derselbe, ebenda

[38] Wolfgang Pauli
Über den Zusammenhang des Abschlusses der Elektronengruppen im Atom mit der Komplexstruktur der Spektren
Zeitschrift für Physik 31, 765 (1925)

[39] Samuel Goudsmit
Über die Komplexstruktur der Spektren
Zeitschrift für Physik 32, 794 (1925)

[40] Samuel Goudsmit, a.a.O., Seite 794.

Pauli verwendeten Quantenzahlen ordnet er aber die Quantenzahlen n, k, m_k und m_R zu, wobei die vierte Quantenzahl (der vierte Freiheitsgrad) die Eigenrotation des Elektrons darstellt. Damit konnte er den anomalen Zeemaneffekt und die Dublettstruktur der Spektren erklären. Pauli selbst blieb gegenüber den Vorstellungen von Goudsmit und Uhlenbeck weiterhin skeptisch; auch als Bohr und Einstein sie bereits voll akzeptiert hatten, ließ er sich nicht davon überzeugen. In einem Brief vom 30. 12. 1925 schreibt Pauli an Bohr:

„So weit sind wir ja ganz einig über das neue „Evangelium", daß die Quanten mechanik das Urteil über es zu sprechen haben wird. Ich bin nach neuerlicher Überlegung doch wieder sehr skeptisch und glaube eher, daß Goudsmit auf einem falschen Weg ist. Denn erstens ist es (trotz aller Ihrer Beschwichtigungsversuche) sehr bedenklich, daß man nicht wenigstens im Grenzfall großer k ohne weiteres das Auftreten von Abschirmdubletts einsehen kann. Und zweitens macht es bei näherem Zusehen Schwierigkeiten, zu verstehen, warum ein Elektron mit dem Drehimpuls $1/2 h/(2\pi)$ nicht eine viel größere Energie (Masse) besitzt als die tatsächlich festgestellte. Wenn ich auch zugebe, daß etwas Endgültiges erst auf Grund eingehender quantenmechanischer Rechnungen wird ausgesagt werden können und daß momentan gar kein anderer naturgemäßer Weg zu sehen ist, um das Versagen des Larmor-Theorems und *die Zweideutigkeit* zu begreifen, so kann ich vorläufig über Goudsmits Idee doch nur kopfschüttelnd sagen: „Die Sache gefällt mir nicht!"[41]

Heisenbergs quantenmechanische Berechnung des Problems konnte Pauli aber auch nicht überzeugen; vielmehr äußerte er sich in einem Brief an Bohr vom 5. Februar 1926 wie folgt: „Heute will ich mein Versprechen einlösen, Ihnen zu schreiben, sobald ich physikalisch etwas Neues weiß. Und zwar will ich Ihnen von der großen Katastrophe berichten, zu welcher die neue Quantenmechanik hinsichtlich der Feinstruktur des Wasserstoffspektrums führt. Es ergeben sich nämlich *sowohl* mit Punktelektronen *als auch* mit Goudsmit-Elektronen Resultate, die den Beobachtungen vollkommen

---

[41] Armin Hermann (Hrsg.), a.a.O., Seite 275.

widersprechen."[42] Er fügt außerdem hinzu: „Bei den Punktelektronen würde E_R allein auftreten. [...] Ich möchte beinahe zugeben, daß die Punktelektronen unrettbar sind. Es müßte dann also mit Goudsmit den Elektronen in Gestalt von Impuls und Magnetismus ein weiterer Freiheitsgrad zugesprochen werden. [...] Nun kommt aber das andere Aber! Die aus der Summe von E_R und E_M berechneten Energiewerte sind völlig falsch und unannehmbar. Erstens ist von einem Zusammenfallen der Terme mit gleichem j, wie es den Abschirmungsdubletts entsprechen würde, keine Rede. Zweitens ist z. B. der Energieunterschied der beiden p-Terme gemäß (2) genau doppelt so groß als der beobachtete (der aus der Sommerfeldschen Formel folgt). Es würde dies zu einem der Erfahrung völlig widersprechenden Bild der Feinstruktur der Balmerserien führen! Mit dem einfachen Goudsmitschen Modell kommt man also auch nicht durch."[43]

Die Wende in Paulis Auffassungen wurde im Februar 1926 eingeleitet, als der britische Physiker Llwellyn H. Thomas (1903–1992), der damals bei Bohr in Kopenhagen arbeitete, neue Berechnungen zu dem geschilderten Problem mit seiner Arbeit[44] über das „spinning electron" vorlegte und zeigen konnte, dass ein Berechnungsfehler vorlag. Bohr schrieb am 20. Februar 1926 in einem Brief an Pauli: „Ein junger Engländer, Thomas, der das letzte halbe Jahr in Kopenhagen war, hat nämlich in diesen Tagen herausgefunden, daß die ganze Frage des unglücklichen Faktors 2 wahrscheinlich ausschließlich auf einem Fehler in der Berechnung der relativen Bewegung des Elektrons und des Kerns beruht. Er hat versucht, eine elementare Darstellung seiner Betrachtungen in einer Note zu geben, die er an Nature zu senden beabsichtigt, und ich sende beiliegend ein Exemplar mit der Bitte um strenge Kritik und der Frage um Erlaubnis, die Resultate zu erwähnen, die Sie mir in Ihrem Brief mitteilten."[45]

Die Berechnungen von Thomas bezogen sich auf die Spin-Bahn-Kopplung und ergaben, dass der Energieterm E_M um den Faktor ½ korrigiert werden musste.

Pauli war immer noch skeptisch und äußerte sich in einem Brief an Bohr zur Arbeit von Thomas am 26. Februar wie folgt: „Vielen Dank für Ihren lieben Brief und für die Sendung der Sonderdrucke sowie des Manuskriptes der Note von Thomas. Leider muß ich aber sagen, daß ich es nicht für genügend gerechtfertigt halte, wenn Thomas glaubt, aus dem Resultat seiner Rechnung auf eine Abänderung des Ausdruckes für die vom Eigenmagnetismus des Elektrons herrührende Zusatzenergie, die den Überlegungen von Goudsmit, Heisenberg und mir zu Grunde lag, schließen zu können. [...]

---

[42] derselbe, ebenda, Seite 289
[43] Armin Hermann (Hrsg.), a. a. O., Seite 289 f.
[44] Llewellyn H. Thomas
 Motion of a spinning electron
 Nature 117, 514 (1926)
[45] Armin Hermann (Hrsg.), a. a. O., Seite 295

Auf jeden Fall halte ich die Publikation der vorliegenden Note von Thomas in der „Nature" für einen Mißgriff und wäre froh, wenn Sie sie verhindern bzw. eine wesentliche Änderung des Textes der Note erreichen könnten."[46]

Bohr antwortete Pauli umgehend in einem Brief vom 3. März 1926 und schrieb:

„Vielen Dank für Ihren Brief. Wie immer bin ich sehr dankbar für Ihre aufrichtige Kritik, aber diesmal glaube ich wirklich, daß die Sache besser in Ordnung ist als Sie den Eindruck bekommen haben. Meiner Meinung nach hat die Sache zwei verschiedene Seiten. Die eine tieferliegendere Aufgabe ist es, zusammenhängende Vorstellungen über die Konstitution und Dynamik des Elektrons zu entwickeln, die eine rationale Quantentheorie sowohl für die Feinstruktur als auch für ihre Zeemaneffekte aufzubauen gestattet. Die zweite bescheidenere Aufgabe ist es, darauf hinzuweisen, daß ein enger Zusammenhang besteht zwischen den Annahmen, die benutzt werden, um Rechenschaft über die beobachteten Zeemaneffekte abzulegen, und denjenigen, auf denen die Deutung der Spektralstruktur beruht. Wir sind uns im klaren darüber, daß Thomas Betrachtungen nur diese Seite der Angelegenheit im Auge haben."[47]

Pauli antwortete daraufhin in einem versöhnlichen Brief an Bohr vom 5. März 1926, indem er ihm seinen Dank für die Informationen, die er ihm gab, dankte und ihn über die Arbeiten, die an Bohrs Institut in Kopenhagen im Gang seien, informierte. „Denn", so Pauli „mich interessieren ja alle diese Fragen auf das lebhafteste, und wir haben ja alle das gemeinsame Bestreben, der Wahrheit auf die Spur zu kommen."[48] Dann ging er auf Bohrs Kritik an seinem Brief ein:

„Daß im vorliegenden Fall irgendeine tiefliegendere, prinzipielle Meinungsverschiedenheit über das Goudsmitsche Elektron zwischen mir und Ihnen besteht, glaube ich nicht. Insbesondere *teile ich vollkommen* Ihre Meinung, daß die Sache zwei verschiedene Seiten hat, indem eine tiefliegendere und eine bescheidenere Aufgabe vorliegt. Zur ersten rechne ich: Theorie der Elektronenmasse, Grundlage für quantitative Berechnung des Abstandes von Singulett- und Triplettermen sowie des Heliumspektrums, physikalische Begründung der formalen Regeln für das Auftreten von äquivalenten Elektronen im Atom. Die bescheidenere Aufgabe ist der Nachweis, daß die Wasserstoff-Feinstruktur und der anomale Zeemaneffekt aus einheitlichen Annahmen über das Elektron erklärt werden können. Wie weit diese zweite Aufgabe unabhängig von der ersten lösbar ist, kann nur der Erfolg zeigen. [...] Was ich anzweifle ist [...] die (in Ihrem Brief vorausgesetzte) Stichhaltigkeit der Thomasschen Überlegungen. Zuvor möchte ich aber nochmals bemerken, daß ich ja nur die (auch nach Heisenbergs Meinung völlig unverständlich geschriebene) Nature-Note von Thomas kenne. Ich

---

[46] derselbe, ebenda, Seite 297
[47] derselbe, ebenda, Seite 300
[48] Armin Hermann, a. a. O., Seite 301

kann also natürlich nicht behaupten, daß die ausführlicheren Rechnungen von Thomas die gewünschte Begründung für das Halbieren des Energieausdruckes von Heisenberg und mir nicht enthalten; ich kann nur sagen, daß mir die in der Nature-Note mitgeteilten Überlegungen keine stichhaltige Begründung für dieses Halbieren zu geben scheinen."[49]

Bohr schrieb umgehend zurück und teilte Pauli mit, dass die Kopenhagener eigentlich mit allem, was er schreibe, zufrieden seien, außer mit der von Pauli gezogenen Schlussfolgerung. Da der Brief von Bohr an Pauli vom 9. März 1926 von so großer Bedeutung für die Anerkennung des Elektronenspins durch Pauli war, möchte ich diesen Brief hier nahezu vollständig wiedergeben. Bohr antwortete Pauli mit folgenden Worten: „Thomas war sich die ganze Zeit im klaren darüber, daß eine Unbestimmtheit in der Definition des Elektronenimpulses in einem Koordinatensystem besteht, in dem das Elektron eine Geschwindigkeit besitzt. Ja, er hat sogar den Standpunkt eingenommen, daß man nur von einer eindeutigen Definition dieses Impulses sprechen kann in einem Koordinatensystem, in welchem das Elektron in Ruhe ist. Diese Unsicherheit berührt indessen, soweit er oder wir anderen imstande sind es zu sehen auf keine Weise die Richtigkeit seiner Schlüsse, denn das einzige, wovon der Natur der Aufgabe nach die Rede sein kann, ist die Änderung der Stellung des Elektronenvektors nach einem Umlauf der Elektronenbahn, wo die Geschwindigkeit des Elektrons relativ zum Kern dieselbe ist wie zuvor. Wir sind uns darüber klar, daß man mit der ganzen Betrachtung sich von vornherein auf die erste Näherung beschränkt hat, was ja auch in Thomas' Note ausgeführt ist. Selbstverständlich sind wir alle daran interessiert, daß die Note eine solche Form erhält, daß das Argument vollauf verstanden und beurteilt werden kann, und wir werden äußerst bestrebt sein, dies zu erreichen; aber Ihr Brief hat uns nur weiter in unserem Glauben an die Richtigkeit und Berechtigung des Argumentes bestärkt, dieses für sich unabhängig von der Frage der vollständigen Lösung des ganzen Problems der Konstitution und Dynamik des Elektrons zu behandeln. Da Thomas noch keine Korrektur erhalten hat, und wir natürlich äußerst interessiert an Ihrer Meinung sind, wäre ich sehr froh, genau so schnell wie das letzte Mal eine Antwort auf folgende Frage zu bekommen: Meinen Sie wirklich, daß Thomas' Betrachtungen keine Anhaltspunkte für die Berechnung der säkularen Änderung der Elektronenachse geben? Verstehe ich richtig, daß Sie unsere Meinung teilen, daß eine Bestimmung dieser Änderung entscheidend für die Diskussion des Verhältnisses zwischen Zeemaneffekt und Feinstruktur ist? Unserer Meinung nach bietet eine solche Bestimmung nach dem gegenwärtigen Stand der Angelegenheit den einzigen rationellen Angriffspunkt für das Problem."[50] Dieser Brief bewirkte bei Pauli eine vollständige Änderung seines Standpunktes gegenüber dem Spin, zumal

---

[49] derselbe, ebenda, Seite 302
[50] Armin Hermann (Hrsg.), a. a. O., Seite 309 f.

Bohr diesem Brief auch noch einige Seiten von Thomas beilegte, „um so deutlich wie möglich zu zeigen, was er mit der Definition und Drehung des Elektronenvektors meint"[51].

Am 12. März 1926 war es dann endlich so weit! Pauli kapitulierte und schrieb in seinem Antwortbrief an Bohr: „Vielen Dank für Ihren Brief vom 9. und die beiliegenden Bemerkungen von Thomas. Jetzt bleibt mir nichts anders übrig, als *vollständig zu kapitulieren!* Ich hatte zwar insoweit Recht, als es letzten Endes auf die Änderung des Elektronenimpulses Ř im System 1 ankommt, in welchem der Kern in Ruhe ist, sehe aber jetzt ganz ein, daß die vom *Unterschied von d/dt* (Ř) und der im (beschleunigten) System 3, in welchem das Elektron dauernd in Ruhe bleibt, gemessenen Änderung d/dt (Ř') herrührenden Terme [...] *beim Mitteln über den Bahn umlauf alle verschwinden.* Für die *säkulare* Ände-rung von Ř ist es daher in der betrachteten Näherung in der Tat gleichgültig, ob im System 3 oder im System 1 gemessen wird. Da beim Übergang vom unbeschleunigten System 2, in dem das Elektron in einem bestimmten Zeitmoment in Ruhe ist, zum System 3 die von Thomas berechneten Zusatzglieder auftreten, bleiben diese somit auch im System 1 bestehen. Die Überlegungen und Schlußfolgerungen von Thomas scheinen somit vollständig gerechtfertigt. Es tut mir jetzt sehr leid, daß ich Ihnen durch meine Dummheit so viel Arbeit gemacht habe."[52] Pauli schließt seinen Brief: „Jedenfalls muß ich jetzt beide Fragen Ihres Briefes in dem von Ihnen gewünschten Sinne beantworten: 1. Thomas' Berechnungen der säkularen Änderung der Elektronenachse ist in der betrachteten Näherung korrekt. 2. Selbstverständlich war ich immer der Ansicht, daß die Größe dieser Änderung für die Feinstruktur entscheidend ist. Die entsprechende Energieänderung des Atoms sagt im Grunde physikalisch gar nichts anderes aus und muß, glaube ich, immer formal von selbst herauskommen, wenn man die zugehörige säkulare Störung durch Bewegungsgleichungen von kanonischer Form schreibt. Somit ist also der erste Programmpunkt des Goudsmitschen Elektrons, die Erklärung der Fein-struktur, [...] zu dessen Gunsten entschieden."[53]

Damit hatte der Elektronenspin Eingang in die Atomphysik gefunden und begann nun, zu einem selbstverständlichen Element der physikalischen Beschreibung zu werden, was z. B. durch eine Arbeit des Mitarbeiters von Pauli, des russischen Physikers Jakow Iljitsch Frenkel (1894–1952), zum Ausdruck kam, der bereits im Mai 1926 eine Arbeit mit dem Thema „Die Elektrodynamik des rotierenden Elektrons"[54] bei der *Zeitschrift für Physik*

---

[51] derselbe, ebenda, Seite 310
[52] derselbe, ebenda
[53] derselbe, ebenda, Seite 311
[54] Jakow Iljitsch Frenkel
Die Elektrodynamik des rotierenden Elektrons
Zeitschrift für Physik 37, 243 (1926)

einreichte. Man kann somit die folgende Bilanz ziehen. Das Elektron e^- besitzt die folgenden Eigenschaften:

1. Eine Ladung $q\,(-\mathrm{e}) = 1{,}60 \cdot 10^{-19}$ C
2. Eine Masse $m = 9{,}11 \cdot 10^{-31}$ kg $= 1 \cdot m_e$
3. Eine Compton-Wellenlänge $\lambda = 2{,}43 \cdot 10^{-12}$ m
4. Ein magnetisches Moment $\mu = -928{,}48 \cdot 10^{-26}$ J/T
5. Einen g-Faktor $g = 2$
6. Eine mittlere Lebensdauer $\tau > 10^{24}$ a

Elektronen bilden in Atomen und Ionen die Elektronenhülle. Jedes gebundene Elektron lässt sich eindeutig durch vier Quantenzahlen beschreiben:

1. die Hauptquantenzahl n,
2. die Neben- oder Bahndrehimpulsquantenzahl l,
3. die magnetische oder Orientierungsquantenzahl m,
4. die Spinquantenzahl s.

Der Elektronenspin ist neben der Masse und der elektrischen Ladung eine der grundlegenden Eigenschaften des Elektrons. Der Spin des Elektrons kann nur zwei Werte annehmen: $+\tfrac{1}{2}$ oder $-\tfrac{1}{2}$. Mit dem Elektronenspin ist ein magnetisches Moment μ verbunden, das eine direkte Messung der Spinrichtung erlaubt. Beim Stern-Gerlach-Versuch wird ein Strahl von unausgerichteten Silberatomen durch ein inhomogenes Magnetfeld geführt. Entgegen der klassisch erwarteten, kontinuierlichen Verteilung der Silberatome werden zwei voneinander getrennte „Silberflecken" beobachtet, d. h., der Silberatomstrahl spaltet in zwei Strahlen auf (Stern-Gerlach-Effekt), was nur quantenmechanisch erklärt werden kann, da bei Silberatomen nur das 5s-Elektron zum Gesamtdrehimpuls beiträgt und sich die Spins und die Drehimpulse der restlichen Elektronen aufheben. Formal gesprochen kann man sagen, dass das 5s-Elektron keinen Bahndrehimpuls besitzt und daher die Bahndrehimpulsquantenzahl $l = 0$ ist. Bei Silber trägt nur der Spin des Valenzelektrons zum Gesamtdrehimpuls j bei. Da für die Gesamtdrehimpulsquantenzahl j, $j = l + s$ gilt und $l = 0$ ist, folgt $j = s$. Da das magnetische Moment μ proportional zum Spin s ist, fällt beim Stern-Gerlach-Effekt die Gesamtdrehimpulsquantenzahl j mit der Spinquantenzahl s zusammen (Spin-Bahn-Kopplung), und es ergibt sich

$$s = +\frac{1}{2}\frac{h}{2\pi}$$

oder

$$s = -\frac{1}{2}\frac{h}{2\pi}$$

Der Stern-Gerlach-Effekt erhält seine Bedeutung dadurch, dass er den experimentellen Nachweis des Elektronenspins erbringt und damit zu einem Grundexperiment der Quantenphysik wird.

6.3 Die Dirac-Gleichung

Erwin Schrödinger (1887–1961) konnte schon in seiner ersten Mitteilung[55] zur Wellenmechanik zeigen, dass die spektralen Frequenzen des Wasserstoffs ohne Schwierigkeiten aus seiner Wellengleichung folgen.

Ein Mangel der Schrödinger-Gleichung war, dass die Feinstruktur der Spektrallinien nicht aus ihr ableitbar war, was aber nicht so überraschend war, da die Gleichung die Einbeziehung der Relativitätstheorie nicht leisten konnte. Man hoffte daher, durch eine entsprechende Abänderung der Gleichung sie so abändern zu können, dass die Relativitätstheorie einbezogen werden konnte. Es zeigte sich aber, dass dies nicht möglich war, denn die neue Gleichung lieferte eine falsche Formel für die Feinstruktur und stimmte auch nicht mit den Messergebnissen überein. Die Physiker zogen daher den Schluss, dass die neue Quantenmechanik nicht vollständig sei und ein wesentlicher Teil fehle. An dieser Stelle der Entwicklung der neuen Theorie veröffentlichten dann Goudsmit und Uhlenbeck ihre Arbeit[56] über den Elektronenspin. Sie führten den Spin in die Bohrsche Theorie ein und konnten dadurch einen großen Teil der anstehenden Probleme lösen. Wie bereits erwähnt wurde, war es Wolfgang Pauli, der die neue Quantenmechanik vervollständigte, indem er den Spin anerkannte und dem Elektron nicht nur eine, sondern zwei Wellenfunktionen zuordnete, die den sogenannten Pauli-Gleichungen, einem System von zwei Gleichungen, das große Ähnlichkeit mit der Schrödinger-Gleichung besitzt, gehorchen. Die Pauli-Gleichungen waren noch nicht vollkommen, konnten aber die wesentlichen Aspekte der Erscheinungen erklären. Sie lieferten noch immer keine genauen Ergebnisse, da Pauli den Spin nur unter Verzicht auf die Relativität einführen konnte. Es wusste aber niemand wie man Spin und Relativität in die Wellenmechanik einbeziehen konnte.

Der Lösung dieses Problems widmete sich Paul Adrien Maurice Dirac (1902–1984). Diracs Untersuchungen nahmen ihren Ausgang von der relativistischen Schrödinger-Gleichung, die er einer strengen Kritik unterzog. Bei seiner relativistischen Formulierung der Quantenmechanik stellte er 1928 eine partielle Differenzialgleichung auf, die das Problem der Vereinigung von

---

[55] Erwin Schrödinger
Quantisierung als Eigenwertproblem (Erste Mitteilung)
Annalen der Physik 79, 361 (1926)

[56] George Eugene Uhlenbeck und Samuel Abraham Goudsmit
Ersetzung der Hypothese vom unmechanischen Zwang durch eine Forderung bezüglich des inneren Verhaltens jedes einzelnen Elektrons
Die Naturwissenschaften 47, 953 (1925)

Spin und Relativität löste und noch wesentlich mehr zu leisten vermochte. Die von ihm entwickelte Gleichung (Dirac-Gleichung) ist eine partielle Differenzialgleichung erster Ordnung und hat in den Ableitungen nach den Ortskoordinaten (x_1, x_2, x_3) und der Zeit ($t = x_4/ic$) die Form

$$i\hbar \frac{\partial \psi}{\partial t} = -i\hbar c \sum_r \alpha_r \frac{\partial \psi}{\partial x_r} + \beta mc^2 \psi,$$

wobei α_r und β_r die vierreihigen Matrizen sind und ψ die vierkomponentige Wellenfunktion ist. Diese Gleichung ist auch gegenüber der Lorentz-Transformation invariant und liefert den jeweiligen quantenmechanischen Zustand eines einzelnen Elektrons. Dirac ordnet dem Elektron nicht zwei Wellenfunktionen zu, wie Pauli, sondern vier, die einem System von vier Gleichungen (Dirac-Gleichungen) gehorchen und ein vollkommenes Bild des Elektrons lieferten. Obwohl Dirac nicht beabsichtigte, den Spin durch seine Gleichungen darzustellen, konnte er doch aus ihnen abgeleitet werden, ebenso die Feinstruktur des Wasserstoffspektrums. Weitere Untersuchungen dieser Gleichung ergaben schließlich auch, dass das Elektron ein Antiteilchen besitzen muss, das sich vom Elektron nur durch seine positive Ladung unterscheidet, das Positron. Damit war der Spin voll in die Quantentheorie integriert.

CHRONOLOGIE DER EREIGNISSE

1845		**Faraday-Effekt** (Longitudinale magnetische Doppelbrechung des Lichtes)
		Kerr-Effekt (Elektrooptische Doppelbrechung)
1891		**George Johnstone Stoney (1826–1911):** Negatives Elektrizitätsatom; ab ca. 1892 prägte er dafür die Bezeichnung Elektron
1895		**Hendrik Antoon Lorentz:** Klassische Elektronentheorie
		H. A. Lorentz: Versuch einer Theorie der elektrischen und optischen Erscheinungen in bewegten Körpern, Leiden 1895
1896		**Normaler Zeeman-Effekt:** Aufspaltung einfacher Spektrallinien in schwachen Magnetfeldern; die Lorentzsche Elektronentheorie findet ihre Bestätigung im normalen Zeeman-Effekt
1897		**Larmor-Theorem:** Nach dem Larmorschen Theorem führt die Einwirkung des Magnetfeldes auf das Elektronensystem einatomiger Moleküle in erster Näherung zu einer Präzession der Elektronenbahnen um die Feldrichtung mit der Larmor-Frequenz
		$\Delta \nu_L = \frac{e}{2 \cdot m \cdot c} \cdot \vec{H}$
1898/99		**G. F. Fitzgerald, W. Voigt, H. A. Lorentz und P. Drude** behandeln die magnetooptischen Effekte im Rahmen der klassischen Elektronentheorie
		G. F. Fitzgerald, *Proc. Roy. Soc. London* 63, 31 (1898)
		W. Voigt, *Gött. Nachr.* 1898, 329
		H. A. Lorentz, *Amsterdam Proc.* 2, 52, 1899
		P. Drude, *Verh. d. D. Phys. Ges.* 1, 107 (1899)
1899	18.5.	**Max Planck:** Einführung des Wirkungsquantums h
1900	14.12.	**Max Planck:** Begründung der Quantenhypothese

1905	**Paul Langevin:** Theorie des Dia- und Paramagnetismus P. Langevin, *J. de Physique* 4, 678 (1905) und *Ann.Chimie Physique* 5, 70 (1905) **Cotton-Mouton-Effekt:** Magnetische Doppelbrechung in Flüssigkeiten mit anisotropen Molekülen; dieser Effekt bildet das magnetooptische Analogon zum Kerr-Effekt **Paul Langevin:** Molekulare Orientierungstheorie; er entwickelte die Theorie zum Cotton-Mouton-Effekt aufgrund der Vorstellung, dass die Moleküle im Magnetfeld eine Einstellung (Orientierung) erfahren P. Langevin, *Le Radium* 7, 249 (1910) P. Langevin, Sur les biréfringences électrique et magnétique, *C. R.* 151 (I), 475 (1910)
1911	**Louis Dunoyer** veröffentlichte ab 1911 seine Arbeiten über Molekularstrahlen L. Dunoyer, Sur la théoroe cinétique des gaz et la réalisation d'un Rayonnement matériel d'origine thermique, Comptes Rendus Paris, 152 (I), 592–595 (1911) L. Dunoyer, Sur la réalisation d'un rayonnement matériel d'origine purement thermique. Cinétique expérimentale, *Le Radium* 8, 142–146 (1911) L. Dunoyer, Sur la résonance optique des gaz et des vapeurs, *Le Radium* 10, 400–402 (1913) **Pierre Weiss** führt das Magneton in die Physik ein (Weisssches Magneton)
1912	**Peter Debye:** Dipoltheorie, *Phys.ZS.* 13, 97 (1912) Debye wird durch die Unfähigkeit der reinen Elektronentheorie der Dielektrika, die starke Temperaturabhängigkeit der Dieelektrizitätskonstante vieler Flüssigkeiten zu erklären, zu folgender Annahme geführt: Im Inneren der Dielektrika sind nicht allein elastisch gebundene Elektronen, sondern auch fertige Dipole vorhanden
1913	**Bohrsches Atommodell:** Auf den Atomvorstellungen von Rutherford aufbauend, führt Bohr Quantenbedingungen in das Modell vom Atom ein **Woldemar Voigt:** Koppelungstheorie; Voigts magnetooptische Untersuchungen tragen zur Klärung der magnetooptischen Linienaufspaltung bei und werden durch seine Koppelungstheorie gekrönt, die nicht nur den anomalen Zeeman-Effekt, sondern auch den Paschen-Back-Effekt umfasst L. Graetz (Hrsg.), *Handbuch der Elektrizität und des Magnetismus*, Bd. IV, 393, Leipzig 1915 H. M. Hansen, *Ann.d.Phys.* 43, 169 (1914) **Stark-Effekt:** Unter der Einwirkung eines starken elektrischen Feldes spalten die Spektrallinien wie beim Zeeman-Effekt in mehrere Komponenten auf
1914/16	**Bohr-Sommerfeld-Atommodell:** Arnold Sommerfeld erweitert das Bohrsche Atommodell und führt erstmals Ellipsenbahnen ein
1916	**Peter Debye und Arnold Sommerfeld:** Hypothese der Richtungsquantelung der Elektronenbahnen von (räumliche Quantelung) P. Debye, Quantenhypothese und Zeeman-Effekt, *Nachr. Königl. Ges. Wissen*, Göttingen, 142–153 (Juni 1916) A. Sommerfeld, Zur Theorie des Zeeman-Effektes der Wasserstofflinien, mit einem Anhang über den Stark-Effekt, *Physikalische Zeitschrift* 17, 491–507 (1916)

1918		**Max Born:** Klassische molekulare Orientierungstheorie; Born erweitert die Orientierungstheorie von Langevin und legt ihr die Debyesche Dipoltheorie zugrunde. Er nimmt an, dass das Molekül schon ein festes Moment besitzt, welches sich dann unter der Wirkung eines elektrischen Feldes ausrichtet
		M. Born, Elektronentheorie des natürlichen optischen Drehvermögens isotroper und anisotroper Flüssigkeiten, *Annalen der Physik* 55, 177–240 (1918)
1919	20.10.	**Alfred Landé:** Habilitationsvortrag „Über die Frage einer räumlichen Struktur der Atome und Ansätze zu ihrer Lösung"
	1.12.	Dem Privatdozenten **Otto Stern** wird der Titel Professor verliehen. Er erhält einen Lehrauftrag für „Theoretische Thermodynamik und Molekulartheorie" in Frankfurt am Main
1920	Feb.	**Max Born:** Dipolrotationseffekt; Born sagt in seiner Arbeit: „Über die Beweglichkeit der elektrolytischen Ionen" (*Z. Physik* 1, 221–249, 1920) den Dipolrotationseffekt voraus
		86. Naturforscherversammlung in Bad Nauheim vom 19.–25. September 1920: Es wurden u. a. die folgenden bedeutenden Vorträge gehalten:
		O. Stern, Eine direkte Messung der thermischen Molekulargeschwindigkeit, *Zeitschrift für Physik* 2, 49–56 (1920)
		O. Stern, Nachtrag zu meiner Arbeit: „Eine direkte Messung der thermischen Molekulargeschwindigkeit, *Zeitschrift für Physik* 3, 417–421 (1920)
		O. Stern, Eine direkte Messung der thermischen Molekulargeschwindigkeit, *Physikalische Zeitschrift* 21, 582 (1920)
		M. Born und E. Bormann, Eine direkte Messung der freien Weglänge neutraler Atome, *Physikalische Zeitschrift* 21, 578–582 (1920)
		W. Pauli, Quantentheorie und Magneton, *Physikalische Zeitschrift* 21, 615–617 (1920)
		In diesem Vortrag hat Wolfgang Pauli erstmals das Bohrsche Magneton eingeführt. Sommerfeld hat dazu bemerkt: „Bekanntlich hat W. Pauli zuerst den Gedanken durchgeführt, daß bei der Berechnung paramagnetischer Suszeptibilitäten die räumliche Quantelung zu berücksichtigen sei. Während die Langevinsche Theorie gleichmäßige Orientierung im Raume annimmt, gibt es bei räumlicher Quantelung nur diskrete von der Quantenzahl abhängige zulässige Orientierungen. Pauli vermutet, daß auf diese Weise die Weissschen Magnetonenzahlen auf kleine ganze Vielfache der quantentheoretischen Einheit („Bohrsches Magneton') $M_1 = \frac{e}{2 \cdot m \cdot c} \cdot \frac{h}{2\pi}$ zurückgeführt werden können" (A. Sommerfeld, Zur Theorie des Magnetons, *ZfPh* 19, 221, 1923).
		Niels Bohr: Korrespondenzprinip
	Okt./Dez.	**Alfred Landé** zu Besuch bei Niels Bohr in Kopenhagen; intensive Beschäftigung mit dem Problem des anomalen Zeeman-Effektes
1921	April	**Alfred Landé** veröffentlicht seine *gasis>-Formel und gibt eine Erklärung des anomalen Zeeman-Effektes*
		A. Landé, Über den anomalen Zeemaneffekt (Teil I), *Zeitschrift für Physik* 5, 231–241 (1921)
		A. Landé, Über den anomalen Zeemaneffekt (Teil II), *Zeitschrift für Physik* 7, 398–405 (1921)

1921	Juni	**Peter Lertes** vom Physikalischen Institut der Frankfurter Universität findet den von Max Born prognostizierten Dipolrotationseffekt

P. Lertes, Der Dipolrotationseffekt bei dielektrischen Flüssigkeiten, *Zeitschrift für Physik* 6, 56–68 (1921)

M. Born, Über einen direkten mechanischen Nachweis des Dipolcharakters von Flüssigkeitsmolekeln, *Verh. Dtsch. Physik. Ges.* 2, 53 (1921)

1921	Juli	**Hartmut Kallmann und Fritz Reiche** geben mit ihrer Veröffentlichung über die Ablenkung von elektrischen Dipolmolekülen in einem inhomogenen elektrischen Feld den Anstoß zur Publikation des Aufsatzes von Otto Stern zum experimentellen Nachweis der Richtungsquantelung im Magnetfeld

H. Kallmann und F. Reiche, Über den Durchgang bewegter Moleküle durch inhomogene Kraftfelder, *Zeitschrift für Physik* 6, 352–375 (1921)

1921	August	**Otto Sterns** programmatischer Artikel über die Messung der Richtungsquantelung erscheint; er enthält die Voraussage von zwei Effekten, einem klassischen und einem quantentheoretischen:

1. Magnetooptischer Einstelleffekt (magnetooptische Doppelbrechung in Gasen und Dämpfen; Polarisationseffekt); bei diesem Effekt geht es um den optischen Nachweis der Richtungsquantelung der Atome und Moleküle im Magnetfeld
2. Stern-Gerlach-Effekt (Richtungsquantelung der Elektronenbahnen im inhomogenen Magnetfeld als Bestätigung der Hypothese von Sommerfeld und Debye)

O. Stern, Ein Weg zur experimentellen Prüfung der Richtungsquantelung im Magnetfeld, *Zeitschrift für Physik* 7, 249–253 (1921)

	5./6. Nov.	**Nachweis des magnetischen Momentes des Silberatoms**

W. Gerlach und O. Stern, Der experimentelle Nachweis des magnetischen Momentes des Silberatoms, *Zeitschrift füt Physik* 8, 110–111 (1921)

W. Gerlach und O. Stern, Das magnetische Moment des Silberatoms, *Zeitschrift für Physik* 9, 353–355 (1922)

1922	7./8. Feb.	**Stern-Gerlach-Effekt:** Nachweis der Richtungsquantelung des Silberatoms im inhomogenen Magnetfeld in der Nacht vom Dienstag, dem 7. Februar, auf Mittwoch, den 8. Februar 1922

W. Gerlach und O. Stern, Der experimentelle Nachweis der Richtungsquantelung im Magnetfeld, *Zeitschrift für Physik* 9, 349–352 (1922)

Nachdem der Nachweis der Richtungsquantelung im Magnetfeld gelungen war, stellt Stern die Frage, ob mit einem analogen Versuch der Nachweis der Richtungsquantelung auch im elektrischen Feld durch Molekularstrahlversuche möglich ist

O. Stern, Über den experimentellen Nachweis der räumlichen Quantelung im elektrischen Feld, *Physikalische Zeitschrift* 23, 476–481 (1922)

	Mai/Juni	**Albert Einstein und Paul Ehrenfest:** Erste Interpretation des Stern-Gerlach-Effektes; ihre Arbeit erscheint im August in der *Zeitschrift für Physik* und enthält eine verfrühte Deutung des Effektes

A. Einstein und P. Ehrenfest, Quantentheoretische Bemerkungen zum Experiment von Stern und Gerlach, *Zeitschrift für Physik* 11, 31–34 (1922)

1923	10.8.	**Wilhelm Schütz** beginnt auf Veranlassung von Walther Gerlach und Otto Stern mit Untersuchungen zum magnetooptischen Einstelleffekt
W. Schütz, Magnetooptische Untersuchungen in schwachen Magnetfeldern, Dissertation, Frankfurt am Main 1923
1924		**Andries C. Cilliers** untersucht die Erzeugungsmöglichkeiten von Atomstrahlen verschiedener Elemente
A. C. Cilliers, Eine Untersuchung über die Erzeugungsmöglichkeiten von Atomstrahlen verschiedener Elemente und deren Verhalten im inhomogenen Magnetfelde, Dissertation, Frankfurt am Main 1924
W. Gerlach und A. C. Cilliers, Magnetische Atommomente, *Zeitschrift für Physik* 26, 106–109 (1924)
	23.6.	**Max Born** prägt den Begriff „Quantenmechanik" für die im mikrophysikalischen Bereich geltende Mechanik
M. Born, Über Quantenmechanik, *Zeitschrift für Physik* 26, 379–395 (1924)
		Walther Gerlach und Otto Stern: Experimenteller Nachweis des Bohrschen Magnetons
W. Gerlach und O. Stern, Über die Richtungsquantelung im Magnetfeld, *Annalen der Physik* 74, 673–699 (1924)
W. Gerlach und O. Stern, Über die Richtungsquantelung im Magnetfeld II: Experimentelle Untersuchung über das Verhalten normaler Atome unter magnetischer Krafteinwirkung, *Annalen der Physik* 76, 163–197 (1925)
	Nov.	**Wofgang Pauli** führt das Ausschließungsprinzip (Pauli-Prinzip) ein: Charakterisierung jedes Elektrons durch vier Quantenzahlen: Hauptquantenzahl n, Nebenquantenzahl l, magnetische oder Orientierungsquantenzahl m, Spinquantenzahl s
W. Pauli, Über den Zusammenhang des Abschlusses der Elektronengruppen im Atom mit der Komplexstruktur der Spektren, *Zeitschrift für Physik* 31, 765–783 (1925)
		Walther Gerlach definiert den Begriff „Atomstrahl"
W. Gerlach, Atomstrahlen. Zur Nomenklatur; *Ergebnisse der exakten Naturwissenschaften*, Bd. III, 1924, und *Annalen der Physik* 76, 106–107 (1925)
1924	30.11.	**Werner Heisenberg** verschärft das Korrespondenzprinzip; er geht in seinem Aufsatz ausdrücklich auf den magnetooptischen Einstelleffekt ein
W. Heisenberg, Über eine Anwendung des Korrespondenzprinzipes auf die Frage nach der Polarisation, *Zeitschrift für Physik* 31, 617 (1925)
1925	29.7.	**Werner Heisenberg** entwickelt die Matrizenmechanik
W. Heisenberg, Über quantentheoretische Umdeutung kinematischer und mechanischer Beziehungen, *Zeitschrift für Physik* 33, 879–893 (1925)
	10.–16.9.	**Deutsche Physikertagung in Danzig:** Vortrag von Walther Gerlach (Tübingen): „Experimentelle Forschungen über das Magneton"

	Nov.	**Samuel A. Goudsmit und George E. Uhlenbeck** veröffentlichen ihre Arbeit zum Elektronenspin. Die von Pauli eingeführte vierte Quantenzahl zur Charakterisierung eines Elektrons wird mit dem Spin identifiziert („Spinquantenzahl") G. E. Uhlenbeck und S. A. Goudsmit, Ersetzung der Hypothese vom unmechanischen Zwang durch eine Forderung bezüglich des inneren Verhaltens jedes einzelnen Elektrons, *Naturwissenschaften* 13, 953–954 (1925) G. E. Uhlenbeck und S. A. Goudsmit, Spinning Electrons and the Structure of Spectra, *Nature* 117, 264–265 (1926)
	16.11.	**Max Born, Werner Heisenberg und Pascual Jordan:** Gemeinsame Arbeit zur Ausdehnung der Quantenmechanik auf beliebige Freiheitsgrade („Drei-Männer-Arbeit") M. Born. W. Heisenberg und P. Jordan, Zur Quantenmechanik II, *Zeitschrift für Physik* 35, 557–615
	12.12.	**Wilhelm Schütz:** Vortrag von auf der Tagung der Deutschen Physikalischen Gesellschaft in Tübingen über seine bisherigen Experimente zum magnetooptischen Einstelleffekt
1926	27.1.	**Erwin Schrödinger** veröffentlicht die erste Mitteilung zur Wellenmechanik E. Schrödinger, Quantisierung als Eigenwertproblem (erste Mitteilung), *Annalen der Physik* (4) 79, 361 (1926)
	Feb.	**Samuel A. Goudsmit** besucht Pauli in Hamburg; Pauli hat schwerwiegende Einwände gegen das rotierende Elektron
	5.2.	**Peter Debye** geht in einer kurzen Arbeit auf die experimentellen Schwierigkeiten des „magnetoelektrischen Richteffektes" ein P. Debye, Bemerkungen zu einigen Versuchen über einen magnetoelektrischen Richteffekt, *Zeitschrift für Physik* 36, 300–301 (1926)
	28.5.	**Wilhelm Schütz** veröffentlicht die negativen Ergebnisse seiner Versuche zum Nachweis des magnetooptischen Einstelleffektes W. Schütz, Experimentelle Beiträge zur Frage des optischen Nachweises der Richtungseinstellung der Atome im Magnetfeld, *Zeitschrift für Physik* 38, 853–863 (1926) W. Schütz, Die Begleiterscheinungen des Zeemaneffektes in schwachen Magnetfeldern und ihre Beeinflussung durch zugesetzte Gase, *Zeitschrift für Physik* 38, 864–886 (1926)
	25.6.	**Max Born:** Weiterentwicklung der Quantenmechanik M. Born, Zur Quantenmechanik der Stoßvorgänge (vorläufige Mitteilung), *Zeitschrift für Physik* 37, 863–867 (1926) M. Born, Quantenmechanik der Stoßvorgänge, *Zeitschrift für Physik* 38, 803–827 (1926)
	8.9.	**Otto Stern und Mitarbeiter:** Beginn der „Untersuchungen zur Molekularstrahlmethode U. z. M." O. Stern, Zur Methode der Molekularstrahlen I, *Zeitschrift für Physik* 39, 751–763 (1926)
	7.10.	**Erste Arbeit zur Madelung-de-Broglie-Bohm-Theorie (MDB-Theorie oder Bohmsche Mechanik)** E. Madelung, Eine anschauliche Deutung der Schrödinger-Gleichung, *Die Naturwissenschaften* 14, 1004 (1926)

	25.10.	**Zweite Arbeit zur MDB-Theorie:** Versuch einer realistischen und deterministischen Deutung der Quantenmechanik. Diese Arbeit von Erwin Madelung gab den Anstoß zu weiteren Arbeiten aus dem Bereich Quantentheorie und Hydrodynamik

E. Madelung, Quantentheorie in hydrodynamischer Form, *Zeitschrift für Physik* 40, 322 (1927)

22.12. **Erwin Wrede** wiederholt den Stern-Gerlach-Versuch mit Wasserstoffatomstrahlen („Untersuchungen zur Molekularstrahlmethode aus dem Institut für physikalische Chemie der Hamburgischen Universität Nr. 6")

E. Wrede, Über die magnetische Ablenkung von Wasserstoffatomstrahlen, *Zeitschrift für Physik* 41, 569–575 (1927)

1927   **Wolfgang Pauli** bezieht den Spin in die nichtrelativistische Quantenmechanik ein (Pauli-Gleichung)

Dritte Arbeit zur MDB-Theorie

L. de Broglie, La structure atomique de la matière et du rayonnement et la Mécanique ondulatoire, *C.R.* 184,1927, p. 273

1927/28   **Kopenhagener Deutung der Quantenmechanik**

W. Heisenberg, Über den anschaulichen Inhalt der quantentheoretischen Kinematik und Mechanik, *Zeitschrift für Physik* 43, 172 (1927)

N. Bohr, Das Quantenpostulat und die neuere Entwicklung der Atomistik, *Die Naturwissenschaften* 16, 245 (1928)

1928   **Paul Adrien Maurice Dirac** veröffentlicht seine relativistische Spintheorie (Dirac-Gleichung); Ableitung des Spins aus der Dirac-Gleichung

P. A. M. Dirac, The quantum theory of electrons, *Proceedings of the Royal Society (London) A* 117, 610–624 (1928)

1930/32   **Kopenhagener Deutung** weitgehend akzeptiert

Albert Einstein kritisiert die Quantenmechanik als eine unvollständige Theorie des Neumann-Theorems

Johann von Neumann publiziert den mathematischen Beweis über die prinzipielle Unvereinbarkeit von Quantenmechanik und verborgenen Parametern (Nachweis der Vollständigkeit der Quantenmechanik); Abwehr der Kritik Einsteins an der Quantenmechanik

J. von Neumann, *Mathematische Grundlagen der Quantenmechanik*, Berlin 1932

W. Heisenberg, *Die Prinzipien der Quantenmechanik*, Leipzig 1930

P. A. M. Dirac, *Die Prinzipien der Quantentheorie*, Berlin 1931

1932   **Max Born** berechnet den allgemeinen Fall des magnetooptischen Effektes

M. Born, Optik: *Ein Lehrbuch der elektromagnetischen Lichttheorie*, Berlin 1932, Seite 363

1934   **Wilhelm Schütz** erwähnt in seinem Buch über Magnetooptik eine Arbeit, wonach der Nachweis der magnetooptischen Doppelbrechung in Gasen (O_2, N_2) bei besseren Versuchsbedingungen gelungen sei

A. Cotton und Tsai Belling, *Comptes Rendus* 198, 1889 (1934)

W. Schütz (Hrsg.), Magnetooptik (ohne Zeeman-Effekt), *Handbuch der Experimentalphysik*, B. 16, 1. Teil, Leipzig 1936, S. 213

1935		**Einstein-Podolsky-Rosen-Paradoxon (EPR-Paradoxon)**
		A. Einstein, B. Podolsky und N. Rosen, Can Quantum–Mechanical Description of Physical Reality be Considered Complete?, *Phys. Rev.* 47 (1935) 777
1935	6.12.	**Erwin Schrödinger:** Einführung des Begriffes Verschränkung („Verschränkung der Voraussagen") in der 2. Mitteilung (§ 10, Seite 827) seiner Arbeit „Die gegenwärtige Situation in der Quantenmechanik
		E. Schrödinger, Die gegenwärtige Situation in der Quantenmechanik, *Die Naturwissenschaften* 23, Heft 48, 807–812 (1935)
		E. Schrödinger, Die gegenwärtige Situation in der Quantenmechanik, *Die Naturwissenschaften* 23, Heft 49, 823–828 (1935)
		E. Schrödinger, Die gegenwärtige Situation in der Quantenmechanik, *Die Naturwissenschaften* 23, Heft 50, 844–849 (1935)
1943		**Otto Stern** erhält in „Anerkennung seines Beitrages zur Entwicklung der Molekularstrahlmethode und für seine Entdeckung des magnetischen Momentes des Protons" den Nobelpreis für Physik
1952		**Vierte Arbeit zur MDB-Theorie („Bohmsche Mechanik"):** David Bohm (1917–1992) unternimmt den Versuch, eine realistische, nichtlokale Quantenmechanik mit verborgenen Parametern zu entwickeln
		D. Bohm, A suggested interpretation of the quantum theory in terms of „hidden" variables, *Phys.Rev.* 85, 166 (I), 180 (II) (1952)
1966		**John S. Bell** führt die Bellsche Ungleichung in die Quantenmechanik ein
		J. S. Bell, Über das Problem verborgener Variabler in der Quantenmechanik („On the problem of hidden variables in quantum mechanics", Rev. Mod. Phys. 38, 447–452, 1966)

LITERATURVERZEICHNIS

1. Arnsberg, Paul Die Geschichte der Frankfurter Juden seit der französischen Revolution Band III Darmstadt 1983
2. Back, Ernst Ein weiteres Zahlenmysterium in der Theorie des Zeemaneffektes Die Naturwissenschaften 9, 199 (1921)
3. Bethge, Klaus/Horst Klein (Hrsg.) Physiker und Astronomen in Frankfurt am Main Neuwied/Frankfurt am Main 1989
4. Bistrischan, Hildegard Ausfahrt und Rückkehr in: Maria Stritz (Hrsg.) Erlebte Vergangenheit. Darmstädter Bürger erzählen Darmstadt 1980
5. Bohm, David A suggested interpretation of the quantum theory in terms of „hidden" variables Physical Review 85, 166 (I), 180 (II) 1952
6. Bohr, Niels Über die Anwendung der Quantentheorie auf den Atombau I. Die Grundpostulate der Quantentheorie. Zeitschrift für Physik 13, 117 (1922)
7. derselbe Über die Serienspektren der Elemente in: Niels Bohr Drei Aufsätze über Spektren und Atombau Braunschweig 1922
8. Bohr, Niels Über den Bau der Atome Die Naturwissenschaften 11, 616 (1923)
9. Bohr, N., A.H. Kramers und J.C. Slater Über die Quantentheorie der Strahlung Zeitschrift für Physik 24, 69 (1924)
10. Born, Max Mein Leben. Die Erinnerungen des Nobelpreisträgers München 1975
11. derselbe Über Quantenmechanik Zeitschrift für Physik 26, 379 (1924)
12. derselbe Sitzungsberichte d.kgl.Preuß.Akad.d.Wissenschaften Mathe.-Phys. Klasse 1916, Seite 614
13. derselbe Elektronentheorie des natürlichen optischen Drehvermögens isotroper und anisotroper Flüssigkeiten Annalen der Physik 55, 215 (1918)

14. Born, Max und Elisabeth Bormann Eine direkte Messung der freien Weglänge neutraler Atome Physikalische Zeitschrift 21, 578 (1920)
15. Brockhaus Konversations-Lexikon, Band 15, Leipzig 1908
16. Broglie, Louis de La structure atomique de la matière et du rayonnement et la Mécanique Ondulatoire. Comptes Rendus 184, 273 (1927).
17. Cilliers, Andries Eine Untersuchung über die Erzeugungsmöglichkeiten von Atomstrahlen verschiedener Elemente und deren Verhalten im inhomogenen Magnetfelde Dissertation, Frankfurt am Main 1924
18. Compton, Arthur Holly The magnetic electron Journal oft The Franklin Institute, Vol. 192, 145 (1921)
19. Cotton, Aimé und Tsai Belling Comptes Rendus 198 (1934) 1889
20. Debye, Peter Quantentheorie und Zeeman-Effekt Nachr.Königl.Ges.Wiss.Göttingen 142 (1916)
21. Döring, Werner Atomphysik und Quantenmechanik, Band 1 Berlin-New York 1973
22. Dunoyer, Louis Sur la réalisation d'un rayonnement matériel d'origine purement thermique. Cinétique expérimentale. Le Radium 8, 142 (1911)
23. Einstein, Albert Über einen die Erzeugung und Verwandlung des Lichtes betreffenden heuristischen Gesichtspunkt In: Armin Hermann Dokumente der Naturwissenschaft, Band 7 Stuttgart 1965
24. Einstein, Albert/Hedwig und Max Born Briefwechsel 1916–1955 München 1969
25. Einstein, Albert und Paul Ehrenfest Quantentheoretische Bemerkungen zum Experiment von Stern und Gerlach Zeitschrift für Physik 11, 31 (1922)
26. Epstein, Paul S. Bemerkungen zur Frage der Quantelung des Kreisels Physikalische Zeitschrift 20, 289 (1919)
27. Epstein, Paul S. Zur Theorie des Stark-Effektes Annalen der Physik 50, 489 (1916)
28. Estermann, Immanuel Otto Stern (1888–1969) in: Klaus Bethge/Horst Stern Physiker und Astronom in Frankfurt am Main Neuwied/Frankfurt am Main 1989
29. Fölsing, Albrecht Albert Einstein: eine Biographie Frankfurt am Main 1999
30. Fraser, Ronald Phil. Mag. 1, 885 (1926)
31. Frenkel, Jakow Iljitsch Die Elektrodynamik des rotierenden Elektrons Zeitschrift für Physik 37, 243 (1926)
32. Fricke, Heinz 150 Jahre Physikalischer Verein Frankfurt am Main o. J.
33. Frisch, Otto RobertWoran ich mich erinnere: Physik und Physiker meiner ZeitStuttgart 1981
34. Forman, Paul Alfred Landé and the anomalous Zeeman Effect (1919–1921) Historical Studies in the Physical Sciences, Vol. 2, 1970, 153–261

35. Gerlach, Walther und Otto Stern Der experimentelle Nachweis des magnetischen Momentes des Silberatoms Zeitschrift für Physik 8, 110 (1922)
36. Gerlach, Walther und Otto Stern Der experimentelle Nachweis der Richtungsquantelung im Magnetfeld Zeitschrift für Physik 9, 349 (1922)
37. Gerlach, Walther und Otto Stern Das magnetische Moment des Silberatoms Zeitschrift für Physik 9, 353 (1922)
38. Gerlach, Walther und Andries Cilliers Magnetische Atommomente Zeitschrift für Physik 26, 106 (1924)
39. Gerlach, Walther und Otto Stern Über die Richtungsquantelung im Magnetfeld Annalen der Physik 74, 699 (1924)
40. Gerlach, Walther Über die Richtungsquantelung im Magnetfeld II Annalen der Physik 76, 163 (1925)
41. derselbe Materie, Elektrizität, Energie 2. Auflage Dresden 1926
42. derselbe Otto Stern zum Gedächtnis (17. 2. 1988–17. 8. 1968) Physikalische Blätter 25, 412 (1969)
43. Gerlach, Walther Erinnerungen an Albert Einstein 1908–1930 in: Peter C. Aichelburg und Roman U. Sexl Albert Einstein: Sein Einfluß auf Politik, Philosophie und Politik Braunschweig und Wiesbaden 1979
44. derselbe Promotionsgutachten zur Dissertation von Wilhelm Schütz vom 19. Juli 1923, Universitätsarchiv der Goethe-Universität
45. derselbe Über die Entwicklung der atomistischen Vorstellungen Frankfurt am Main 1960
46. Goudsmit, Samuel Abraham Über die Komplexstruktur der Spektren Zeitschrift für Physik 32, 794 (1925)
47. Gupta, Sisirendu Über den Einfluß eines inhomogenen elektrischen Feldes auf die Feinstruktur wasserstoffähnlicher Atome Zeitschrift für Physik 66, 246 (1930)
48. Hammerstein, Notker Geschichte der Johann-Wolfgang-Goethe-Universität Neuwied/Frankfurt am Main 1989
49. Harenberg Lexikon der Nobelpreisträger Dortmund 1988
50. Heinrich, Rudolf und Hans-Reinhard Bachmann Walther Gerlach: Physiker – Lehrer – Organisator. Dokumente aus dem Nachlaß München 1969
51. Heisenberg, Werner Über eine Anwendung des Korrespondenzprinzips auf die Frage nach der Polarisation des Fluoreszenzlichtes Zeitschrift für Physik 31, 617 (1925)
52. derselbe Über quantentheoretische Umdeutung kinematischer und mechanischer Beziehungen Zeitschrift für Physik 33, 879 (1925)
53. derselbe Über den anschaulichen Inhalt der quantentheoretischen Kinematik und Mechanik Zeitschrift für Physik 43, 172 (1927)
54. derselbe Schritte über Grenzen München 1971

55. Hermann, Armin/Karl von Meyenn/Victor F. Weisskopf (Hrsg.) Wolfgang Pauli: Wissenschaftlicher Briefwechsel mit Bohr, Einstein, Heisenberg u. a. Volume I: 1919–1929 New York/Heidelberg/Berlin 1979
56. Hindmarsh, William Russell Atomspektren Berlin/Oxford/Braunschweig 1972
57. Höfling, Oskar Physik Bonn 1976
58. Huber, Josef Georg Walther Gerlach (1889–1979) und sein Weg zum erfolgreichen Experimentalphysiker bis etwa 1925 Augsburg 2015
59. Hund, Friedrich Geschichte der Quantentheorie Mannheim 1967
60. Jammer, Max The Philosophy of Quantum Mechanics New York/London/Sydney/Toronto 1974
61. derselbe Conceptual Development of Quantum Mechanics 2. ed., Los Angeles 1989
62. Jeans, J.H. The Dynamical Theory of Gases Cambridge 1904
63. Kallmann, Hartmut und Fritz Reiche Über den Durchgang bewegter Moleküle durch inhomogene Kraftfelder Zeitschrift für Physik 6, 352 (1921)
64. Kirchhoff, Gustav Über das Verhältnis zwischen dem Emissionsvermögen und dem Absorptionsvermögen Poggendorffs Annalen zur Physik, Bd. 109 (1860)
65. Kirsten, Christa und Hans-Jürgen Treder (Hrsg.) Albert Einstein in Berlin 1913 1933, Teil 1 Berlin 1979
66. Kleinert, Andreas Paul Weyland, der Berliner Einstein-Töter in: H. Albrecht (Hrsg.) Naturwissenschaftler und Techniker in der Geschichte Stuttgart 1993
67. Krishnan, K. S. Proc.Ind.Ass.Cult.ofSc.10, 35 (1926) Ind.Journ. ofPphys. 1, 35, 245 (1927)
68. Kuhn, Wilfried Ideengeschichte der Physik Braunschweig und Wiesbaden 2001
69. Landé, Alfred Über den anomalen Zeemaneffekt (Teil I) Zeitschrift für Physik 5, 231 (1921)
70. derselbe Über den anomalen Zeemaneffekt (Teil II) Zeitschrift für Physik 7, 398 (1921)
71. derselbe Termstruktur und Zeemaneffekt des Multipletts Zeitschrift für Physik 19, 112 (1923)
72. Langevin, Paul Journal de Physique 4, 678 (1905) Ann.ChimiePhysique 5, 70 (1905)
73. Lindner, Helmut Grundriss der Atom- und Kernphysik Leipzig 1975
74. Madelung, Erwin Eine anschauliche Deutung der Schrödinger-Gleichung Die Naturwissenschaften 14, 1004 (1926)
75. derselbe Quantentheorie in hydrodynamischer Form Zeitschrift für Physik 40, 322 (1927)

76. Mehra, Jagdish und Helmut Rechenberg The Historical Development of Quantum Theory Volume 1, Part 2 New York und Heidelberg 1982
77. Meißner, Karl Wilhelm Spektroskopie Berlin/Leipzig 1935
78. Nachmansohn, D. und R. Schmid Die große Ära der Wissenschaft in Deutschland 1900 bis 1933 Stuttgart 1988
79. Pais, Abraham „Raffiniert ist der Herrgott ..." Braunschweig 1986
80. Passon, Oliver Bohmsche Mechanik Frankfurt am Main 2004
81. Pauli, Wolfgang Quantentheorie und Magneton Physikalische Zeitschrift 21, 615 (1920)
82. derselbe Über die Gesetzmäßigkeiten des anomalen Zeemaneffektes Zeitschrift für Physik 16, 155 (1923)
83. derselbe Zur Frage der Zuordnung der Komplexstrukturterme in starken und in schwachen äußeren Feldern Zeitschrift für Physik 20, 371 (1923)
84. derselbe Über den Zusammenhang des Abschlusses der Elektronengruppen im Atom mit der Komplexstruktur der Spektren Zeitschrift für Physik 31, 765 (1925)
85. Pfuhl, Theodor Post-Taschen-Atlas von Deutschland: nebst Ortsverzeichnis 14. Auflage, Frankfurt an der Oder 1925
86. Planck, Max Ueber eine Verbesserung der Wienschen Spektralgleichung in: Max Planck Die Ableitung des Strahlungsgesetzes Ostwalds Klassiker der exakten Wissenschaften, Band 206 Frankfurt am Main 1995
87. derselbe Vorlesungen über die Theorie der Wärmestrahlung 5. Auflage, Leipzig 1923
88. Richter, Steffen Wolfgang Pauli und die Entstehung des Spin-Konzeptes Gesnerus 33, 253 (1976)
89. derselbe Wolfgang Pauli. Fünf Arbeiten zum Ausschliessungsprinzip und zum Neutrino Darmstadt 1977
90. Röseberg, Ulrich Quantenmechanik und Philosophie Braunschweig 1978
91. Roth, Ralf Wilhelm Merton. Ein Weltbürger gründet eine Universität Frankfurt am Main 2010
92. Saltzer, Walter G. Richard Wachsmuth (1868–1941) in: Klaus Bethge und Horst Klein Physiker und Astronomen in Frankfurt am Main Neuwied/Frankfurt am Main 1989
93. Schaefer, Clemens Einführung in die theoretische Physik, 2. Band, 1. Teil Berlin 1921
94. Schaefer, Clemens Einführung in die theoretische Physik, 2. Band Berlin 1958
95. Schmidt-Böcking, Horst/Reich, Karin Otto Stern (1888 -1969) Gründer, Gönner und Gelehrte Biographienreihe der Goethe-Universität Frankfurt am Main 2011(wird veröffentlicht)
96. Schmidt-Böcking, Horst/Trageser, Wolfgang et. al. Die Entwicklung der Molekularstrahlmethode. Otto Sterns Zeit in Hamburg (1922–1933) Frankfurt am Main (Publikation vorgesehen)

97. Schrödinger, Erwin Quantisierung als Eigenwertproblem Annalen der Physik (4) 79, 361 (1926)
98. derselbe Über das Verhältnis der Heisenberg-Born-Jordanschen Quantenmechanik zu der meinen Annalen der Physik (4), 79, 734 (1926)
99. derselbe Die gegenwärtige Situation in der Quantenmechanik Die Naturwissenschaften 23,844 (1935)
100. Schütz, Wilhelm Magnetooptische Untersuchungen in schwachen Magnetfeldern Dissertation Frankfurt am Main 1923
101. Schütz, Wilhelm Experimentelle Beiträge zur Frage des optischen Nachweises der Richtungsquantelung der Atome im Magnetfeld Zeitschrift für Physik 38, 854 (1926)
102. Schütz, Wilhelm Magnetooptik Leipzig 1936
103. Schwarzschild, Karl Zur Quantentheorie Sitzungsberichte der Königlich-Preußischen Akademie der Wissenschaften 1916, 548–568
104. derselbe Persönliche Erinnerung an die Entdeckung des Stern-Gerlach-Effektes Physikalische Blätter 25. Jg. (1969)
105. Seelig, Carl Albert Einstein. Leben und Werk eines Genies unserer Zeit Stuttgart 1960
106. Sommerfeld, Arnold Zur Quantentheorie der Spektrallinien Annalen der Physik 51, 28 (1928)
107. derselbe Atombau und Spektrallinien, 3. Auflage Braunschweig 1922
108. derselbe Atombau und Spektrallinien, 7. Aufl., Band 1 Braunschweig 1951
109. Sommerfeld, Arnold Quantentheoretische Umdeutung der Voigtschen Theorie des anomalen Zeemaneffektes vom D-Linientypus Zeitschrift für Physik 8, 257 (1922)
110. derselbe Zur Theorie des Zeeman-Effektes der Wasserstofflinien, mit einem Anhang über den Stark-Effekt Physikalische Zeitschrift 17, 491 (1916)
111. derselbe Zur Theorie des Magnetons Zeitschrift für Physik 19, 221 (1923)
112. Stern, Otto Eine direkte Messung der thermischen Molekulargeschwindigkeit Zeitschrift für Physik 2, 49 (1920)
113. derselbe Nachtrag zu meiner Arbeit: „Eine direkte Messung der thermischen Molekulargeschwindigkeit." Zeitschrift für Physik 3, 417 (1920)
114. derselbe Ein Weg zur experimentellen Prüfung der Richtungsquantelung Zeitschrift für Physik 7, 249 (1921)
115. derselbe Über den experimentellen Nachweis der räumlichen Quantelung im elektrischen Feld Physikalische Zeitschrift 23, 476 (1922)

116. derselbe Bemerkungen über die Auswertung der Aufspaltungsbilder bei der magnetischen Ablenkung von Molekularstrahlen Zeitschrift für Physik 41, 563 (1927)
117. Stern, Otto Habilitationsschrift in: Wolfgang Trageser (Hrsg.) Stern-Stunden. Höhepunkte Frankfurter Physik Frankfurt am Main 2005
118. Stoner, E. C. The distribution of electrons among atomic levels Philosophical Magazine 48, 719 (1924)
119. Templeton, Lieselotte K. My Uncle Otto Stern (Unveröffentlichte Erinnerungen von Lieselotte K. Templeton an ihren Onkel Otto Stern)
120. Thomas, Llewellyn H. Motion of a spinning electron Nature 117, 514 (1926)
121. Trageser, Wolfgang (Hrsg.) Stern-Stunden: Höhepunkte Frankfurter Physik. Frankfurt am Main 2005
122. derselbe Adolf Schmidt und der Stern-Gerlach-Effekt. Eine unsichtbare Hand im Institut für Theoretische Physik der Frankfurter Universität Frankfurt am Main (wird veröffentlicht)
123. derselbe Vom Sturm und Drang zur Normalität: die ersten Jahrzehnte der Frankfurter Theoretischen Physik UniReport 37, 3 (2004)
124. UAF, Akte Max Born, Abt. 14, Nr. 139, Blätter 12, 13, 14 und 16 UAF, Akte Max von Laue, Abt. 14, Nr. 140, Blätter 7, 8, 29 und 31 UAF, Akte Otto Stern, Abt. 14, Nr. 142, Blatt 7 UAF, Akte Richard Wachsmuth, Abt. 4, Nr. 1797, Blatt 8
125. Uhlenbeck, George Eugene und Samuel Abraham Goudsmit Ersetzung der Hypothese vom unmechanischen Zwang durch eine Forderung bezüglich des inneren Verhaltens jedes einzelnen Elektrons Die Naturwissenschaften 47, 953 (1925)
126. derselbe Spinning Electrons and the Structure of Spectra Nature 117, 264 (1926)
127. Voigt, Woldemar Über die anormalen Zeemaneffekte der Wasserstofflinien Annalen der Physik 40, 368 (1913)
128. Voigt, Woldemar Weiteres zum Ausbau der Koppelungstheorie der Zeemaneffekte Annalen der Physik 41, 403 (1913)
129. derselbe Die anormalen Zeemaneffekte der Spektrallinien vom D-Typus Annalen der Physik 42, 210 (1913)
130. Weiss, Pierre Über die rationalen Verhältnisse der magnetischen Momente der Moleküle und das Magneton Physikalische Zeitschrift XII, 935 (1911)
131. Wrede, Erwin Über die magnetische Ablenkung von Wasserstoffatomstrahlen Zeitschrift für Physik 41, 560 (1927)
132. Yu Guo, Lan Zhou, Le-Mamg Kuang und C. P. Sun Magneto-Optical Stern-Gerlach-Effect in Atomic Ensemble Phys.Rev. A78, 013833 (2008)

MIX
Papier aus verantwortungsvollen Quellen
Paper from responsible sources
FSC® C105338

If you have any concerns about our products,
you can contact us on
ProductSafety@springernature.com

In case Publisher is established outside the EU,
the EU authorized representative is:
Springer Nature Customer Service Center GmbH
Europaplatz 3, 69115 Heidelberg, Germany

Printed by Libri Plureos GmbH
in Hamburg, Germany